役にたつ化学シリーズ
村橋俊一・戸嶋直樹・安保正一 編集

⑤ 有機化学

水野　一彦
吉田　潤一
大島　巧
太田　哲男
瀬恒潤一郎
勝村　成雄
垣内喜代三
石井　康敬 [著]

朝倉書店

役にたつ化学シリーズ　編集委員

村橋　俊一　　大阪大学名誉教授
戸嶋　直樹　　山口東京理科大学基礎工学部物質・環境工学科
安保　正一　　大阪府立大学大学院工学研究科物質系専攻

5　有機化学　執筆者（執筆担当）

＊水野　一彦　　大阪府立大学大学院工学研究科物質系応用化学分野
　　　　　　　　（1章，4章，6章，付録2）

＊吉田　潤一　　京都大学大学院工学研究科合成・生物化学専攻
　　　　　　　　（1章，2章，7章，付録1）

　大島　　巧　　大阪大学大学院工学研究科物質化学専攻（3章）

　太田　哲男　　同志社大学工学部機能分子工学科（5章）

　瀬恒　潤一郎　神戸大学理学部化学科（8章）

　勝村　成雄　　関西学院大学理工学部化学科（9章）

　垣内　喜代三　奈良先端科学技術大学院大学物質創成科学研究科
　　　　　　　　（10章）

　石井　康敬　　関西大学工学部応用化学科（囲み記事）

執筆順，＊印は本巻の執筆責任者

役にたつ化学シリーズ 5 有機化学

はじめに

　本書は，大学の理，工学部ならびに薬学部，農学部など化学の基礎知識を必要とする理科系分野ならびに工業高等専門学校の専門課程において，有機化学を初めて学ぶ人たちのために，有機化学の基礎を身につけることができるようにやさしく解説した教科書です．

　有機化学は，過去に暗記物というイメージで捉えられた時期がありましたが，今では先人たちの努力によって合理的に系統立てて理解していく学問となっています．本書は，2〜4単位の短期間の教科書として内容を習得するための，有機化学のエッセンスをまとめたコンパクトな教科書です．

　有機化学は炭素，水素と酸素を基本骨格とした化学であり，窒素，硫黄などの元素を含む化合物を加えれば，数百万を超える莫大な数の分子を扱うことになります．しかし，有機反応の形式は，置換，付加，脱離，転位の四つに分類することができ，これらに酸化，還元反応を異なったカテゴリーで加えることによって，有機化学全体の反応を系統的に眺めることが可能になります．本書では，莫大な数の有機化合物およびそれらの反応をコンパクトにまとめて，学部学生や工業高等専門学校の学生が有機化学の基本的な考え方を系統的に学べるようにしました．

　まず1章で有機化学の概略が示された後，2章で有機分子の結合様式を，続いて3章で有機化合物の基本骨格を形成する炭化水素について不飽和結合への付加反応等を学びます．4章で改めて有機化合物の立体的なかたちを学んだ後，5章でハロアルカンの置換，脱離反応と転位反応と有機化学の基本反応を学ぶことになります．後半の6から10章では，官能基のもつ性質と反応性について具体例を学びながら，有機化学のもつ面白さを体験できるようになっています．内容の理解度を確かめるために各章ごとに例題と演習問題をのせました．また，欄外で本文の説明を補足し，有機化学のトピックスと身の回りの化学との関わりについて囲み記事で紹介しました．さらに，付録で，分子軌道の考え方と化合物命名法をまとめてとりあげました．ぜひ，有機化学を楽しみながら勉強してください．

　本書の出版にあたり，多大なご配慮とご協力をいただいた朝倉書店編集部の方々に執筆者を代表して深謝します．

2004年8月

編集担当

水　野　一　彦

吉　田　潤　一

役にたつ化学シリーズ　5　有機化学

目　次

■ 1. 有機化学の世界 ■

1.1　地球上において炭素は特別な元素である ……………………………………… *1*
1.2　生物は有機分子からできている ………………………………………………… *1*
1.3　地球と宇宙における有機分子の誕生 …………………………………………… *2*
1.4　われわれの暮らしと有機化学 …………………………………………………… *3*
1.5　これからの有機化学 ……………………………………………………………… *3*

■ 2. 有機分子と共有結合 ■

2.1　イオン結合と電気陰性度 ………………………………………………………… *5*
2.2　有機分子は共有結合でできている ……………………………………………… *6*
2.3　原子価理論とオクテット則 ……………………………………………………… *8*
2.4　構造式と異性体 …………………………………………………………………… *8*
2.5　二重結合と三重結合 ……………………………………………………………… *10*
2.6　共　　鳴 …………………………………………………………………………… *11*
2.7　分極と双極子 ……………………………………………………………………… *13*
2.8　結合の開裂：ヘテロリシスとホモリシス ……………………………………… *14*
2.9　ブレンステッド酸とブレンステッド塩基 ……………………………………… *15*
2.10　化学平衡と遷移状態 ……………………………………………………………… *18*
2.11　ルイス酸とルイス塩基 …………………………………………………………… *19*
2.12　有機反応と曲がった矢印 ………………………………………………………… *19*
2章のまとめ …………………………………………………………………………… *20*
演 習 問 題 ……………………………………………………………………………… *21*

■ 3. 炭化水素：アルカン，アルケン，アルキン ■

3.1　炭化水素の種類 …………………………………………………………………… *23*
3.2　アルカン …………………………………………………………………………… *24*
　　　　　アルカンの構造／アルカンの反応
3.3　アルケン …………………………………………………………………………… *27*
　　　　　アルケンの構造／アルケンの合成／アルケンの反応／共役ジエンの反応

3.4 アルキン ……………………………………………………………………36
　　　　　アルキンの構造と性質／アルキンの合成／アルキンの反応
3章のまとめ ………………………………………………………………………39
演習問題 ……………………………………………………………………………40

■ 4．有機化合物のかたち ■

4.1　立体化学と立体構造の表し方 ……………………………………………41
4.2　エナンチオマー ………………………………………………………………42
4.3　比旋光度 ………………………………………………………………………43
4.4　立体配置の表示法 ……………………………………………………………44
　　　　　R, S 表示／優先順位の決め方／フィッシャー投影式
4.5　ジアステレオマー ……………………………………………………………46
4.6　メソ化合物 ……………………………………………………………………47
4.7　エナンチオマーの分離：ジアステレオマー形成による分割 …………48
4.8　立体配座と配座異性体 ………………………………………………………49
4.9　シクロアルカンの形 …………………………………………………………51
4章のまとめ ………………………………………………………………………54
演習問題 ……………………………………………………………………………55

■ 5．ハロアルカンの反応：置換反応と脱離反応 ■

5.1　ハロアルカン …………………………………………………………………56
　　　　　ハロンアルカンの種類と構造／ハロアルカンの合成
5.2　求核置換反応 …………………………………………………………………57
5.3　2分子求核置換反応（S_N2 反応） …………………………………………58
　　　　　S_N2 反応機構／S_N2 反応の特徴
5.4　1分子求核置換反応（S_N1 反応） …………………………………………60
　　　　　S_N1 反応機構／S_N1 反応の特徴
5.5　脱離反応 ………………………………………………………………………63
　　　　　1分子脱離反応（E1 反応）／2分子脱離反応（E2 反応）
5.6　化合物の構造による反応性 …………………………………………………67
5.7　転位反応 ………………………………………………………………………68
5章のまとめ ………………………………………………………………………70
演習問題 ……………………………………………………………………………70

■ 6．アルコールとエーテルの反応 ■

6.1　アルコールの分類，構造，物理的性質 ……………………………………72
6.2　アルコールとフェノールの酸性度 …………………………………………73
6.3　アルコールとフェノールの合成 ……………………………………………74

アルコールの合成／フェノールの合成
6.4 アルコールの反応 ·· *76*
アルコールの反応／アルコールの酸化
6.5 1,2-ジオールの合成と酸化 ·· *78*
6.6 フェノールの反応 ·· *78*
6.7 エーテルの合成と反応 ·· *79*
エーテルの合成法／環状エーテルの合成／クラウンエーテル／エーテルの反応
6.8 エポキシドの開環反応 ·· *81*
6.9 アルコールとエーテルの硫黄類縁体 ··· *82*
6章のまとめ ·· *83*
演習問題 ··· *84*

7. カルボニル化合物の反応：炭素–炭素結合の生成

7.1 アルデヒドとケトン ··· *85*
7.2 カルボニル基の反応性 ·· *86*
カルボニル基の構造と反応性／カルボニル基に対する求核付加反応／カルボニル基と求電子剤との反応
7.3 水和反応（水との反応）··· *87*
7.4 ヘミアセタールとアセタールの生成 ··· *89*
ヘミアセタールの生成／アセタールの生成
7.5 イミンの生成 ·· *90*
7.6 シアノヒドリンの生成 ·· *92*
7.7 グリニヤール反応剤：有機金属化合物 ·· *92*
グリニヤール反応剤／有機金属化合物
7.8 ヴィッティヒ反応 ·· *94*
7.9 ケト-エノール互変異性 ·· *95*
7.10 エノラートの生成 ·· *96*
7.11 アルドール反応 ·· *97*
アルドール反応と縮合／交差アルドール反応
7.12 共役付加反応 ·· *100*
7.13 カルボニル化合物の還元 ·· *101*
7章のまとめ ··· *102*
演習問題 ··· *103*

8. カルボン酸とその誘導体の反応

8.1 カルボン酸 ·· *104*
カルボン酸の酸性度／カルボン酸の合成
8.2 酸ハロゲン化物と酸無水物 ·· *106*

合成／反応
8.3 カルボン酸誘導体の求核置換反応の機構 ………………………… 108
8.4 エステル ………………………………………………………… 109
合成／反応
8.5 アミド …………………………………………………………… 112
合成／反応
8.6 ニトリル ………………………………………………………… 115
合成／反応
8.7 ジカルボン酸とその誘導体 ……………………………………… 117
8.8 炭酸誘導体 ……………………………………………………… 118
8章のまとめ ……………………………………………………………… 118
演習問題 ………………………………………………………………… 119

■ 9. アミン ■

9.1 アミンの分類, 構造, 物理的性質 ……………………………… 120
アミンの分類／アミンの構造／アミンの物理的性質／アミンの塩基性／アミドの場合
9.2 アミンの合成法 ………………………………………………… 125
アミンのアルキル化／ガブリエル合成／還元によるアミンの合成
9.3 アミンの反応 …………………………………………………… 128
アルケンをつくる：ホフマン脱離反応／アミンを区別する：ヒンスベルグ試験／ケトンやアルデヒドから炭素が一つ伸びたアミンの合成法：マンニッヒ反応／ジアゾニウムイオンの生成と反応
9章のまとめ ……………………………………………………………… 132
演習問題 ………………………………………………………………… 132

■ 10. 芳香族化合物の反応 ■

10.1 ベンゼンの反応性と芳香族性 ………………………………… 134
10.2 芳香族置換反応 ………………………………………………… 135
ベンゼンのハロゲン化／ベンゼンのニトロ化／ベンゼンのスルホン化／ベンゼンのアルキル化／ベンゼンのアシル化
10.3 置換ベンゼンの求電子置換反応 ……………………………… 139
ベンゼン環上の置換基による活性化と不活性化：誘起効果と共鳴効果／ベンゼン環上の置換基による配向性
10.4 多環式芳香族化合物の求電子置換反応 ……………………… 144
10.5 芳香族化合物の求核置換反応 ………………………………… 146
付加-脱離機構の求核置換反応／脱離-付加機構の求核置換反応／芳香族カチオンを経る求核置換反応
10.6 芳香族化合物の酸化と還元 …………………………………… 149

10.7　芳香環-炭素結合生成反応 …………………………………………………… 149
　　　　　　有機金属化合物を経る炭素-炭素結合生成反応／フェノールからの炭素結合生成反応

10章のまとめ ……………………………………………………………………………… 151
演 習 問 題 ………………………………………………………………………………… 151

付　　録 ……………………………………………………………………………… 153

　　　　　付録1　量子力学に基づく結合論　153
　　　　　付録2　有機化合物命名法　159

演習問題解答 …………………………………………………………………………… 163

索　　引 ………………………………………………………………………………… 171

囲 み 記 事　　グリーンケミストリーとサステイナブルケミストリー　4
　　　　　　　ケイ素は二重結合をつくりにくい　11
　　　　　　　メタン　26
　　　　　　　自然界のエチレン　35
　　　　　　　サリドマイド　54
　　　　　　　安定化　61
　　　　　　　有機ハロゲン化物と環境問題　69
　　　　　　　環境ホルモン：ダイオキシン類　69
　　　　　　　アミド結合をもつカプサイシン　113
　　　　　　　アルカロイド　131
　　　　　　　溝呂木-ヘック反応　150

有機化学の世界　　1

　有機化学は有機分子の構造や性質，そして変化を探る科学である．この地球上に存在する有機分子は多種多様なものがあり，人間を含めた生物を構成する物質のほとんどが有機分子からできている．有機分子は炭素が基本元素となっており，それが有機分子を特徴づけている．この炭素の特異な性質のおかげで，有機分子の世界が豊かに広がっている．本章では，自然界や人間の社会における有機分子の果たす役割と自然科学・技術の中での有機化学の位置づけについて学ぼう．

1.1　地球上において炭素は特別な元素である

　有機化学（organic chemistry）は炭素を基本元素とする分子（**有機分子**）(organic molecules)の化学である．では，なぜ炭素を基本元素とする分子の化学を学ぶ必要があるのだろうか．言い換えれば，なぜ100余りもある元素の中で炭素だけを特別扱いするのだろうか．それは，少なくとも地球環境下で，炭素が特別な元素だからである．つまり，炭素は互いに結合し環や長い鎖をつくる特別の能力をもっており，炭素だけが単純な構造の分子から複雑な構造をもつものまで多種多様な分子をつくることができるからである．たとえば，炭素はポリエチレンのように長い鎖をつくることができるが，このようなことは他の元素ではほとんど不可能である．また，炭素は酸素や窒素など他のいろいろな元素の原子とも容易に結合をつくることができ，この性質が有機分子の多様性をさらに高めている．このように，炭素の特別の結合能力が，有機分子の世界を非常に豊かなものにしている．

最近，周期表で炭素のすぐ下にあるケイ素が炭素と同じように長い鎖状の分子（ポリシラン）をつくることが明らかになった．しかし，このようなことは他の元素にはきわめてむずかしい．

1.2　生物は有機分子からできている

　生物はどれも有機分子からなる有機物質からできている．われわれ人間の身体も有機物質からできている．このため，有機化学はもともと生体から得られる物質の化学であった．有機物質の合成には，生体にしかない"生命力"（vital force）とよばれる力が必要であると考えられて

いた時代があり，これが有機物質と無機物質とを区別するものと信じられていた．しかし，その後，Friedrich Wöhler によって，シアン酸アンモニウムのような無機化合物から有機化合物である尿素を実験室で合成されたことから，この生命力説（vitalism）は否定され，基本的な化学の原理は無機物質にも有機物質にも同じように適用できることが明らかになった．当然，生体内でつくられた有機化合物も実験室や工場でつくられた有機化合物も，純粋であればまったくかわらない．"天然"ビタミンＣも"人工"ビタミンＣも有機分子としてはまったく同じである．

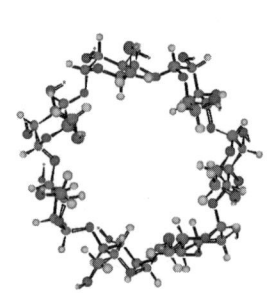

図 1.1 シクロデキストリン：糖分子が環状につながった分子で，真中の空間に別の分子を取り込むことができる．

生物を構成している有機物質の代表的なものに，タンパク質，脂質，糖類などがある．生体内の化学反応を触媒する酵素は，アミノ酸がつながって高分子となったタンパク質から成り立っている．脂質は生体の組織を構成する膜をつくっている．糖類はエネルギー源となるとともに，生体の認識に深くかかわっていることが明らかになってきた．生命の情報を担っている DNA も有機分子である．

1.3 地球と宇宙における有機分子の誕生

生命は，有機分子が何らかの作用を及ぼし合って誕生したと考えられている．すなわち，生命の誕生以前に有機分子が存在していたはずである．多くの有機分子が，初期の地球上の環境で，無機物質からできたと推定されている．1953 年に Harold C. Urey と Stanley L. Miller は，アンモニア，メタン，水素，水蒸気から成る混合ガスに放電すると，アミノ酸がほかの有機分子とともに合成されることを明らかにした．その後，いろいろな研究者によって，様々な条件下で無機物質から有機分子ができることが確かめられている．生成した有機分子はさらに反応を受けて別の有機分子に変換されるということもあったに違いない．このようにして，生命誕生の前に化学進化が起こったと考えられている．

宇宙空間には水素分子や水，一酸化炭素，アンモニアなどの地球上で普通に見られる分子以外に H_2CCN, $CCCO$, $CCCCSi$, $HCCCOH$ など様々な興味深い分子が存在することが示唆されている．

地球上だけでなく，宇宙空間でも有機分子の生成が示唆されている．分光学的方法によって宇宙を観測すると，そこにはいろいろな有機分子の存在することがわかってきた．それらの中には地球上に存在する有機分子もあるが，地球上の環境では不安定で，存在したとしてもすぐに壊れてしまうようなものもある．どのようにしてそれらの有機分子ができるのかわからないが，星の世界で有機分子が誕生しているというのは，地球以外の宇宙においても生命が存在する可能性が考えられ興味深い．

1.4　われわれの暮らしと有機化学

われわれの暮らしの中にも有機物質は満ちあふれている．われわれが食べるものは，ほとんど動物や植物であるから，これらはもちろん有機物質からできている．着るものについても，植物由来の綿や羊毛などの天然のものからナイロンなどの人工のものまで有機物質である．自動車のタイヤのゴムも有機物質である．プラスチック製品はいたるところに使われているが，これも有機高分子である．

もう少しミクロに見てみよう．たとえば，携帯電話や液晶テレビなどに使われている液晶も，有機分子からできている．液晶パネルの中に液晶分子が詰まっており電圧をかけることによって配向が変化し，それが光の透過度を変えるのである．抗生物質などの医薬品もほとんどが有機物質である．

このようにわれわれの現代生活は，有機物質によって支えられているといえる．

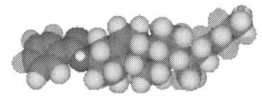

図 1.2　液晶をつくる分子の一つであるコレステロール誘導体

1.5　これからの有機化学

19 世紀や 20 世紀の有機化学者の英知と努力によって，21 世紀に暮らしているわれわれは有機分子の性質や変化を，かなりのレベルで理解し，説明し，予言できるようになった．また，それだけではなく，望む機能をもった有機分子を設計し合成することも可能になった．このような成果のおかげで，われわれは有機物質を自由に使うことができるようになり，そのことによって暮らしを豊かにしてきた．

しかし，利便性と経済発展の追求を急ぐあまり，現在いろいろと悪影響が生じていることも事実である．これらの問題に対してもグリーンケミストリーなど新しい解決のための動きが生まれている．今までは，環境中に出た有害物をどのようにして取り除くかということに焦点が当てられていたが，物質をつくり出すときにほしいものだけをつくり，不用なもの，有害なものをできるだけ副生させない化学がグリーンケミストリーである．そのためには，今までに蓄積されてきた有機化学の基本概念と知識をしっかりと身につけ，それらに立脚しながらも，新しい発想を盛り込むことが必要不可欠である．

■ **グリーンケミストリー（GC）とサステイナブルケミストリー（SC）** ■

　グリーンケミストリー(green chemistry：GC)は1990年代の初めに米国環境保護局（Environmental Protection Agency USA）から提案された，エコテクノロジーに対応する言葉であって，化学技術の革新を通して人・環境・地球への負荷を可能な限り少なくして，持続可能な社会の実現に貢献することを基本理念とする化学技術を意味する．経済協力開発機構（OECD）では，GCと同じ理念の言葉として，サステイナブルケミストリー（sustainable chemistry：SC）"持続的発展ないしは持続性維持のための化学"を統一的に用いている．わが国も1998年にこれに加わった．わが国でも化学技術戦略推進機構（Japan Chemical Innovation Institute）に事務局を置くグリーンサステイナブルケミストリーネットワーク（GSCN）が発足し，GC運動を推し進めている．GC運動の中心的な役割を果たしてきたPaul T. AnastasとJohn C. Warnerらは著書『グリーンケミストリー』（渡辺 正，北島正夫訳，丸善）の中で，GCが目指すべき目標として次の12か条を示している．

1. 廃棄物は，出してから処理するのではなく，出さないようにする．
2. 原料をできる限り無駄なく最終生成物に取り込む形の合成を行う．
3. 人体と環境に害の少ない反応物と生成物にする．
4. 同じ機能をもつなら，毒性の少ないものをつくる．
5. 溶媒などの補助物質は使わないようにし，使う場合は無害なものにする．
6. エネルギーを必要とする場合，環境と経費の負荷を考慮し，省エネを心がける．
7. 原料は枯渇性の資源でなく，再使用可能なものにする．
8. 保護・脱保護など途中の修飾反応はできるだけ避ける．
9. 量論的な反応でなく，触媒反応を目指す．
10. 製造した化学品は，使用後に環境中で分解するものを目指す．
11. 反応の最適化と危険監視のためのプロセス計測を導入する．
12. 化学事故につながりにくい物質およびプロセスを使う．

　米国では1996年にGC大統領賞が，わが国では2001年にGSCN賞が，それぞれ創設され，次の3分野で優れた化学技術を残した団体および個人に対して贈られている．

1. 代替合成経路の確立．
2. 代替反応条件の開発．
3. より安全な化学品の設計．

有機分子と共有結合　2

有機分子はどのようにしてできているのだろうか，またどのような性質をもっているのだろうか．それらを理解するために，本章では炭素原子と炭素原子，あるいは炭素原子とほかの元素の原子を結びつけ，有機分子を形づくっている共有結合について学ぶことにしよう．共有結合の本質を知れば，有機分子の構造や反応を簡単に理解できるようになる．

2.1 イオン結合と電気陰性度

物質は原子からできているが，多くの場合原子が互いに結合（化学結合）することによって秩序だった構造をつくっている．たとえば，食塩（NaCl）の結晶を考えてみよう．NaCl は**イオン結合**（ionic bond）とよばれる結合でできている．原子は電子を受け取るか放出することによって，イオンとよばれる電荷をもった化学種になる．Na 原子は電子を放出して Na^+（ナトリウムイオン）になり，Cl 原子は電子を受け取って Cl^-（塩化物イオン）になることができる．イオン結合とはこのような正および負の電荷をもったイオンが静電力で互いに引きつけ合ってできる結合のことである．NaCl の結晶中では Na^+ と Cl^- が互いに引きつけ合って結びついている．また，結晶全体では Na^+ と Cl^- の正負の電荷はつり合っている．

では，なぜ Na は電子を放出し，Cl は電子を受け取ることができる

イオン
正の電荷をもったイオンを**カチオン**（cation）とよび，負の電荷をもったイオンを**アニオン**（anion）とよぶ．

表 2.1　ポーリング（Pauling）の電気陰性度

第一周期				H 2.1			
第二周期	Li 1.0	Be 1.5	B 2.0	C 2.5	N 3.0	O 3.5	F 4.0
第三周期	Na 0.9	Mg 1.2	Al 1.5	Si 1.8	P 2.1	S 2.5	Cl 3.0
第四周期	K 0.8						Br 2.8

のだろうか．言い換えると，NaはNa$^+$になりやすく，ClはCl$^-$になりやすいのはなぜだろうか．一般に，ある元素の原子が電子を引きつける力は元素の種類によって異なっている．その力を表す尺度を**電気陰性度**（electronegativity）という．電気陰性度が大きい元素の原子ほど電子を引きつける力が強い．一般に周期表の左から右にいくほど電気陰性度は大きくなり，下から上にいくほど大きくなる傾向がある（表2.1）．

電気陰性度の大きく異なる元素の原子は互いにイオン結合をつくりやすい．たとえば，第二周期の元素でもっとも電気陰性度の小さいLiは電子1個を放出して陽電荷をもったLi$^+$イオンになり，もっとも電気陰性度の大きいFは電子を1個もらってF$^-$イオン（フッ化物イオン）になりやすい（図2.2）．このときLi$^+$イオンはHeと同じ構造，F$^-$イオンはNeと同じ構造，つまり最外殻がつまっている希ガス構造をしていることに注目してほしい．このLi$^+$イオンとF$^-$イオンが電気的に引き合ってLiFが生成する．LiFの結晶では一つのLiと一つのFが結合しているのではなく，Li$^+$イオンは複数のF$^-$イオンに取り囲まれ安定化を受け，F$^-$イオンは複数のLi$^+$イオンに取り囲まれ安定化を受けている．NaClの場合も同様である．イオン性の物質はイオン間に働く力が強いので多くは固体でしかも融点がきわめて高いのが特徴である．

イオン性物質
イオン性物質の多くは常温で固体であり，**イオン性固体**（ionic solid）とよばれている．しかし，イオン性物質であっても常温で液体であるものが知られていて，**イオン性液体**（ionic liquid）とよばれている．最近，イオン性液体は，揮発性がほとんどないことから，環境に配慮した合成の媒体として注目されている．

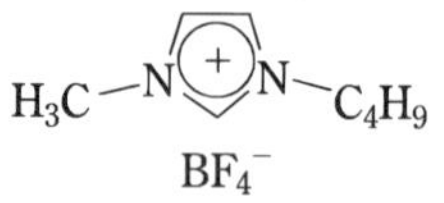

図 2.1 イオン性液体の例

図2.2では最外殻の電子を表すのに・を用いている．たとえばLiは1s軌道に2電子，2s軌道に1電子をもっていて，最外殻の電子数は1なので，その一つの電子を・で表している．

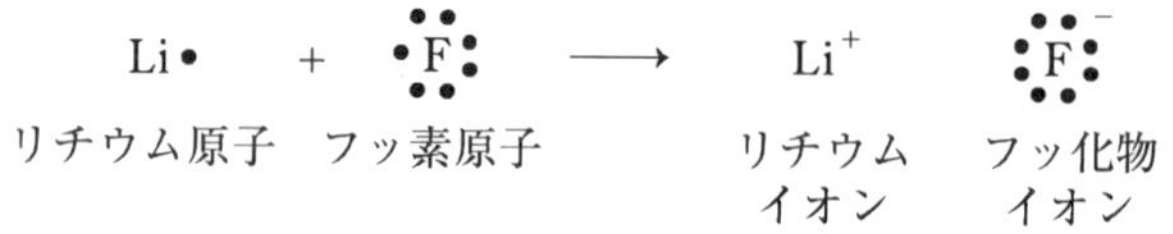

図 2.2 イオン結合によってフッ化リチウムがつくられる

2.2 有機分子は共有結合でできている

LiFやNaClでは二つの元素の電気陰性度が大きく違うので，互いにイオンになり，静電力で引き合うことによりイオン結合をつくっている．では，電気陰性度があまり違わないかまったく同じ元素の場合は，どのような結合をつくるのだろうか．たとえば，二つの水素原子からなる水素分子はどうだろうか．一方の水素原子が電子を放出してH$^+$になり，もう一方の水素原子が電子をもらってH$^-$となり，お互いに引き合うことはない．それよりももっとよい結合の仕方があるからである．それは**共有結合**（co-valent bond）とよばれるもので，二つの水素の原子核が2電子を共有することによって安定な構造をつ

共有結合には最外殻の電子だけが使われる．

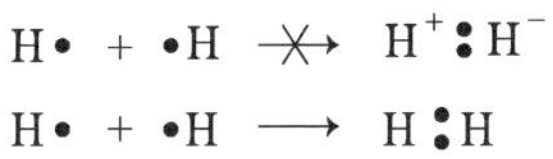

$$H\bullet + \bullet H \xrightarrow{\times} H^+ \!:\! H^-$$
$$H\bullet + \bullet H \longrightarrow H\!:\!H$$

図 2.3 水素の原子核

くる（図 2.3）．このようにすれば二つの水素は電子二つをもつ希ガス（ヘリウム）の構造をとることができる．

次にもっとも簡単な有機化合物であるメタン（CH_4）分子を考えてみよう．炭素のほうが水素よりもやや電気陰性度が大きいが，炭素が電子4個を受け取ってC^{4-}となり希ガスの電子配置をとることはエネルギー的に非常に難しい（図 2.4）．したがって，メタンでは炭素と水素がそれぞれ電荷をもつイオンになってイオン結合をつくることは考えにくい．

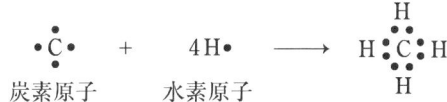

図 2.4 イオン結合によってメタンをつくる（仮想的）

そこで，メタンでは，水素分子と同じように，炭素と水素は電子を共有することによって結合をつくっていると考える（図 2.5）．それぞれの結合に2電子（炭素から1電子，水素から1電子）が使われる．電子を共有することによって炭素と水素はともに希ガスの電子配置をとり，安定になると考えることができる．つまり炭素はネオンの電子配置を，水素はヘリウムの電子配置をとっている．

図 2.5 共有結合によってメタンがつくられる

有機分子は共有結合でできている．共有結合を理解すれば有機化学がわかる．

炭素は，おもにこのような共有結合によって別の炭素や他の元素の原子と結合している．このような共有結合で結ばれている原子の集団を**分子**（molecule）とよんでいる．炭素は炭素とも共有結合をつくることもできるし，炭素や水素以外の様々な元素（酸素や窒素，硫黄など）とも共有結合をつくることができる．このように，炭素が様々な元素の原子と共有結合をつくることができる性質をもっているので，多種多様な有機分子を構築することができる．実際，簡単な構造から複雑な構造をもったものまで，分子量の小さいものから大きなものまで，莫大な数の有機分子が存在している．このことは，これからも新

しい多様な有機分子をどんどんつくり出せることも意味している．

2.3 原子価理論とオクテット則

　炭素は四つの水素と共有結合をつくってメタン分子をつくることを 2.2 節で学んだ．では，ある元素に着目したとき，その原子は共有結合をいくつまでつくれるのだろうか．また，その数は決まっているのだろうか．これらの質問に答えてくれるのが**原子価理論**（valence theory）である．原子価理論は，共有結合を理解しその考え方を利用する基礎となるものである．原子価理論には限界もあるが，まだまだ現代の有機化学の基本概念として重要である．

　原子価（valence）とは，ある元素の原子が他の原子といくつ共有結合をつくることができるかを表す数である．その数は相手の原子にかかわらず常に一定である．たとえば炭素は四つの原子と結合できるので 4 価であり，酸素は二つの原子と結合できるので 2 価である．

　共有結合では，原子は電子を共有することによって最外殻に 8 個（水素の場合は 2 個）の電子をもつ希ガス構造をとり安定になっていることを先に述べた．このことを**オクテット則**（octet rule）という．一つの共有結合は，結合をつくるそれぞれの原子から電子を一つずつ出して，それら二つの電子を互いに共有することにより成り立っている．炭素は最外殻電子が四つであるので，他の四つの原子と電子を共有し合って四つの共有結合をつくると，最外殻に電子を 8 個もつネオンの構造になるので都合がよい．このことが炭素の原子価が 4 であることと対応している．

　酸素の場合はどうだろうか．酸素は最外殻に 6 個の電子をもっている．だから電子を二つもらって，つまり共有結合を二つつくると，8 電子になって都合がよい．したがって，酸素の原子価は 2 で，二つの共有結合をつくる．水分子（H_2O）ができるのも酸素の原子価が 2 であるからである．

2.4 構造式と異性体

　共有結合を表すのに電子を点で示す方法を用いてきたが，このような方法をルイス（Lewis）構造とよんでいる．ルイス構造では原子の最外殻の電子つまり**価電子**（valence electron）を点で表す．価電子の数は周期表の族の番号と同じである．もし，原子上に電荷があれば，族の番号に電荷を足したり（負イオンの場合）引いたり（陽イオ

オクト
オクト（oct あるいは octo, octa）は 8 を表す接頭語である．たとえば，オクターブ（octave），タコ（octopus）などの 8 と関係する語がある．

オクテット則の限界
オクテット則は最外殻の電子が 2s 軌道と三つの 2p 軌道のみにある第二周期の元素だけにあてはまるものである．第二周期の元素では 8 個の電子がこれらの軌道のすべてを満たすことになるが，第三周期やそれ以上の周期の元素では d 軌道（あるいは f 軌道）も使うことができるので 8 個以上の電子を収容することができる．したがって，それらの元素（たとえばリンや硫黄）ではオクッテット則から導かれる数以上の共有結合をつくることができる．

ンの場合）すれば価電子数が求まる．ルイス構造では二つの原子を結びつけている二つの電子を二つの点で表す．しかし，この方法は面倒なので簡略化して，共有結合を担っている電子対（共有電子対）は線で表し，共有結合をつくっていない電子対（孤立電子対，非共有電子対）を二つの点で表すことが多い（図2.6）．また，孤立電子対を表記しないこともある．このように共有結合を線で表す方法は，現代の有機化学でもっとも一般的に使われている．

$$\begin{array}{cc} \text{H} & \text{H} \\ \text{H}:\overset{\cdot\cdot}{\text{C}}:\text{H} & \equiv & \text{H}-\overset{|}{\underset{|}{\text{C}}}-\text{H} \\ \text{H} & \text{H} \end{array}$$

メタン分子のルイス構造　　　結合を線で表した式

図 2.6　共有結合を表す方法

【例題 2.1】 H_2O, NH_3, CH_3F のルイス構造を，まず電子対を点で表した方法で書き，そこに結合を表す線を入れてみよう．

[解答]

原子価理論から生まれてくるものとして**異性**（isomerism）という概念がある．同じ分子式をもっていても原子のつながり方が違う場合があるからである．原子のつながり方が異なる分子は互いに**構造異性体**（constitutional isomer）とよばれる（図2.7）．原子のつながり方が同じでも，空間的な配置が異なる場合もあり，そのような分子は互いに**立体異性体**（stereoisomer）とよんでいる．

多種多様な構造をもった有機分子を表現するには，いくつかの方法がある．**構造式**（structural formula）は分子中の原子のつながり方（connectivity）を表す方法である．ルイスの構造も構造式の一つであるが，複雑な分子を表すために，いくつかの種類の構造式が使われている．先に述べたような原子を元素記号で表し，結合を線で表す方法が基本的であるが（図2.8(a)），結合を省略することもある(b)．また，炭素と炭素に結合した水素を省略して線で表し（元素記号を書かない），酸素や窒素原子などのみを元素記号で表す方法もあり(c)，この方法がもっとも多く用いられている．分子構造の複雑さや，何を表現したいのか，その目的によってこれらの方法を使い分けることが重

異性体
異性体には構造異性体と立体異性体とがある．多様な異性体があることが有機化学を豊かなものにしている．

図 2.7　構造異性体の例

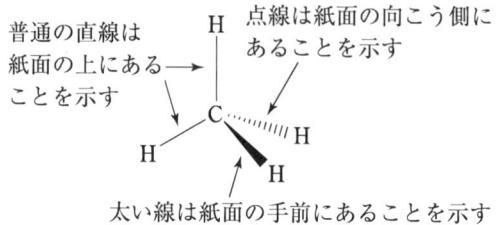

図 2.8 構造式の例

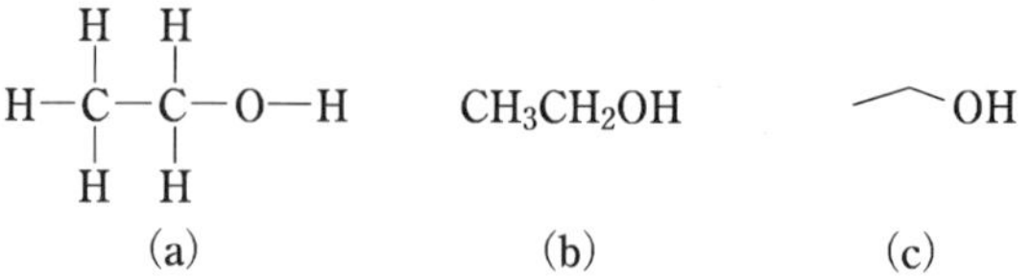

構造異性体はこのような構造式を使って区別することができる．しかし，原子の空間的な配置が異なる立体異性体を区別して表現することはむずかしいが，図 2.9 に示すようにすれば可能である．これは，図 2.10 のようなルールで立体構造を表現している（詳しくは 4.1 節参照）．

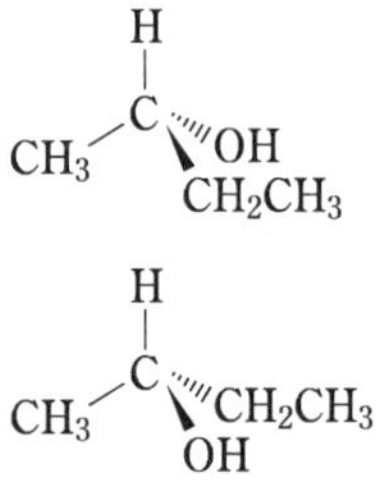

図 2.9 立体異性体の例

図 2.10 メタンの立体構造を表す式

2.5 二重結合と三重結合

共有結合は二つの原子が電子 2 個を共有することによって結合していることをすでに学んだ．このような結合を**単結合**（single bond）とよんでいる．共有結合の中には電子 4 個を共有することによって二つの原子が結合しているものもある．たとえばエチレン分子の二つの炭素原子はそれぞれ 2 個の電子を出し合い 4 個の電子を共有している．このような結合を**二重結合**（double bond）とよんでいる．それぞれの炭素原子は二つの水素と 2 個ずつの電子を共有し単結合をつくっている．これらの電子を合計すると，炭素原子は 8 個の電子をもつ希ガスの電子配置をとっていることがわかる．二重結合はそれぞれの原子の間に 2 本の線を描いて表す（図 2.11）．

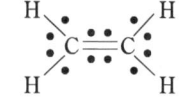

図 2.11 エチレンのルイス構造

炭素原子は炭素以外の元素の原子と二重結合で結合することもできる．たとえばホルムアルデヒドは炭素原子と酸素原子が二重結合で結ばれている（図 2.12）．このとき，炭素は，2 個の電子を出して酸素と二重結合をつくり，あと 2 個の電子を使って二つの水素と共有結合をつくっている．したがって，炭素は最外殻に電子 8 個をもつ希ガスの配置をとる．一方，酸素は 2 個の電子を出して炭素と二重結合をつ

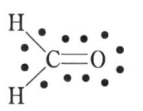

図 2.12 ホルムアルデヒドのルイス構造

■ケイ素は二重結合をつくりにくい■

炭素は容易に二重結合をつくることができ，この性質が有機化合物の多様性をさらに高めている．しかし，周期表で炭素のすぐ下にあるケイ素は二重結合をつくりにくい．Si=SiやSi=Cの合成は化学者のチャレンジの的であったが，両者はともに1981年になって初めて安定な化合物として合成された．炭素と酸素の間の二重結合（カルボニル基）も有機化学ではなじみの深いものである．実際，カルボニル基の化学は有機化学の中心的存在である．しかし，ケイ素と酸素の二重結合をつくるのは困難である．KippingらはSi=Oをつくろうとしてある化合物を得た．それを炭素化合物であるケトン（ketone）にならってシリコーン（silicone）と名づけた．しかし，この化合物はSi=Oをもったものではなく，それが重合した（-Si-O-）$_n$の繰り返し構造をもつ高分子であった．

現在，ケイ素の高分子であるシリコーンは油や樹脂として様々な分野で利用されているが，その始まりはケイ素と酸素の二重結合をつくる試みにあった．このように，多重結合をつくることは元素一般からみれば容易なことではない．二重結合や三重結合のような多重結合を簡単につくることができるのも炭素の特徴であり，有機化合物の多様性の大きな要因となっている．

>C=O　　[>Si=O]　　(-Si-O-)$_n$

ケトン　　シリコーン　　シリコーン（高分子）
(ketone)　(silicone)　(silicone polymer)

図 2.13　ケトンとシリコーン

くり，共有結合に使われなかった4個の電子は，二つの孤立電子対となる．つまり，酸素は，炭素と二重結合をつくることにより4個の電子を共有するとともに二つの孤立電子対をもつので合計8個の電子をもつ希ガスの配置となる．

炭素は**三重結合**もつくることができる．たとえばアセチレンの場合には，二つの炭素原子は電子3個ずつを出し合い共有結合をつくっている（図2.14）．残った1個の電子を使ってそれぞれ水素との間に共有結合をつくっている．シアン化水素にみられるように，炭素は窒素原子などほかの元素の原子とも三重結合をつくることもできる．三重結合は3本の直線で表現する．

孤立電子対
結合に使われない電子2個を対にして孤立電子対とよぶ．

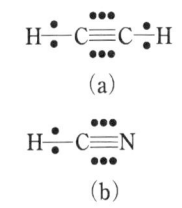

図 2.14　アセチレン(a)とシアン化水素(b)

2.6　共　　鳴

原子価に基づく古典的な結合論は有用な概念であるが，限界もある．実際，分子の構造は単純に原子価に合わせて原子を結合させることによって表現できないことも多い．たとえば，炭酸イオンを考えてみよう．炭酸イオンでは一つの炭素に三つの酸素が結合している．炭素の原子価は4である．したがって，一つの酸素は炭素と二重結合で

結合し，あと二つの酸素は炭素と単結合で結合することになる（図2.15）．酸素の原子価は2であるので，炭素と二重結合で結合した酸素は中性となるが，炭素と単結合で結合した酸素は原子価があまるので負電荷をもつことになる．したがって，炭酸イオンの構造式としては図2.15の三つの式を描くことができる．

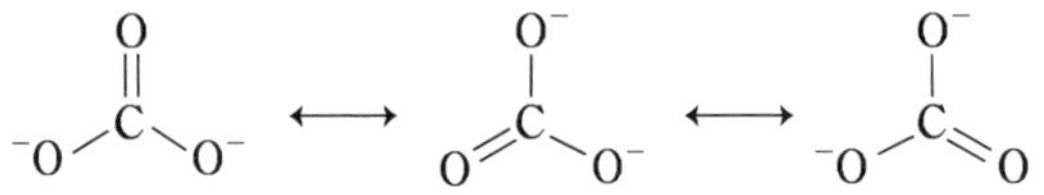

図 2.15 炭酸イオンの三つの構造式（共鳴構造）

平衡と共鳴
平衡は現象であり，⇌の両側の構造は実在するが，共鳴は現象ではなく，⟷の両側の構造も実際の構造を表したものではない．

共鳴安定化
共鳴安定化（resonance-stabilization）という表現もしばしば用いられる．また，"共鳴するので安定化する"ということもある．共鳴安定化エネルギーは共鳴構造のうちもっとも安定なものと実際の分子とのエネルギー差で定義される．しかし，もともと共鳴構造自身が仮想的なものであり，しかもエネルギーの異なる共鳴構造が複数存在する場合にはどの共鳴構造がもっとも安定かということを簡単には判断できないことが多い．したがって，共鳴安定化ということも便宜的な表現であることを認識することが必要である．

しかし，実際の炭酸イオンでは，すべての酸素が等価で炭素-酸素結合もすべて等価である（長さが同じ）ことがわかっている．このことは，三つの構造式のどれも，実際の構造を表していないことを意味している．

このような矛盾を解消するために**共鳴理論**（resonance theory）が考え出された．共鳴理論では，炭酸イオンの三つの構造は本当の構造ではなく，本当の構造は三つの構造を混ぜ合わせたもの（hybrid）であると考える．三つの構造は共鳴構造（resonance structure）とよばれ，仮想的なものとして扱われる．また，おのおのの共鳴構造は共鳴に寄与（contribute）しているということもある．

おのおのの共鳴構造式は⟷という記号で結びつけられる．この記号は共鳴を表すもので，平衡を表す記号⇌と厳密に区別することが必要である．

有機化学では一つのルイス構造式で表現できない分子や反応中間体がしばしば登場するので，共鳴理論は分子構造や反応の理解のために広く用いられている．しかし，共鳴とは現象ではなく説明であることに注意してほしい．"共鳴する"という表現が用いられることがあるが，もともと各共鳴構造が実在するわけではないので，それらが"共鳴する"ことは実在する現象ではない．分子やイオンの本当の構造が一つの構造（式）で表現できないために共鳴という説明を使っているにすぎない．つまり古典的な原子価表示法で説明できない構造や現象を理解・説明するために導入された概念が共鳴なのである．

ベンゼンについては10章で学ぶ．

ベンゼン分子は左の構造式の炭素・水素の記号を省略し，右図のように表現することが多い．

【例題 2.2】ベンゼン分子は次の構造式で表される．

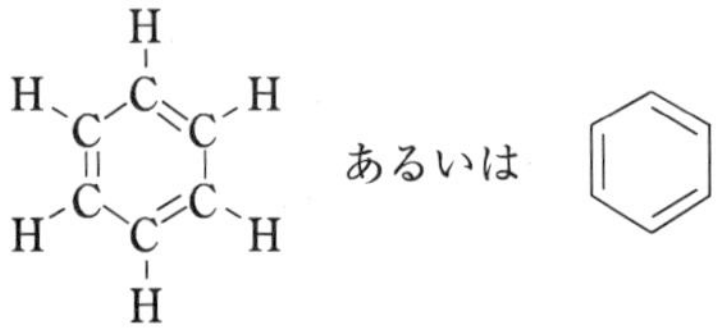

> この式をそのまま理解するとベンゼンの環は三つの単結合と三つの二重結合からできていることになる．また，二重結合と一重結合の位置を入れ替えた構造も可能である．しかし，実際には六つの結合の長さは全く同じであることがわかっている．このことをふまえて，ベンゼンの構造を共鳴構造式で表しなさい．
>
> ［解答］

2.7 分極と双極子

共有結合では，二つの原子が電子を出し合い，共有することによって結合をつくっている．しかし，電気陰性度の異なる原子間の共有結合では，電子は両方の原子に均等に分布しているのではなく，ある程度どちらかに偏っている．このことを，結合が**分極している**という．結合での電子の偏りは，分子全体での電子の偏りに関係する．電子の偏りは，分子の物理的性質や化学的性質を理解するうえで重要なので，ここで分極について簡単に学んでおこう．

たとえばH−Cl結合を考えてみよう．水素と塩素を比べると水素のほうがはるかに電気陰性度が小さい．したがって，共有結合をつくっている電子は塩素側により多く分布している．言い換えると，水素は正に塩素は負に分極している．つまり，HClは，水素上に正の部分電荷をもち，塩素上に負の部分電荷をもつ**双極子**(dipole)とみなすことができ，双極子能率あるいは**双極子モーメント** μ (dipole moment)をもつ．

一般に，分極を表す方法として図2.16に示すような矢印が用いられる．十字形クロス部分が部分正電荷の端であり，矢印の先端部分が部分負電荷の端を示す

電気陰性度の異なる原子からなる2原子分子は一般に分極している．しかし，CCl_4 や CO_2 のように分極した結合をもつ分子であっても，分子全体としては双極子モーメントがない分子もある．たとえば，CCl_4 では四つの C−Cl 結合が正四面体の頂点の方向を向いているので，互いに打ち消し合って分子全体では双極子モーメントがゼロとなっている．しかし CH_3Cl では C−H 結合に比べて C−Cl 結合の分極が大きいので分子全体としては双極子モーメントをもつ（図2.17）．結合だけでなく孤立電子対も双極子モーメントをもつ．

電気陰性度については2.1節参照

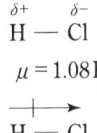

$\mu = 1.08 D$

図 2.16 双極子モーメント：双極子モーメント μ は［電荷×距離］で表される．双極子モーメントの単位としては，D(debye)が用いられる．双極子モーメントは，分子間に働く力（分子間相互作用）に密接に関係している．

(a) CCl$_4$：分子全体の双極子
モーメント μ = 0D

(b) CH$_3$Cl：分子全体の双極子
モーメント μ = 1.87D

図 2.17　CCl$_4$ と CH$_3$Cl の双極子モーメント

また，電子を押し出すように働く置換基は**電子供与基**（electron donating group），電子を引きつけるように働く置換基を**電子求引基**（electron withdrawing group）とよんでいる．今後，電子供与基や電子求引基はよく出てくる表現なので覚えておこう．

電子吸引ではなく電子求引であることに注意．

2.8　結合の開裂：ヘテロリシスとホモリシス

有機分子が起こす様々な反応について考えてみよう．分子が反応を起こすということは，分子をつくっている原子間の結合が切れたり，今まで結合をつくっていなかった原子間に新しく結合が生成したりすることである．有機反応を理解し，どのようにして反応が起こっているのかその機構（mechanism）を明らかにするためには，この結合の開裂や生成について詳しく知ることが重要である．すでに共有結合は二つの原子がお互いに 2 電子を共有し合ってできていることを学んだ．そこで今度は，この結合を切ることを考えてみよう．一般に，図 2.18 に示すように，結合を切る様式には 2 種類ある．

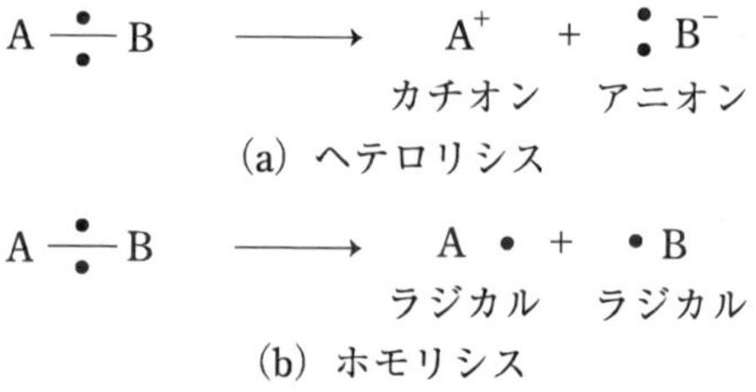

A : B ⟶ A$^+$ + :B$^-$
　　　　　　　　カチオン　アニオン
(a) ヘテロリシス

A : B ⟶ A• + •B
　　　　　　　　ラジカル　ラジカル
(b) ホモリシス

図 2.18　結合を切る様式

ヘテロとホモ
一般にヘテロ（hetero）とは"異なった"という意味を，ホモ（homo）とは"同じ"という意味を表す言葉である．化学の分野でも，heterogeneous（不均一）や homogeneous（均一）など，よく使われている．

一つは**ヘテロリシス**（heterolysis）とよばれるもので，共有している 2 電子をどちらか一方の原子に寄せる方法である．通常電気陰性度が高い原子が電子を受け取ってアニオンになり，電気陰性度が低い原子が電子を出してカチオンになる．もう一つの開裂様式が**ホモリシス**（homolysis）とよばれるもので，二つの原子にそれぞれ電子一つずつ与えるものである．この様式では二つの**ラジカル**（radical）あるいは

フリーラジカル（free radical）が生成する．

ヘテロリシスにかかわる一方の原子が炭素であると，有機化学の代表的な活性種である**炭素アニオン**（カルボアニオン；carbanion）や**炭素カチオン**（カルボカチオン；carbocation）が生成する．また，ホモリシスでは炭素ラジカル（$R_3C\cdot$）ができる（図2.19）．炭素アニオンの炭素は最外殻に8個の電子をもつが，炭素ラジカルは7個，炭素カチオンは6個の電子しかもたずオクテット則に従わない．炭素アニオンは四面体構造をしているが，炭素カチオンは平面構造をしている．炭素ラジカルは，平面か平面に近い構造をしている．これらの炭素種は有機化学の基本的な活性種であり，様々な反応の中間体として重要な役割を果たしている．

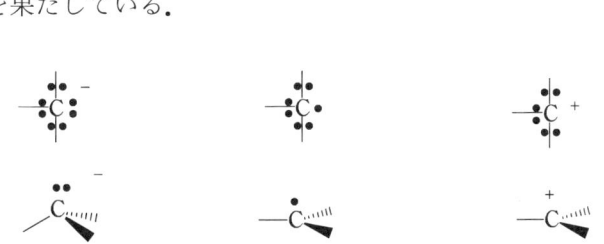

ラジカルについては，3章で学ぶ

(a) 炭素アニオン　(b) 炭素ラジカル　(c) 炭素カチオン

図 2.19　炭素活性種の構造

2.9　ブレンステッド酸とブレンステッド塩基

ホモリシスについてはラジカルのところでもう一度詳しく学ぶので，ここではヘテロリシスだけに注目しよう．ヘテロリシスを起こす分子として，結合をつくっている二つの原子の一方が水素の場合を考えてみる．もう一方の原子あるいは原子団をAで表すことにする．つまりH−A分子を考える．水素は他の元素に比べて電気陰性度が小さいのでヘテロリシスによって通常正の電荷をもつ水素イオン（プロトン）（H^+）になるはずであり，Aは負電荷をもつアニオン（A^-）になるはずである（図2.20）．このようにヘテロリシスによってプロトンを出すものを酸とよんでいる．ここではH−Aが酸である．塩酸（HCl）もヘテロリシスによってプロトンを出すので酸である．次に，この反応の逆反応を考えてみる．逆反応では，A^-がプロトンと反応してA−Hができる．このようにプロトンを受け取るものを塩基とよんでいる．つまり，A^-は塩基である．

$H-A \rightleftarrows H^+ + A^-$

図 2.20　酸と塩基

酸H−Aのヘテロリシスを解離という．つまり酸H−Aが解離してH^+とA^-になる．

酸がプロトンを放出すると自分自身は塩基になるが，これをもとの**酸の共役塩基**（conjugate base）とよんでいる．A^-はH−Aの共役塩

基である．逆に塩基がプロトンを受け取ってできる酸をもとの塩基の共役酸（conjugate acid）という．H−A は A⁻ の共役酸である．

一般には溶液中でプロトンが単独に存在することはほとんどないので，酸 A−H と塩基 B⁻ とが反応して別の塩基 A⁻ と酸 B−H ができるような反応が一般的である．このようなプロトンのやりとりをする反応を酸・塩基反応とよぶ．

$$\underset{\text{酸}}{\text{H−A}} + \underset{\text{塩基}}{\text{B}^-} \rightleftarrows \underset{\text{共役塩基}}{\text{A}^-} + \underset{\text{共役酸}}{\text{H−B}}$$

図 2.21 酸・塩基反応

以上のような酸・塩基の定義をブレンステッド（Brønsted）の酸および塩基の定義という．つまり，プロトンを放出するものがブレンステッド酸で，プロトンを受け取るものがブレンステッド塩基である．

酸・塩基反応は有機化学において基本的な概念であるので，もう少し定量的に眺めてみよう．まず，水中での反応を考えてみる．一般に酸 H−A が水中に存在するとき次のような平衡が成り立つ．ここでは，水が塩基として働き，酸 H−A からプロトンを受け取っている．

$$\text{H−A} + \text{H}_2\text{O} \rightleftarrows \text{H}_3\text{O}^+ + \text{A}^-$$

このとき平衡定数 K_{eq} は

$$K_{eq} = \frac{[\text{H}_3\text{O}^+][\text{A}^-]}{[\text{H−A}][\text{H}_2\text{O}]}$$

で表され，水の濃度はほぼ一定であるので $K_a = K_{eq}[\text{H}_2\text{O}]$ として

$$K_a = K_{eq}[\text{H}_2\text{O}] = \frac{[\text{H}_3\text{O}^+][\text{A}^-]}{[\text{H−A}]}$$

> 溶質（水に溶けている物質）の濃度が低いとき，水分子の数は他の分子やイオンの数に比べてはるかに多い．したがって，水溶液の水の濃度は，ほぼ一定とみなすことができる．

と書くことができる．K_a は**酸性度定数**（acidity constant）とよばれ，強い酸は平衡が右に偏るため大きな値をもち，弱い酸は平衡が左に偏るため小さい値をもつ．通常酸の強さは pK_a で表すことが多い．

$$pK_a = -\log K_a$$

したがって，強い酸の pK_a 値は小さく，弱い酸の pK_a は大きい．酸の強さとその共役塩基，そして塩基の強さとその共役酸の強さとの間には逆の関係があることに注意してほしい．つまり，強い酸の共役塩基はプロトンに対する親和力が小さいので弱い塩基であり，弱い酸の共役塩基はプロトンに対する親和力が大きいので強い塩基である．表 2.2 に各種分子の pK_a 値を示した．

pK_a 値は酸-塩基反応（平衡）がどれくらい偏っているかを示す指標

表 2.2 各種分子の pK_a とその共役塩基

	pK_a	共役塩基
HCl	-7	Cl^-
H_3O^+	-1.74	H_2O
CH_3CO_2H	4.75	$CH_3CO_2^-$
NH_4^+	9.2	NH_3
H_2O	15.7	OH^-
CH_3CH_2OH	16	$CH_3CH_2O^-$
HC≡CH(アセチレン)	25	$HC≡C^-$
$CH_2=CH_2$(エチレン)	44	$CH_2=CH^-$
CH_3CH_3(エタン)	50	$CH_3CH_2^-$

になる.つまり,酸の pK_a 値と塩基の共役酸の pK_a 値を比べればよい.たとえば HCl(酸) と $CH_3CO_2^-$(塩基) との反応を考えてみよう.HCl の pK_a は -7 であり,$CH_3CO_2^-$ の共役酸である.CH_3CO_2H の pK_a は 4.75 である.したがって,$CH_3CO_2^-$ のほうが Cl^- よりもプロトンに対する親和力が大きいので平衡は右に偏る.

$$HCl + CH_3CO_2^- \rightleftharpoons Cl^- + CH_3CO_2H$$

一方,H_2O と $CH_3CO_2^-$ との反応では H_2O の pK_a は 15.7 であるので,OH^- のほうがプロトンに対する親和力が大きく,平衡は左に偏る.

$$H_2O + CH_3CO_2^- \rightleftharpoons OH^- + CH_3CO_2H$$

pK_a は水中での酸・塩基反応の指標であるが,水以外の有機溶媒中にも拡張して用いられる.上に述べたように,水の pK_a は 15.7 であり,これ以上に pK_a の大きい酸は水中でははとんど解離しない.しかし,水以外の有機溶媒中で測定を行うことによって,そのような化合物でも pK_a を求めることができる.

アセチレンやエチレン,エタンのような化合物の C−H 結合もヘテロリシスを行うとプロトンを放出する.つまり,解離してプロトンを出す.このことは有機化合物も酸として働くことを意味する.一般に C−H 結合の解離の pK_a 値は大きく,非常に強い塩基を作用させないとこのようなことは起こらないが,C−H 結合の解離による共役塩基の炭素アニオン(C^-) の生成は有機化学において非常に重要な反応の一つである.

$$H-C≡C-H + :B^- \longrightarrow H-C≡C:^- + H-B$$
強い塩基

図 2.22 アセチレンの解離

⇌ は平衡が右に偏っていることを示し,⇌ は平衡が左に偏っていることを示している.

2.10 化学平衡と遷移状態

さて，酸・塩基のところで化学平衡が出てきたので，ここで，化学の基本の一つである化学平衡について確認しておこう．ある反応において出発物から生成物ができるが，生成物から出発物ができる逆反応も同時に起こっているとき平衡が成り立っているという．平衡は $\rightleftharpoons$ で表され，平衡定数（K_{eq}）は出発物と生成物の濃度の比で表される．

$$出発物 \rightleftharpoons 生成物$$

$$K_{eq} = \frac{[生成物]}{[出発物]}$$

平衡定数を決める要因は，出発物と生成物のエネルギー，正確には自由エネルギー（free energy）の差である．つまり，

$$\Delta G° = -2.303 RT \log K_{eq}$$

という式が成り立つ．ここで，$\Delta G°$ は標準自由エネルギー変化（free energy change）であり，R は気体定数，T は絶対温度である．図2.23に反応に伴う自由エネルギーの変化を示した．自由エネルー変化が負に大きいほど平衡定数は大きくなる．言い換えれば，生成物のほうが出発物より安定であればあるほど平衡定数は大きくなる．したがって，出発物に比べて生成物の割合が大きくなる．

出発物より生成物のほうが安定であるとき，つまり自由エネルギー変化が負のとき，その反応を**発エルゴン反応**（exergonic reaction）という．反応することによってエネルギーが放出される．反対に出発物のほうが生成物より安定で，自由エネルギー変化が正であるとき，その反応を**吸エルゴン反応**（endergonic reaction）という．

しかし，自由エネルギー変化だけでは反応は決まらない．反応が起こるためには，たいてい途中でよりエネルギーの高い状態を通らなければならないからである．このエネルギーの高い状態を**遷移状態**（transition state）とよんでいる（図2.23）．出発物と遷移状態のエネルギー差が小さいほど反応速度は大きくなる．逆にエネルギー差が大きいほど反応速度は小さくなる．このエネルギー差を**活性化エネルギー**（activation energy）とよんでいる．同じ温度では活性化エネルギーが小さいほど，反応は速く進む．つまり，反応速度が大きい．

平衡状態が成り立っているときとは，この出発物から生成物にいくときの活性化エネルギーも，生成物から出発物にいくときの活性化エ

熱としてエネルギーが放出される場合，その反応を発熱反応（exothermic reaction）という．熱としてエネルギーを吸収する反応を吸熱反応（endothermic reaction）という．

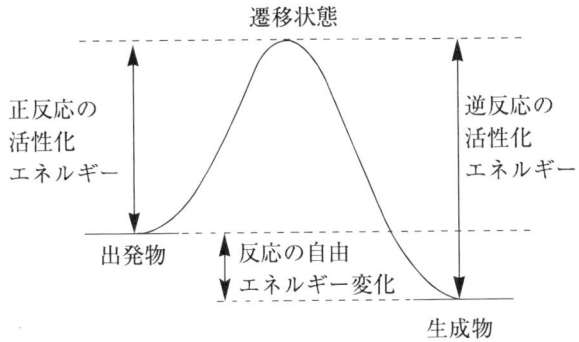

図 2.23 反応に伴う自由エネルギー変化

ネルギーも十分小さくて，両方の反応が十分な速さで起こっている場合である．このような平衡状態が成立するかどうかは，正反応と逆反応二つの活性化エネルギーの大きさと温度に依存するが，いつも平衡が成り立つとは限らない．逆反応の活性化エネルギーが大きく，逆反応が実質的にほとんど起こらない場合もある．

2.11 ルイス酸とルイス塩基

ブレンステッドの酸と塩基のときは，結合をつくっている原子の一方が水素の場合だけを考えた．しかし，水素以外の元素に対しても同様に考えることができる．共有結合がヘテロリシスを受けるとき，結合をつくっていた2電子を与えた原子（A）ともらった原子（B）ができる．この反応の逆を考えてみよう．A と :B が反応して A−B ができるとき，A は B から電子対をもらい，B は A に電子対を与えて結合をつくる．このとき電子対を受け取るものが酸であり，電子対を与えるものが塩基とするのがルイス（Lewis）の酸・塩基の定義である．ルイスの定義はブレンステッドの定義も包含している．つまり，後者ではプロトンが電子対の授受に関与している．

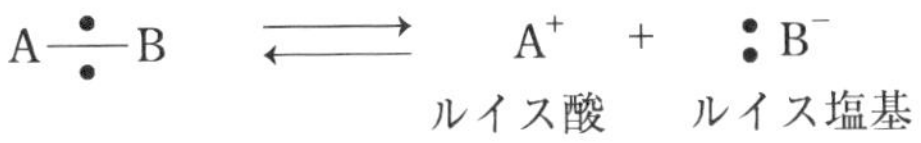

$$A\!:\!B \rightleftharpoons A^+ + :B^-$$
　　　　　　　　　　　　ルイス酸　ルイス塩基

図 2.24 結合のヘテロリシスによるルイス酸とルイス塩基の生成

2.12 有機反応と曲がった矢印

ルイスの酸・塩基の考え方は結合の生成・開裂が起こる化学反応と密接に関係している．先にも述べたように，炭素−炭素結合をヘテロ

曲がった矢印をマスターしよう！

この曲がった矢印は Robinson によって1922年に提唱されたもので，それ以来有機化学者はこの曲がった矢印を使って有機反応を理解し，予言し，設計するようになった．これから，この曲がった矢印を用いて，様々な反応を学び，理解していくことになる．ここで曲がった矢印の使いかたを十分マスターしておいてほしい．曲がった矢印を使って，いろいろな有機反応が理解でき，予言できるようになれば，有機化学をマスターしたことになる．

リシスすると正電荷をもったカルボカチオン（炭素カチオン；carbocation）と負電荷をもったカルボアニオン（炭素アニオン；carbanion）ができる．逆に，カルボカチオンとカルボアニオンが反応すると炭素－炭素結合ができる．このとき，カルボカチオンをルイスの酸，カルボアニオンをルイスの塩基ということができる．

このように有機反応では2電子が関係する反応が重要であり，2電

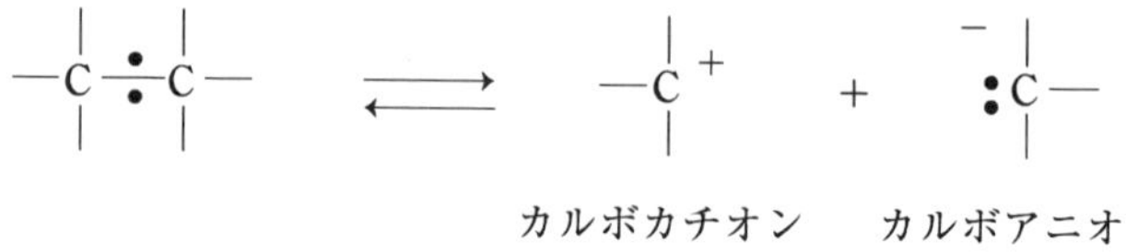

図 2.25 カルボカチオンとカルボアニオンの反応

子の動きを表現するために，"曲がった矢印（curved arrow）"が用いられている．矢印の根元は2電子が存在する場所，つまり共有結合か孤立電子対であり，矢印の先は電子不足の場所である．

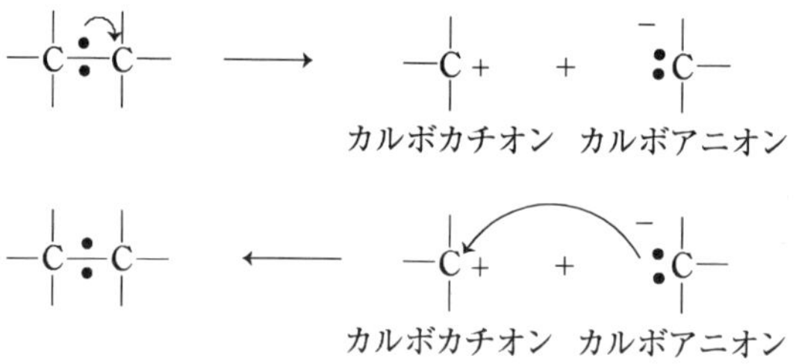

図 2.26 曲がった矢印による反応の表現

【例題 2.3】次の反応を"曲がった矢印"を使って説明しなさい（生成物も書くこと）．

$$H_2O + HCl \longrightarrow$$

［解答］

2章のまとめ

1. 有機化合物は主に共有結合でできている．
2. 共有結合は電気陰性度のあまり違わない元素の原子が互いに2電子を共有し合って希ガスの配置をとることによってできる．
3. 原子がつくることのできる共有結合の数（原子価）は元素によって決まっている（原子

価理論).

4. 炭素の原子価は4である.
5. 炭素は単結合だけでなく二重結合,三重結合もつくることができる.
6. 原子価に合せて原子を結合させる方法では表現できない分子も存在する.そのような分子を表現するために共鳴理論がある.
7. 共有結合をつくっている原子の電気陰性度が異なる場合には,電子のかたよりが存在し,結合は分極している.
8. 結合の開裂にはヘテロリシスとホモリシスがある.ヘテロリシスでは,共有結合をつくっていた2電子が一方の原子に偏って結合が切れる.
9. ヘテロリシスする結合の一方の原子が電気陰性度の小さい水素の場合には,プロトンが生じるので酸の解離とみなすことができる
10. プロトンを出すものがブレンステッド酸で受け取るものがブレンステッド塩基である.
11. 酸の強さはpK_aで表される.
12. 化学反応は,出発物と生成物の自由エネルギーの差と,遷移状態に至る活性化エネルギーで決まる.
13. プロトン以外の場合にも酸・塩基の概念を拡張したものが,ルイスの定義である.共有結合がヘテロリシスしてルイス酸とルイス塩基ができ,ルイス酸とルイス塩基が反応して共有結合ができる.
14. 有機反応では,2電子の動きを伴ったルイス酸とルイス塩基との反応が重要であり,この電子の動きを表現するために"曲がった矢印"が考えだされた.

演習問題（2章）

2.1 次式中の酸素原子の形式電荷を示しなさい.ただし,不対電子を含むラジカルは考慮しないものとする.

$$\begin{array}{ccc} \text{O} & & \text{O} \\ | & & \| \\ \text{H-C-H} \quad \text{H-O-H} \quad \text{H-C-O} \\ | & | \\ \text{H} & \text{H} \end{array}$$

2.2 オゾン（O_3）を共鳴構造式を用いて表しなさい。

2.3 次の化合物の三次元構造式をかき,双極子の方向を示しなさい.
(a) CH_3F, (b) CH_2F_2, (c) CHF_3, (d) CF_4

2.4 ルイス酸とルイス塩基との反応例を一つあげ,それを構造式と曲がった矢印を用いて説明しなさい.

2.5 CH_3CO_2HのpK_aは4.75であり,H_2OのpK_aは15.7である.このことに基づいて,CH_3CO_2HとNaOHとの反応について説明しなさい.

2.6 次の化合物を酸性度の高い順に並べなさい.
(a) CH_3CH_3, (b) HCl, (c) CH_3CO_2H, (d) NH_3, (e) H_2O, (f) HF

2.7 次の反応について"曲がった矢印"を用いて電子の動きを示しなさい．

(a) Br$^-$ + C$_6$H$_5$CH$_2$I ⟶ C$_6$H$_5$CH$_2$Br + I$^-$

(b) CH$_3$O$^-$ + CH$_3$COOC$_2$H$_5$ ⟶ CH$_3$C(O$^-$)(OC$_2$H$_5$)(OCH$_3$) ⟶ CH$_3$COOCH$_3$ + C$_2$H$_5$O$^-$

(c) HO$^-$ + H$_2$C(H)(CH$_3$)CH—Br ⟶ H$_2$O + H$_2$C=CH(CH$_3$) + Br$^-$

3 炭化水素：アルカン，アルケン，アルキン

現在，エネルギーの大部分を供給している天然ガスおよび石油の主成分は，炭素と水素のみから形成される炭化水素である．天然ガスはおもにメタンを含み，石油は低沸点から高沸点までの非常に多くの炭化水素を含んでいる．石油は単に燃料として用いられるだけでなく，様々な有機化合物のもととなる貴重な炭素資源である．石油からは有用なエチレン，プロピレン，芳香族化合物などの合成基礎原料がつくられるが，これらの原料はさらに多様な化学反応を経て医薬品，化粧品，洗剤，染料，油脂製品，合成繊維，合成樹脂などに生まれ変わりわれわれの暮らしを快適なものにしている．

本章では，炭化水素にもいくつかの種類があり，それぞれ特有の化学反応性を示すことを知る．これらの反応を通して別の化合物へいかに変換されていくか，また複雑に見える反応も化合物の特性に基づいて体系的に理解できることを学ぼう．

3.1 炭化水素の種類

炭化水素（hydrocarbon）は**鎖状炭化水素**と**環状炭化水素**の二つに大きく分類される（図 3.1）．前者は，炭素-炭素結合の形式によってさらにいくつかに分けられ，単結合だけで形成される飽和炭化水素は**アルカン**（alkane）とよばれる．不飽和炭化水素は多重結合を含み，二重結合を含むものを**アルケン**（alkene），三重結合を含むものを**アルキン**（alkyne）という．環状炭化水素も飽和のシクロアルカンと不飽和のシ

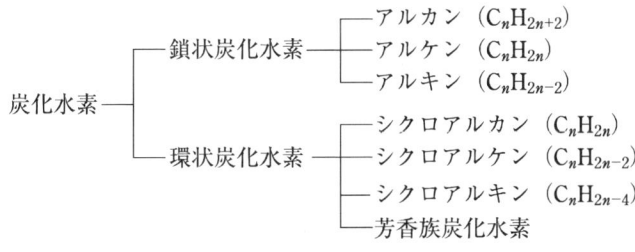

図 3.1　炭化水素の種類

クロアルケン，シクロアルキンおよび芳香族炭化水素に分けられる．

炭化水素は同じ分子量のアルコールなどと比べて沸点が低い．また，水には溶けず，水よりも密度が小さいので水に浮く．ベンゼン，エーテルなどの多くの有機溶媒には可溶である．

3.2 アルカン

a．アルカンの構造

もっとも簡単な**メタン**では炭素原子を中心として単結合で結ばれた4個の水素原子は正四面体の頂点方向に配置されている．すべての結合角は109.28°でC－H結合距離は0.110 nm（1.10Å）である．

エタンでは二つの炭素原子が単結合で結合していてそれぞれの炭素に三つの水素が結合している．炭素は鎖のようにつながることができ，いろいろな長さの直鎖状のアルカンをつくることができる（図3.2）．

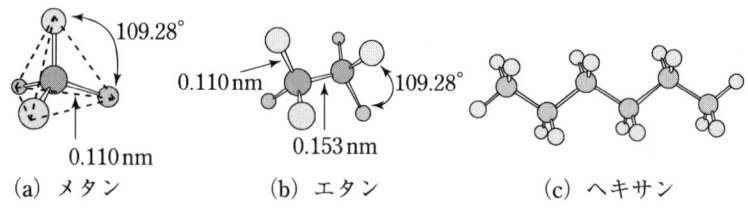

図 3.2 メタン，エタンおよびヘキサンの構造

構造異性体についてはすでに2.4節で学んだ．

炭素原子数が4のブタンになると，直鎖構造以外に枝分かれした構造のものもつくることができる．直鎖のものを**ブタン**（butane）といい，枝分かれしたものを**イソブタン**（isobutane）という．直鎖状のものを他のものと区別するためにノルマルブタン（n-butane）とよぶこともある．アルカンでは炭素数の増加とともに枝分かれによる構造異性体が急激に増える．構造異性体は沸点，融点などの物理的性質ならびに化学的性質が異なる別の化合物である．

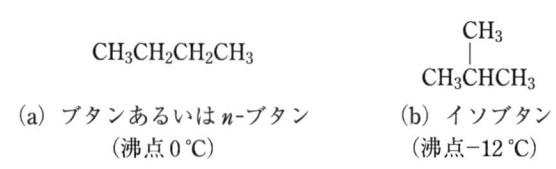

図 3.3 ブタンの構造異性体

【例題3.1】ペンタン（C_5H_{12}）には構造異性体がいくつあるか．
[解答] 3種類ある．慣用名で示す．

CH₃CH₂CH₂CH₂CH₃ 　　CH₃CH₂CHCH₃　　　CH₃CCH₃
　　　　　　　　　　　　　　　｜　　　　　　｜
　　　　　　　　　　　　　　 CH₃　　　　　 CH₃
（上に CH₃）

ペンタン(pentane)あるいは　　イソペンタン　　　ネオペンタン
n-ペンタン(n-pentane)　　　　（isopentane）　　（neopentane）

シクロアルカンは環構造をしている炭化水素である．環構造のためC–C結合の自由回転ができないので，二つ以上の置換基があれば立体異性体が存在する．置換基が環のつくる平面に対して同じ側にあるものに**シス**（*cis-*），反対側にあるものに**トランス**（*trans-*）をつけて区別する（図3.4）．

シス　　トランス
図 3.4

シクロプロパン　　シクロブタン　　シクロペンタン　　シクロヘキサン

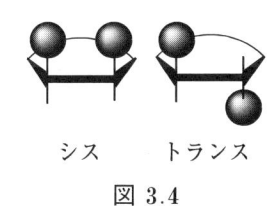

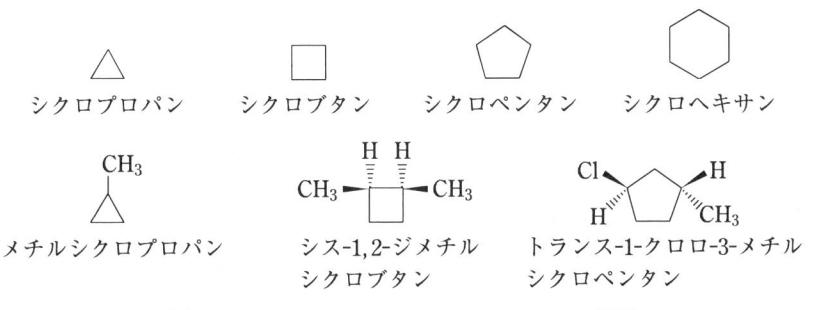

メチルシクロプロパン　シス-1,2-ジメチル　トランス-1-クロロ-3-メチル
　　　　　　　　　　　シクロブタン　　　シクロペンタン

図 3.5　シクロアルカンとシス，トランス異性

シクロプロパンは平面状分子で，その結合角60°はメタンの結合角（109.28°）よりはるかに小さく，そのため大きな環ひずみをもつ．シクロヘキサンを基準にして計算されたひずみエネルギーは，シクロプロパン（$115\,\mathrm{kJ\,mol^{-1}}$），シクロブタン（$110\,\mathrm{kJ\,mol^{-1}}$），シクロペンタン（$27\,\mathrm{kJ\,mol^{-1}}$）となり，環が大きくなるにつれてひずみが解消されている．

環の大きさ

環の大きさを表す表現として，環を構成する原子の数に応じて，三員環，四員環，五員環，六員環とよぶ．たとえば，シクロプロパンは三員環で，シクロブタンは四員環である．環を構成する原子に炭素以外のものが入っていてもよい．

b．アルカンの反応

アルカンは一般的に反応性が低く，通常の条件では安定である．しかし，アルカンと塩素あるいは臭素との混合物に光を照射したり，あるいは高温（250～400°C）にすると，反応してハロゲン化アルキルとハロゲン化水素が生じる（図3.6）．

$$\mathrm{R-H + X_2 \xrightarrow{光,\,熱} R-X + HX}$$

図 3.6　アルカンのハロゲン化

この反応はアルカンの水素がハロゲン（X）で置き換わる反応である．ラジカルが関与するので**ラジカル置換反応**という．メタンの塩素化

ホモリシス

ラジカルについては結合のホモリシスによってできることを2.8節ですでに学んだ．図3.7の(1)式ではCl–Cl結合のホモリシスによってCl·が生成している．

の機構を示す．

$$
\begin{aligned}
&(1)\quad Cl-Cl \xrightarrow{\text{光あるいは熱}} Cl\cdot + Cl\cdot \quad \text{連鎖開始段階}\\
&(2)\quad CH_4 + Cl\cdot \longrightarrow CH_3\cdot + HCl\\
&(3)\quad CH_3\cdot + Cl_2 \longrightarrow CH_3Cl + Cl\cdot
\end{aligned}
\Bigg\} \text{連鎖成長段階}
$$

$$
\begin{aligned}
&(4)\quad CH_3\cdot + Cl\cdot \longrightarrow CH_3Cl\\
&(5)\quad Cl\cdot + Cl\cdot \longrightarrow Cl-Cl
\end{aligned}
\Bigg\} \text{連鎖停止段階}
$$

図 3.7　ラジカル置換反応

置換反応
置換反応とはある置換基が別の置換基に置き換わる反応である．図3.6ではRについている水素(H)という置換基がハロゲン(X)という置換基に置き換わっている．

　過剰の塩素が存在するとクロロメタンからさらに塩素置換反応は進み，ジクロロメタン（塩化メチレン），トリクロロメタン（クロロホルム）を経て最終生成物としてテトラクロロメタン（四塩化炭素）が生成する（図3.8）．この反応では目的の段階で反応を止めるのは一般に困難である．

$$CH_4 \xrightarrow[-HCl]{Cl_2} CH_3Cl \xrightarrow[-HCl]{Cl_2} CH_2Cl_2 \xrightarrow[-HCl]{Cl_2} CHCl_3 \xrightarrow[-HCl]{Cl_2} CCl_4$$

図 3.8　メタンの段階的塩素化

　他のハロゲンと比べると，フッ素化は室温・暗所でも制御困難なほど激しく発熱しながら進み，臭素化は塩素化より穏やかで，ヨウ素化は光や熱によってもほとんど進まない．
　［ハロゲンの反応性］　$F_2 > Cl_2 > Br_2 \gg I_2$
　プロパンの塩素化および臭素化を行うと，図3.9に示すように，ハロ

■ **メタン** ■

温室効果ガス　二酸化炭素（CO_2）は温室効果ガスとして地球規模でその排出削減が求められている．一方，メタンの大気濃度はCO_2より2～4桁小さいが，赤外線（熱線）の吸収効率が良いため温室効果ガスとしての効果は大きく，CO_2の約半分の寄与をしていると考えられている．現在のメタンの大気濃度は，産業革命以前の約2倍で毎年1.5％程度上昇していると推定され，その発生源を含めてCO_2同様に今後の対策が必要となる．

メタンの発生源　自然的なものには湿地での嫌気性細菌（メタン生成菌）が有機物からつくり出すものが多い．シロアリも腸内微生物のはたらきでかなりのメタンを放出している．人為的なものには水田，ウシなどの反すう動物，埋め立て，森林火災などのバイオマス燃焼，さらに炭坑のガス抜き，天然ガスの発散などがある．

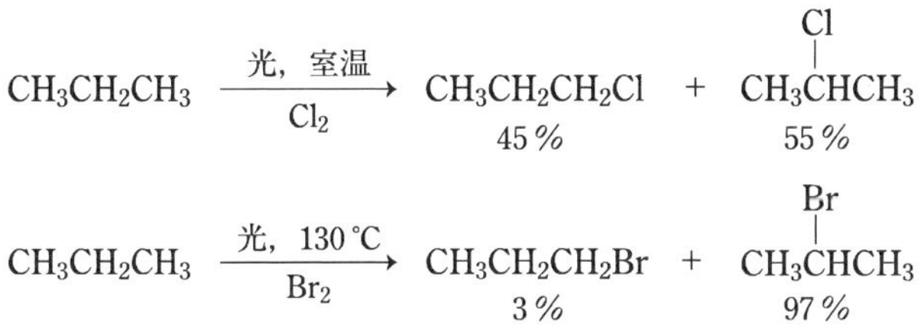

$$\text{CH}_3\text{CH}_2\text{CH}_3 \xrightarrow[\text{Cl}_2]{\text{光, 室温}} \underset{45\%}{\text{CH}_3\text{CH}_2\text{CH}_2\text{Cl}} + \underset{55\%}{\text{CH}_3\text{CHCH}_3 \text{(Cl)}}$$

$$\text{CH}_3\text{CH}_2\text{CH}_3 \xrightarrow[\text{Br}_2]{\text{光, 130 °C}} \underset{3\%}{\text{CH}_3\text{CH}_2\text{CH}_2\text{Br}} + \underset{97\%}{\text{CH}_3\text{CHCH}_3 \text{(Br)}}$$

図 3.9　プロパンの塩素化と臭素化

ゲン置換反応は第一級水素（メチル基（—CH$_3$））より第二級水素（メチレン基（—CH$_2$—））でより多く起こる（プロパンでは，第一級水素は6個もあるが，第二級水素は2個しかないにもかかわらず）．

また，臭素化のほうがより多くの第二級ハロゲン化物を与えている．臭素化の選択性が高いのは，臭素ラジカルが塩素ラジカルほど活性でないためプロパンの反応性の高い第二級水素を選択的に引き抜くからである．このように反応位置が異なることにより，反応性が違うことを**位置選択性**（regioselectivity）といい，その反応を**位置選択的反応**（regioselective reaction）という．ラジカルの水素引抜き反応の容易さは次の順になる．

第三級 H ＞ 第二級 H ＞ 第一級 H ＞ CH$_4$

級数が高くなるほどC−Hの結合エネルギーが小さくなることに加え，生じるラジカルがより安定化されるためである．

また，アルカンは酸素が過剰にある場合，強熱すると燃焼して二酸化炭素と水になり大きな熱（燃焼熱）を発生する（図3.10）．このため燃料として，都市ガス，内燃機関，発電所や暖房用ボイラーなどに広く用いられている．メチレン鎖が一つ増えるにつれ燃焼熱は約 700 kJ mol^{-1} ずつ増える．

$$\text{C}_n\text{H}_{2n+2} \xrightarrow{\text{O}_2} n\text{CO}_2 + (n+1)\text{H}_2\text{O} + 燃焼熱$$

図 3.10　アルカンの燃焼

3.3　アルケン

a．アルケンの構造

アルケンは炭素-炭素二重結合を一つもち，一般式 C$_n$H$_{2n}$ で表される鎖状分子である．**オレフィン**（olefin）ともよばれる．アルケンはほとんど極性がなく水には溶けないが，アルコール，エーテル，ベンゼンに溶ける．また，本質的にアルカンと同様の物理的性質を有するが，二重結合に特徴的な化学的性質を示す．

もっとも単純なアルケンである**エチレン**（$CH_2=CH_2$）は二つの炭素原子が二重結合で結合し，さらに各炭素原子が二つの水素原子と単結合で結ばれた平面構造をしている．

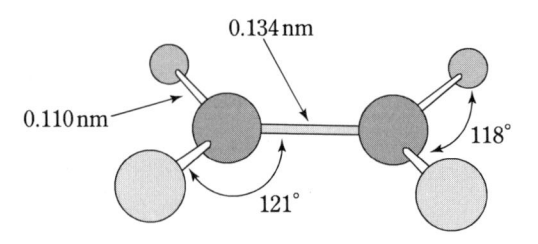

図 3.11 エチレンの構造

エチレンの C＝C 結合距離は 0.134 nm でエタンの C－C 距離(0.153 nm) よりかなり短い（図 3.11）．また，一般に C＝C 二重結合エネルギー（$611\,kJ\,mol^{-1}$）は，単結合 C－C($351\,kJ\,mol^{-1}$) より大きいが，その 2 倍より小さい．二重結合が σ 結合とそれより結合エネルギーの小さい π 結合からできているからである（付録 1 参照）．しかし，この π 結合の開裂には光や高温を必要とし，かなりのエネルギー($260\,kJ\,mol^{-1}$)が必要なため，アルケンの二重結合には回転障害がある．つまり，アルケンには幾何異性体が存在する．置換基が同じ側か反対側にあるかによってシス(*cis*-)あるいはトランス(*trans*-)を名称につける．幾何異性体では沸点，融点などの物理的性質に加え反応性などの化学的性質も同一ではない．

b. アルケンの合成

エチレンやプロピレンは石油の高温分解により多量に製造されているが，複雑なアルケンは以下の方法で合成されている．

（1）ハロゲン化アルキルの脱ハロゲン化水素　反応は KOH/エタノールなどの塩基により促進される（図 3.13）．脱離可能な水素が複数ある場合は複数の異性体が生成する可能性がある．しかし，新しくできる二重結合にアルキル基がより多く置換したアルケンがおもに生成するような選択性（**ザイツェフ**（Saytzev）**則**）が見られる（5.8 節参照）．

図 3.13 ハロゲン化アルキルの脱ハロゲン化水素

幾何異性体
立体異性体の中でアルケンのシス・トランス異性体のことをとくに幾何異性体という．また，二重結合炭素のそれぞれについて，その置換基を 4.4 節で述べる順位則にしたがって順位をつけ，高いものどうしが同じ側にあるものに *Z* (ドイツ語の zusammen "同じに")を反対側にあるものに *E* (entgegen "反対に")を名称につけ立体異性体を表すこともある

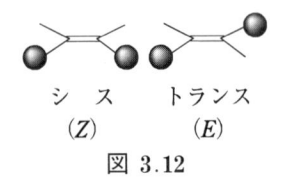

図 3.12 シス(*Z*) トランス(*E*)

脱離反応
脱ハロゲン化水素や脱水反応のような反応を一般に脱離反応(elimination)という．

（2）**アルコールの脱水**　この反応は硫酸などの酸触媒により促進されザイツェフ則に従うアルケンを生成する．この反応はカルボカチオン中間体を経由するため，反応性は第三級＞第二級＞第一級アルコールの順となる．また用いるアルコールにより転位反応が介在する場合がある．

カルボカチオン（炭素カチオン）については2.8節ですでに学んだ．ここではC−O結合のヘテロリシスによってカルボカチオンが生成している．

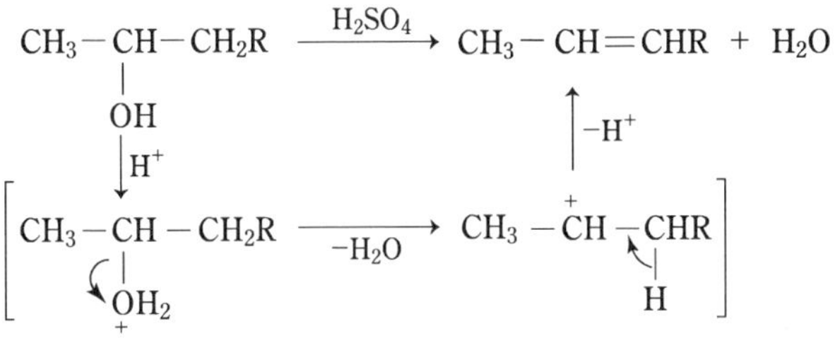

$$CH_3-CH(OH)-CH_2R \xrightarrow{H_2SO_4} CH_3-CH=CHR + H_2O$$

図 3.14　アルコールの脱水

（3）**隣接二ハロゲン化物の脱ハロゲン化**　隣接二ハロゲン化物（*vicinal* dihalide）を亜鉛粉末とともに加熱すると，ハロゲンのついていた炭素間に二重結合が形成されたアルケンが生成する（図3.15）．

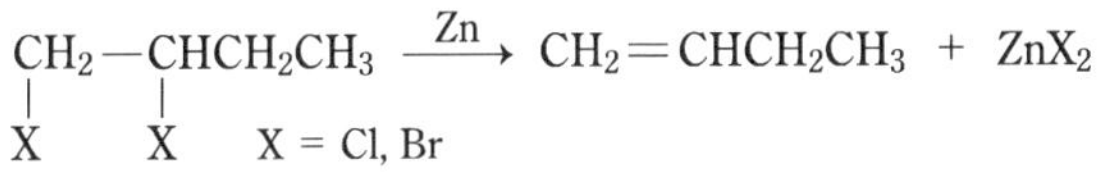

$$CH_2X-CHXCH_2CH_3 \xrightarrow{Zn} CH_2=CHCH_2CH_3 + ZnX_2 \quad X=Cl, Br$$

図 3.15　隣接二ハロゲン化物の脱ハロゲン化

（4）**アルキンの水素化**　アルキンの水素化によるアルケンの生成については3.4節で説明する．

c．アルケンの反応

（1）**求電子付加反応**（electrophilic addition）　アルケンにもっとも特徴的な反応は，二重結合への酸やハロゲンなどの**求電子剤**（elec-

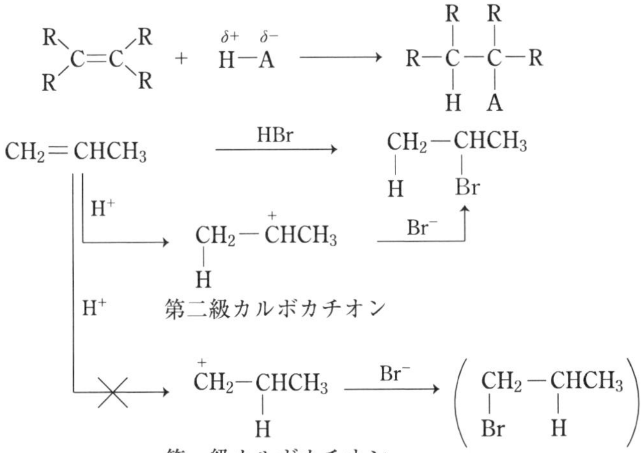

図 3.16　求電子付加反応（H−Aが硫酸の場合，その付加生成物は不安定で容易に加水分解されアルコールになる）

3 炭化水素：アルカン，アルケン，アルキン

付加反応
一般に二重結合や三重結合などに反応試剤が付加する反応を付加反応（addition）という．

求電子剤
アルケンの二重結合など分子内で電子の豊富なところと反応しやすい反応剤を求電子剤とよぶ．phile は好むという意味で electrophile は電子を好むものという意味である．求電子剤と反対に電子不足なところに反応しやすい反応剤を求核剤（nucleophile）とよぶ．nucleus（原子核）を好むものという意味である．

trophile）による付加である．たとえば，ハロゲン化水素や硫酸は付加しない．硫酸触媒による H_2O の付加は起こる．カルボン酸などが付加する（図 3.16）．プロピレンへの HBr の付加反応では，まず二重結合にプロトンが付加し**カルボカチオン**（carbocation）中間体を生じる．次に臭化物イオンが付加し，臭化アルキルを生成する．

非対称アルケンへ付加する場合には，二重結合を形成している二つの炭素原子のうちどちらに水素がつき，どちらに臭素がつくかという選択性の問題が生じる．実際の反応は位置選択的に進行し，水素原子が多く結合している炭素側に酸の水素がつき，もう一方の炭素に臭素がついた付加物が主生成物となる．この規則性を**マルコフニコフ**（Markovnikov）**則**という．この規則は最初に生じたカルボカチオンの安定性を考えると説明することができる．つまり，アルキル基はカルボカチオンを安定化するので，アルキル基のより多く置換した（つまり，水素置換のより少ない）カルボカチオン中間体が生じるように反応が進行する．

[カルボカチオンの安定性]　$R_3C^+ > R_2CH^+ > RCH_2^+ > CH_3^+$

【例題 3.2】臭化水素および KOH/C_2H_5OH を用いて 1-ブテンを 2-ブテンに変換する反応式を書きなさい．
［解答］
$$CH_3CH_2CH=CH_2 \xrightarrow{HBr} CH_3CH_2\underset{Br}{CH}-CH_3 \xrightarrow{KOH/C_2H_5OH} CH_3CH=CHCH_3$$

律速段階（rate determining step）
ある反応が 1 段階ではなくいくつかの段階を経て進むとき，その中で一番速度の遅い段階を律速段階という．律速段階の速度（一番遅い段階の反応速度）が反応全体の速度を決めると考えられるからである．しかし，実際には，各段階の正方向と逆方法の速度から全体の速度をきっちり求める必要がある．

酸触媒を用いてアルケンを水と反応させるとアルコールが生成する（図 3.17）．アルケンへのプロトンの付加により生じたカルボカチオンに水が反応するからである．

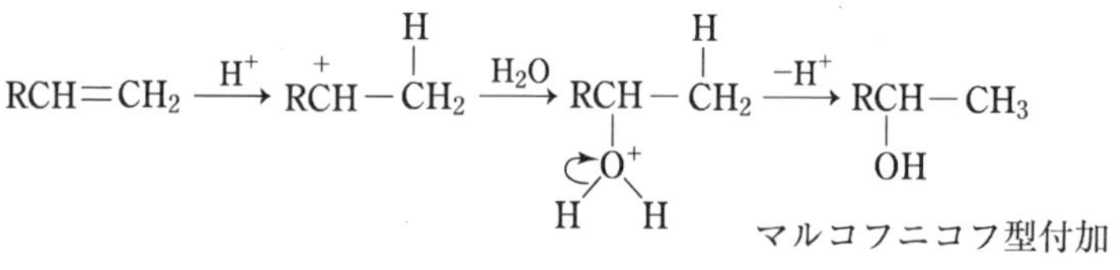

$$RCH=CH_2 \xrightarrow{H^+} RCH^+-CH_2H \xrightarrow{H_2O} R\underset{\overset{+}{O}H_2}{CH}-CH_2H \xrightarrow{-H^+} R\underset{OH}{CH}-CH_3$$

マルコフニコフ型付加

図 3.17 水和反応

この反応はアルケンをアルコールに変換する工業的にも重要な反応である．第一段階のプロトンの付加がもっとも遅く反応速度を決定する段階（律速段階）なので，反応全体としては求電子付加反応である．

塩素や臭素のようなハロゲンは，室温で容易に二重結合に付加して隣接二ハロゲン化物（vicinal dihalide）を与える（図 3.18）．この反応は 2 段階で進行するが，臭素化を例にして説明しよう．まずアルケンと

臭素が反応して三員環状のブロモニウムイオン中間体とBr⁻になる．次にこの中間体にBr⁻が反対側から攻撃し，環が開いて生成物ができる．このように，二重結合の反対側から付加することを**アンチ付加**（*anti* addition）という．したがって，アルケンのシス，トランス立体配置を反映した隣接二ハロゲン化物を生成する．

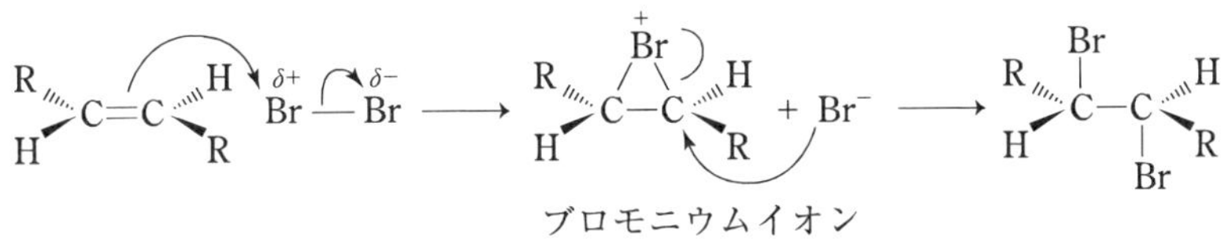

図 3.18 臭素のアンチ付加

ヒドロホウ素化（hydroboration）もアルケンの代表的な反応である．この反応では**ボラン**（BH_3）のB−H結合がアルケンに付加しアルキルボランが生成する．アルケンが過剰にあると最終的にトリアルキルボランが生成する（図3.19）．アルキルボランはアルカリ性過酸化水素で酸化することによってアルコールに変換できる．ヒドロホウ素化はアルケンからアルコールをつくる優れた方法である．末端アルケンの反応では，ホウ素は末端側に優先的に結合するので，形式的に逆マルコフニコフ型の末端アルコールができる．

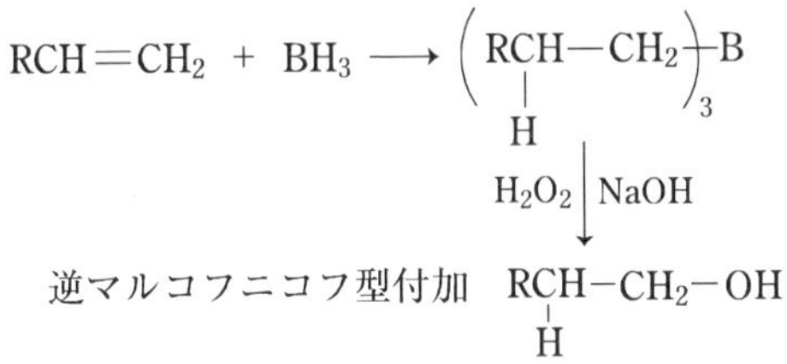

図 3.19 ヒドロホウ素化

（2）ラジカル付加反応　酸素または過酸化物が存在するとアルケン

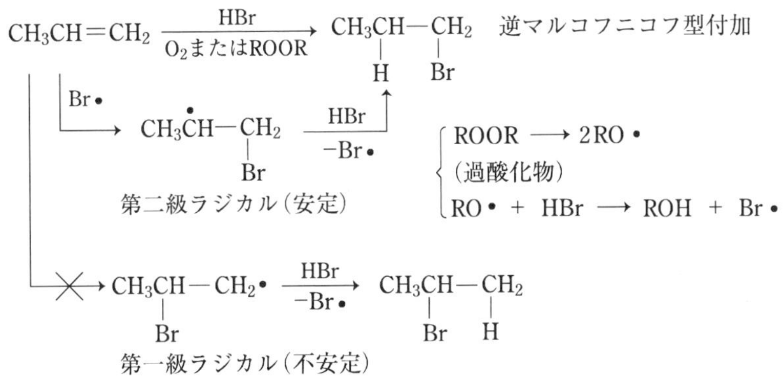

図 3.20 ラジカル付加反応

に対する臭化水素の付加の位置選択性はまったく異なり，逆マルコフニコフ型の付加物が生成する（図 3.20）．

この反応はラジカル機構で進行する．つまり，過酸化物によって生じた臭素ラジカルがアルケンに付加する．さらに，アルキルラジカルは HBr から水素原子を引き抜き臭化アルキルを生成するとともに，臭素ラジカルを再生する．すなわちラジカル連鎖反応である．

（3）水素化 アルケンは，活性炭やケイソウ土に担持した微粉末状の白金やパラジウム，またはラネーニッケル（Ni–Al などの合金）などを触媒に用いて水素と反応させると容易に水素化（hydrogenation）される．この反応はアルケンに水素原子が二つ付加するので還元反応（reduction）である．この反応では，水素分子が金属表面に吸着し活性化された水素がアルケンの二重結合の同じ側から付加する**シン付加**（*syn* addition）が起こる（図 3.21）．このような触媒表面での水素化を**接触還元**あるいは**接触水素化**という．

> **不斉水素化**
> 2001 年にノーベル化学賞を受賞した野依良治と W.S. Knowles は，光学活性な触媒を用いた不斉水素化反応を開発している．不斉水素化は，光学活性な有機化合物を合成する方法として広く用いられている．

$$RCH=CHR \xrightarrow{H_2/Pt, Pd} RCH_2-CH_2R$$

図 3.21 水素化

（4）酸化反応 アルケンの二重結合に対しては，還元反応だけでなく酸化反応（oxidation）も行うことができる．

（ⅰ）エポキシ化と 1,2-ジオール化：アルケンは過酸化物により酸化され，立体配置を保持した**エポキシド**（epoxide）を生成する．エポキシドは酸触媒加水分解によりトランス-1,2-ジオールになる（図 3.22）．一方，アルケンを四酸化オスミウム（OsO_4）と反応させるとシン付加が起

> **不斉酸化**
> 2001 年にノーベル化学賞を受賞した K.B. Sharpless は，不斉エポキシ化や不斉ジヒドロキシ化を開発している．これらの二つの反応は光学活性な化合物の合成に役立っている．

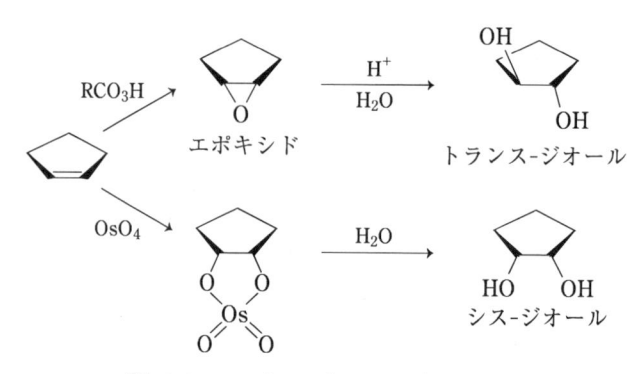

図 3.22 エポキシ化と 1,2-ジオール化

こりシス-1,2-ジオールが生成する.

（ii）**オゾン分解**（ozonolysis）：アルケンにオゾンを作用させると，モルオゾニド中間体を経て結合の組み替えが起こりオゾニドが生成する（図3.23）.オゾニドは不安定で，亜鉛と酸性水溶液で処理するとアルデヒドまたはケトンになる.この反応は**オゾン分解**とよばれ，アルケンの二重結合の位置を決定するのに利用されている.

図 3.23 オゾン分解

ワッカー（Wacker）酸化
パラジウム触媒存在下，末端アルケンを酸化するとメチルケトンが得られる.水と酸素存在下，銅塩が共触媒として必要である.この反応はワッカー酸化として知られており，工業的にもエチレンからアセトアルデヒドの製造などに利用されている.

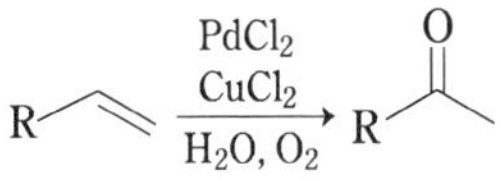

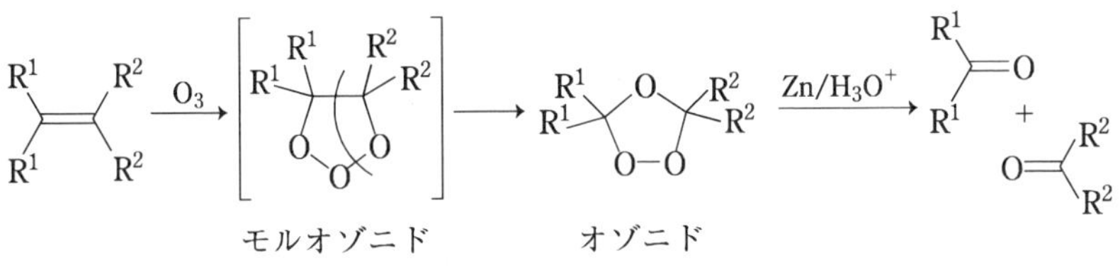

$$R-CH=CH_2 \xrightarrow[H_2O, O_2]{PdCl_2 \atop CuCl_2} R-CO-CH_3$$

【例題3.3】 アルケン（C_6H_{12}）をオゾン分解したところ，1種類の生成物が得られた.このアルケンと生成物の構造式を書きなさい.

[解答]

アルケン： $(CH_3)_2C=C(CH_3)_2$ または $CH_3CH_2CH=CHCH_2CH_3$

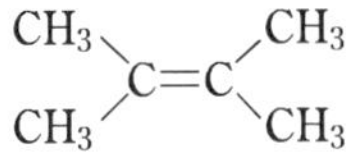

生 成 物： $(CH_3)_2C=O$ または CH_3CH_2CHO

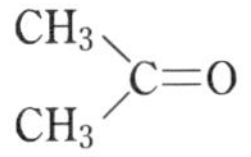

（5）**重合反応** アルケンの二重結合が開いて分子間で互いに結合をつくることによって炭素鎖が長くつながった化合物（高分子）ができる（図3.24）.このような反応をアルケンの**重合反応**（polymerization）とよんでいる.

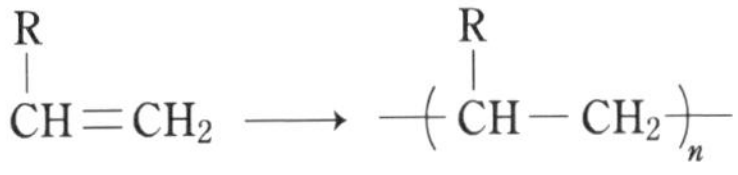

$$\underset{\mid}{R}-CH=CH_2 \longrightarrow {+}(CH-CH_2){\overline{)_n}}$$

図 3.24 アルケンの重合反応

重合には**ラジカル重合**と**イオン重合**がある.イオン重合にはカチオン重合とアニオン重合がある.

エチレンをラジカル開始剤の存在下，高圧のもとで加熱するとおもにフィルム用の低密度ポリエチレンになる（図3.25）.一方，**チーグラー-ナッタ**（Ziegler-Natta）**触媒**（C_2H_5）$_3$Al-TiCl$_4$ を作用させるとアニオン重合が起こり，高密度ポリエチレンができる.この触媒により製造されたポリエチレンやポリプロピレンは密度，結晶性，融点が高く，

高分子は，樹脂や繊維など様々な形でわれわれの暮らしに使われている.重合反応はそのような高分子を合成する反応として重要である.

成長ラジカル … ラジカル重合

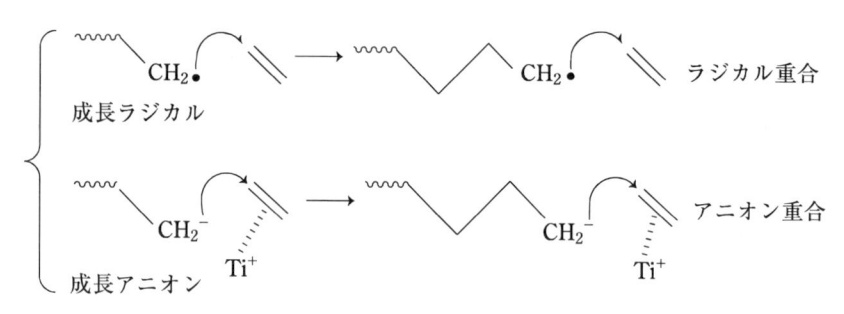

成長アニオン … アニオン重合

図 3.25　エチレンの重合反応

分岐の少ない構造をしているので付加価値が高い．

d. 共役ジエンの反応

二つの二重結合が一つの単結合でつながれているジエンを共役ジエン（conjugated diene）という（図 3.26）．

共役ジエンは，非共役ジエンや二重結合が隣接している累積ジエン（アレン）と比べて興味深い性質を示す．二つの炭素-炭素二重結合が相互作用して全体に広がる π 電子系をつくるためである．

(a) 共役ジエン　(b) 非共役ジエン　(c) 累積ジエン $H_2C=C=CH_2$

図 3.26　ジエンの種類

（1）付加反応　共役ジエンはアルケンとは異なる反応性を示すことが多い．たとえば，ブタジエンへの HBr の付加では二重結合への 1,2-付加に加えて，1,4-付加生成物も得られる．これはより安定な**アリルカチオン**が中間体として生じるためである．

一般にアリルカチオンは一つのルイス式で表すことができないので

のような構造で書く．アリルカチオンは共鳴混成体として次のようにも表すことができる．

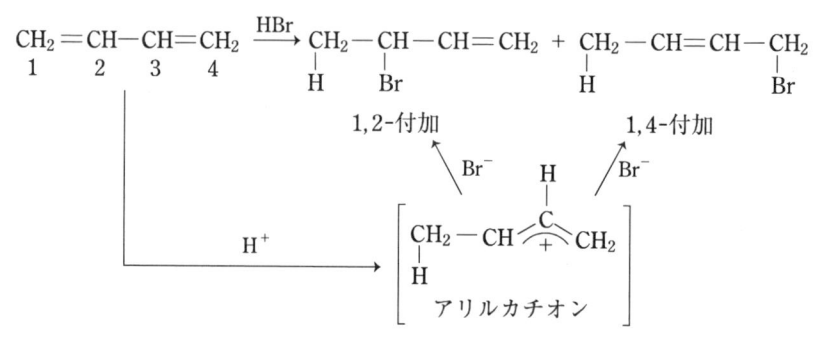

図 3.27　付加反応

【例題 3.4】ブタジエンへの HBr の付加において，プロトンが最初に C-1 炭素原子に付加して C-2 に付加しない理由を説明しなさい．

[解答] C-2 炭素原子に付加すると，正電荷は C-1 炭素上に生じて共役できず不安定な第一級カチオンとなるためである．

（2）ディールス–アルダー反応　　1928 年に O. Diels と K. Alder は，共役ジエンとアルケン（ジエンを好むという意味で親ジエン体（dienophile）とよぶ）との間で**付加環化反応**（cycloaddition）が起こりシクロヘキセン誘導体が生じることを見つけた．この反応はディールス–アルダー反応（Diels–Alder reaction）とよばれる．この反応では，三つの二重結合が反応に関与して二つの単結合と新しい二重結合が一つできる．

図 3.28　ディールス–アルダー反応

親ジエン体（dienophile）
3.3 節 c の説明にもあるように phile は "〜を好む" という意味

一般に，ジエンの置換基の電子供与性が強いほど，あるいはアルケンの置換基の電子求引性が強いほど反応は容易に進行する．さらに二つ

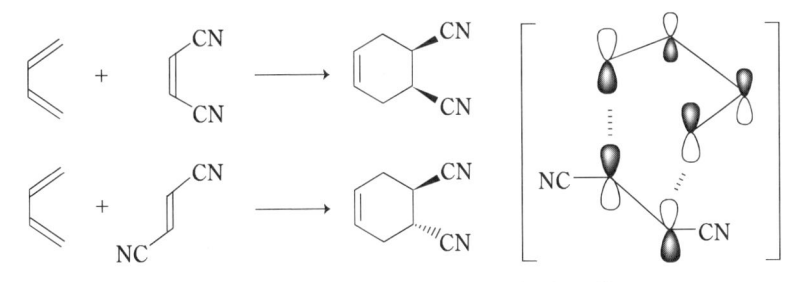

図 3.29　協奏的環化付加と π-軌道の相互作用

■ **自然界のエチレン** ■

エチレンは工業的に大量に生産されていて，ポリエチレン樹脂の原料として知られているが，自然界においても重要な働きをしている．エチレンは植物の成長ホルモンとしてごく微量で種子の発芽，花の開花，実の成熟，葉や花の黄変や老化などの促進作用をもつ．身近な例では，未成熟で輸入されたバナナの追熟ホルモンとして利用されている．植物はアミノ酸の一種のメチオニンから複雑な過程を経てエチレンをつくっている．

かつて，信州（長野県）の花生産農家が開花の時期に合わせてつぼみのカーネーションを貨車で消費地に送ったが花はいつまでも開花しなかった．犯人は同じ貨車に積まれていたリンゴで，リンゴが出すエチレンが花をつぼみのまま老いさせてしまったのである．

の結合の形成は段階的でなく協奏的に（同時に）起こるのでジエンおよびアルケンの立体配置は保持される．

ディールス-アルダー反応は，種々の置換基をもつ共役ジエンおよびアルケンに適用でき，また，これらのヘテロ原子同族体にも拡大できることから複雑な化合物や天然物の基本骨格の形成など合成化学的に非常に有用である（表3.1）．

表 3.1 代表的なジエンと親ジエン

3.4 アルキン

アルキンは官能基として炭素-炭素三重結合を一つもち，一般式 C_nH_{2n-2} で表される分子である．わずかに極性をもつがアルカン，アルケンと同じく水には不溶でアルコール，ベンゼン，エーテルなどには溶ける．本質的にアルケンと同様の物理的性質および化学反応性を示すが，アルキンに特徴的な化学的性質も併せもつ．

a．アルキンの構造と性質

もっとも単純なアルキンは**アセチレン**（CH≡CH）である．四つの原子は，一つの直線上にある（図3.30）．

アセチレンのC−C結合距離（0.121 nm）はエチレン（0.134 nm）やエタン（0.153 nm）に比べてかなり短い．これは三重結合に関与する電子が6個と多いため両炭素原子核をより強く引きつけるからである．また，アセチレンのC−H結合距離（0.108 nm）はエチレン（0.110 nm）より短い．さらにアルキンのC−H結合は比較的解離しやすく，その pK_a（K_a：酸解離定数）はアルカンやアルケンに比べて小さく酸性度は高い．

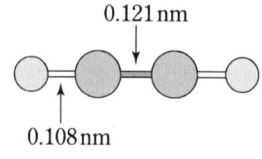

図 3.30 アセチレンの構造

pK_a についてはすでに2.9節で学んだ．

b．アルキンの合成

アセチレンは，従来は炭化カルシウム（CaC_2）と水の反応でつくられていたが，現在ではメタンを高温で部分酸化することにより製造され

ている（図3.31）．

$$6\,CH_4 + 6\,O_2 \xrightarrow{1\,500\,°C} 2\,HC{\equiv}CH + 2\,CO + 10\,H_2O$$

$$CaC_2 + 2\,H_2O \longrightarrow HC{\equiv}CH + Ca(OH)_2$$

図 3.31 アセチレンの製造

そのほかのアルキンはアルケンのハロゲン化で容易に得られる隣接二ハロゲン化アルキル（*vicinal* dihalide）の脱ハロゲン化水素反応で合成される（図3.32）．2段階目の脱ハロゲン化水素は起こりにくいのでナトリウムアミド（$NaNH_2$）のような強力な塩基が必要である．

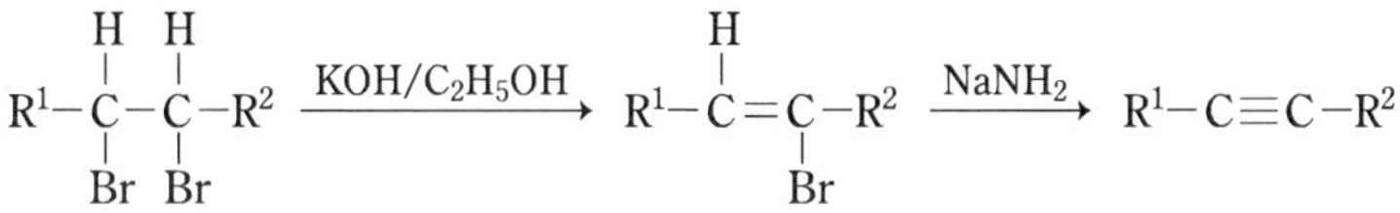

$$R^1{-}\underset{Br}{\underset{|}{C}}{-}\underset{Br}{\underset{|}{C}}{-}R^2 \xrightarrow{KOH/C_2H_5OH} R^1{-}\underset{}{\overset{H}{C}}{=}\underset{Br}{\underset{|}{C}}{-}R^2 \xrightarrow{NaNH_2} R^1{-}C{\equiv}C{-}R^2$$

図 3.32 脱ハロゲン化水素によるアルキンの合成

末端アルキンから炭素鎖長の延びたアルキンを合成するには金属アセチリドと第一級ハロゲン化アルキルの反応が便利である（図3.33）．

> アセチリドの生成については3.4節c.(5)で学ぶ．

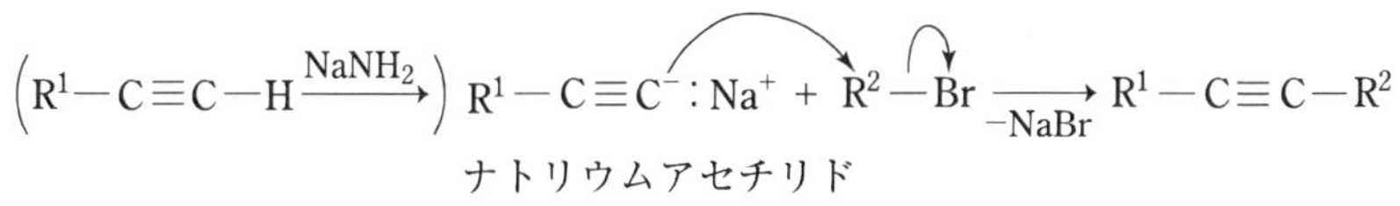

$$\left(R^1{-}C{\equiv}C{-}H \xrightarrow{NaNH_2}\right) R^1{-}C{\equiv}C^-{:}Na^+ + R^2{-}Br \xrightarrow{-NaBr} R^1{-}C{\equiv}C{-}R^2$$

ナトリウムアセチリド

図 3.33 金属アセチリドによるアルキンの合成

【例題3.5】プロピレンからプロピンを合成する反応式を書きなさい．

［解答］

$$CH_3CH{=}CH_2 \xrightarrow{Br_2} CH_3CHBrCH_2Br \xrightarrow{KOH/C_2H_5OH} CH_3CH{=}CHBr$$
$$\xrightarrow{NaNH_2} CH_3C{\equiv}CH$$

---

c．アルキンの反応

アルキンは，アルケンの二重結合に反応する反応剤，さらにそれ以外の特定の反応剤とも反応する．以下に代表的な反応を示す．

（1）水素化（還元） アセチレンの三重結合には2モルの水素（H_2）が付加するが，反応条件を適当に選べば1モルの水素が付加したアルケンの段階で反応を止めることができる（図3.34）．内部アルキンの場合，活性を低下させたPd触媒（たとえばリンドラー（Lindler）触媒）

> リンドラー触媒
>
> $Pd-CaNO_3$
>
> $Pb(\overset{O}{\overset{\|}{O}}CCH_3)$
>
> キノリン

で水素化するとシス-アルケンが生成する（シン付加）．一方，液体アンモニア中ナトリウムあるいはリチウムで還元するとトランス-アルケンが生成する（アンチ付加）．これらの反応はアルケンの立体異性体をつくり分けるときに便利である．

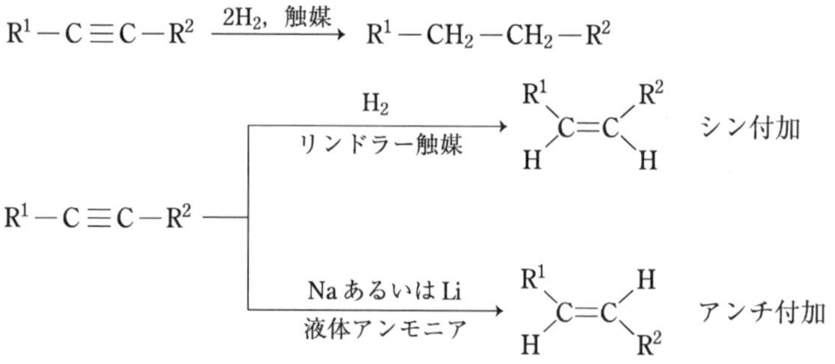

$$R^1-C\equiv C-R^2 \xrightarrow{2H_2,\ 触媒} R^1-CH_2-CH_2-R^2$$

図 3.34　アルキンの水素化

薗頭カップリング反応

パラジウム触媒存在下，アセチレンと芳香族ハロゲン化物あるいはハロゲン化ビニルとを反応させるとカップリング生成物が得られる．この反応には銅塩とアミンも必要である．この反応は薗頭反応として知られており，抗ガン作用から注目を集めているエンジインの合成法として広く利用されている．

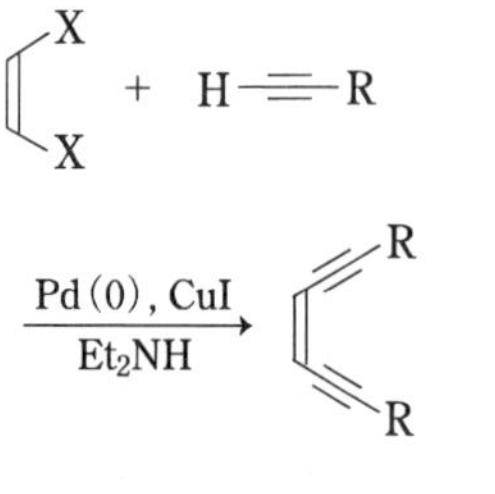

エンジイン

（2）ハロゲンの付加　アセチレンは2モルの臭素や塩素と反応し四ハロゲン化物を生じる（図3.35）．各段階はおもにアンチ付加で進行する．アルケンのハロゲン化に比べアルキンの反応性は低い．

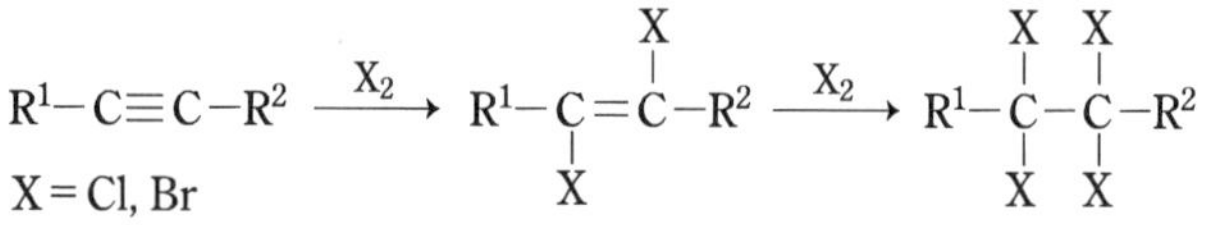

図 3.35　ハロゲンの付加

（3）ハロゲン化水素の付加　アセチレンの三重結合には2モルのハロゲン化水素が付加する（図3.36）．各段階はマルコフニコフ則に従い同一炭素原子にハロゲンが置換した *gem*-二ハロゲン化物（*geminal dihalide*）が生成する．

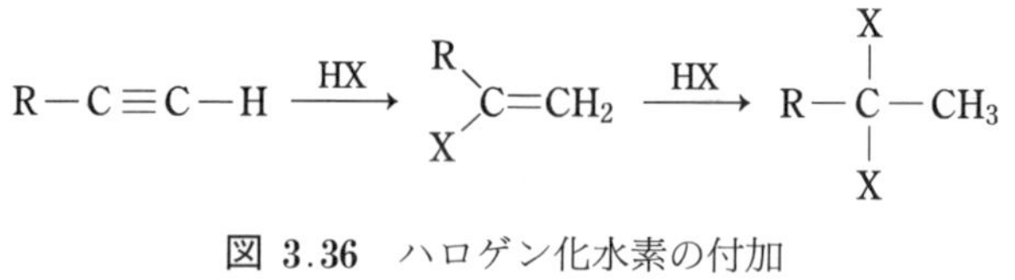

図 3.36　ハロゲン化水素の付加

（4）水の付加（水和）　硫酸第二水銀（$HgSO_4$）の存在下で，硫酸水溶液を作用させるとアセチレンに水が付加する（図3.37）．反応はマルコフニコフ則に従う．初期生成物であるビニルアルコールは容易に互

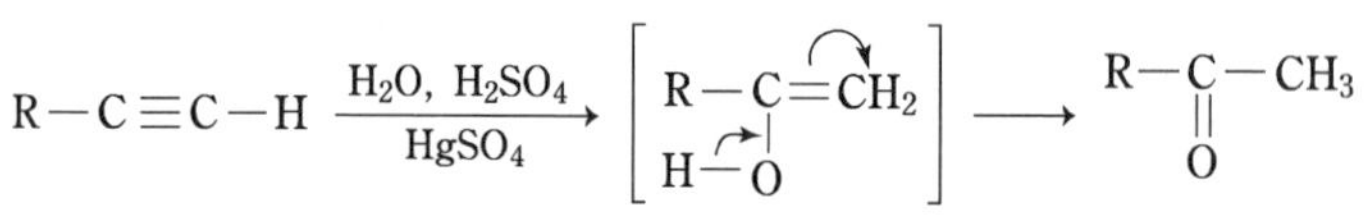

図 3.37　水の付加

変異性化 (tautomerization) してケトンになる（7章参照）．Hg^{2+} イオンは三重結合と錯体を形成し活性化している．

（5）アセチリドの生成　アセチレンや末端アルキンのC−H結合の水素は酸性を示す．したがって，金属ナトリウムや硝酸銀と反応させると炭素がアニオンになり金属とイオン対を形成した金属アセチリドが生じる（図3.38）．銀や銅のような重金属のアセチリドは水に安定であるが，乾燥状態では刺激によって爆発しやすい．ナトリウムアセチリドは，爆発性はないが水によって分解しアルキンを再生する．

$$H-C\equiv C-H + Na \longrightarrow H-C\equiv C^-:Na^+ + 1/2 H_2$$
$$R-C\equiv C-H + AgNO_3 \longrightarrow R-C\equiv C^-:Ag^+ + HNO_3$$

図 3.38　アセチリドの生成

　金属アセチリドは重要な有機金属化合物で，すでに記したように求核剤として第一級ハロゲン化アルキルと反応し鎖長の長いアルキンを生成する（3.4節b参照）．

3章のまとめ

1. 炭化水素は鎖状構造と環状構造をもつものに分類できる．また，結合の様式によって単結合だけでできたアルカン，二重結合を含むアルケン，三重結合を含むアルキンに分類される．
2. アルカンは天然ガス，石油などの成分で燃料として重要であり，多くの有機化合物の炭素源である．
3. アルカンの構造異性体は炭素数の増加によって急激に増える．
4. アルカンは非常に反応性に乏しく，酸素存在下の燃焼やハロゲンによるラジカル置換反応を受けるのみである．
5. 一方，アルケンは反応性に富み，二重結合への求電子付加反応，ラジカル付加反応，水素化，酸化反応など多くの付加反応や，重合反応を行い有用な化合物や高分子に変換される．
6. アルケンには二重結合部分の置換様式によってシス，トランスの異性体がある．
7. 共役ジエンは二重結合を含む種々の化合物とディールス−アルダー反応を行い，合成的に有用な六員環化合物を生じる．
8. 一般にアルキンはアルケンと同じ付加反応を行うが反応性は低い．
9. アルキンの末端水素は酸性が高く，金属ナトリウムや硝酸銀と反応して求核剤である金属アセチリドになる．

演習問題（3章）

3.1 次のアルケンにプロトン(H^+)が付加して生じる二種類のカルボカチオンの構造式を書きなさい．そしてどちらがよりできやすいか述べなさい．

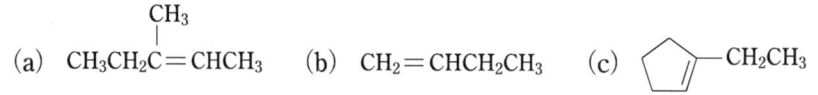

(a) $CH_3CH_2\underset{\underset{CH_3}{|}}{C}=CHCH_3$　　(b) $CH_2=CHCH_2CH_3$　　(c) シクロペンテン–CH_2CH_3

3.2 次の化合物を得るにはどのようなアルケンとどのような反応剤を反応させればよいか．

(a) $CH_3CHBrCH_3$　(b) $CH_3CH_2CH_2Br$　(c) 1-メチルシクロペンチル-OSO$_3$H　(d) 1-メチルシクロヘキシル-OH

3.3 次の化合物はどのようなジエンと親ジエン体から得られるか．

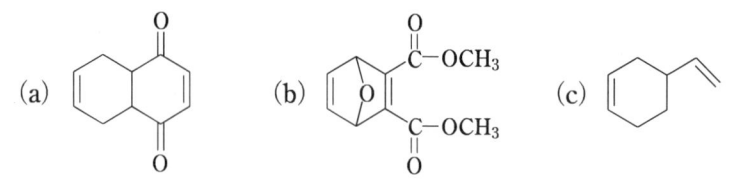

(a) オクタヒドロナフタレン-1,4-ジオン型構造　(b) 酸素架橋ビシクロ環 ジメチルエステル　(c) 4-ビニルシクロヘキセン

3.4 次の反応の生成物 A～F の構造式を書きなさい．立体異性体が存在するときは立体構造がわかるように書きなさい．

(a) $C_6H_5C{\equiv}CH \xrightarrow{NaNH_2}$ [A] $\xrightarrow{CH_3CH_2Br}$ [B]

(b) $CH_3C{\equiv}CCH_3 \xrightarrow{Na/NH_3(液体)}$ [C] $\xrightarrow{Br_2}$ [D]

(c) $C_6H_5C{\equiv}CH \xrightarrow[HgSO_4]{H_2O+H_2SO_4}$ [E] $\xrightarrow{異性化}$ [F]

4 有機化合物のかたち

有機化合物は紙の上では平面として表されているが，実際には空間的なひろがりをもつ三次元的な形をしている．有機化合物の三次元的な形が，その機能に大きな役割を果たしている．本章では，これら有機化合物の"かたち"について学ぼう．

4.1 立体化学と立体構造の表し方

同じ分子式で表されても構造や性質が異なるものを異性体とよぶ．異性体はまず大きく**構造異性体**と**立体異性体**に分類される（図4.1）．さらに立体異性体は**エナンチオマー**（鏡像異性体）（enantiomer）と**ジアステレオマー**（diastereomer）の2種類に分けられる．構造異性体には，炭素骨格の異なるもの，置換基の位置が異なるもの，官能基が異なるものなどがある．また，ジアステレオマーには，キラル中心をもつものともたないものがあり，アルケンのシス-トランス異性体もここに含まれる．このような有機化合物の三次元的な形や性質に関連する化学の分野を**立体化学**（stereochemistry）という．

> 構造異性体と立体異性体については2.4節で学んだ．

有機化合物の基本骨格を形成する炭素は，すでに2章で学んだように四つの結合をもち，正四面体構造をとる．これを紙の上に表すには破

図 4.1 有機化合物のかたち

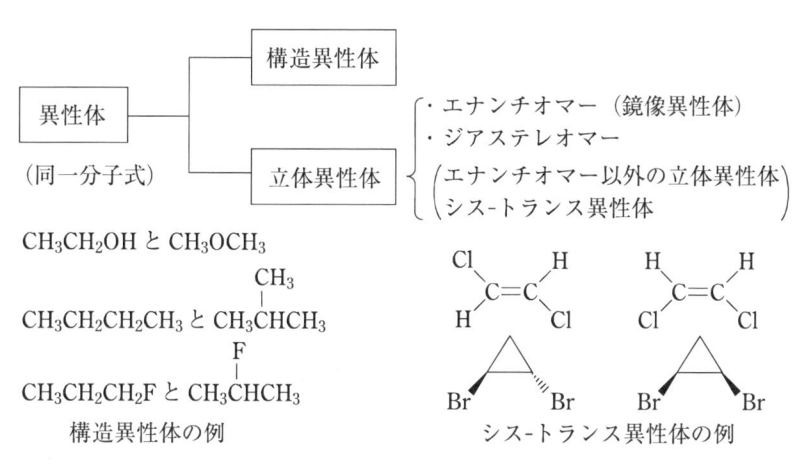

立体構造を表す方法についても 2.4 節で簡単に学んだが、ここでもう一度マスターしておこう。

線-くさび形表記法を用いる（図 4.2）。たとえば、メタンの二つの C－H 結合を紙面に表すには実線で示す。残りの二つの C－H 結合のうち、紙面の裏側の結合を破線で、表側の結合をくさび形で表す。直鎖のアルカンは直線分子ではなく、ジグザグ構造をしていることがわかる。

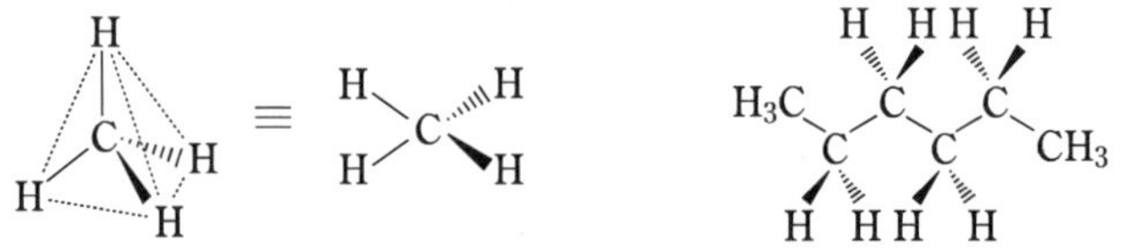

図 4.2　破線-くさび形表記法

【例題 4.1】2,3-ジメチルブタンおよび 2,4-ジメチルペンタンの構造を破線-くさび形表記法を用いてジグザグ形の炭素鎖で示しなさい。

［解答］

4.2　エナンチオマー

ラセミ体とは一対のエナンチオマーの 1：1 の混合物である。

ものを鏡に映したとき、鏡像と元の像とが重ならないとき、その構造は**キラル**（chiral：ギリシャ語で手の意味）であるという。たとえば、人間の右手と左手は鏡像の関係にあり、互いに重ね合わせることができないので、人間の手はキラルである。このことは分子についてもあてはまる。たとえば、乳酸には互いに鏡像の関係にあり重ね合わすことのできない異性体が存在するので、キラルである。また、このような鏡像体の関係にあり同一でない構造の異性体を**エナンチオマー**という（図 4.3）。

ではどのような有機分子がキラルであるのだろうか。ある有機分子の炭素上の四つの置換基がすべて異なるとき、その分子はキラルにな

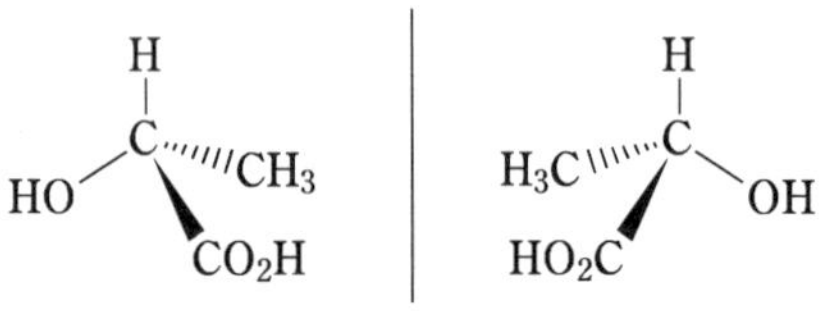

図 4.3　乳酸の 1 対のエナンチオマー

る．そしてこの中心炭素のことを**不斉炭素**とよぶ．たとえば，乳酸 (2-ヒドロキシプロパン酸) は四つの異なった置換基 ($-H$, $-OH$, $-CH_3$, $-CO_2H$) をもつので図 4.3 のように一対のエナンチオマーが存在する．

有機分子に限らず，対称面のある構造はその鏡像と重ね合わすことができ，同一であり，このような構造を**アキラル** (achiral) という．たとえば，乳酸の水酸基を水素に置き換えたプロパン酸やメチル基に置き換えたイソブタン酸は対称面をもつのでアキラルな分子である (図 4.4)．

不斉炭素
炭素以外ではキラル中心という．

図 4.4 アキラルなプロパン酸とイソブタン酸

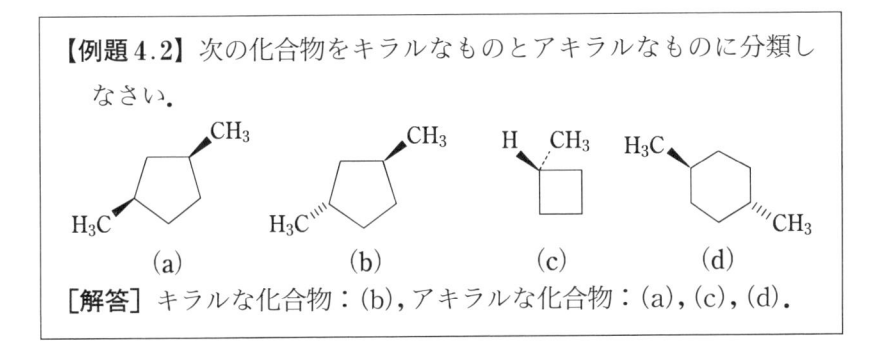

【例題 4.2】 次の化合物をキラルなものとアキラルなものに分類しなさい．

　　　(a)　　　(b)　　　(c)　　　(d)

[解答] キラルな化合物：(b), アキラルな化合物：(a), (c), (d)．

4.3 比旋光度

エナンチオマーのどちらか一方を含む溶液に偏光子を通して光を当てると，その入射光の偏光面が回転する．この回転が右回りのもの (光源に向かって時計回りに回転するもの) を右旋性，左回りのものを左旋性といい，それぞれ (+)，(−) の符号をつける．それぞれのエナンチオマーは光源，溶媒，温度，濃度に対して固有の絶対的な回転角をもっている．その大きさを表したのが**比旋光度** (specific rotation) である．二つのエナンチオマーの物理的性質 (沸点, 融点, 密度, 溶解度, 比旋光度の絶対値など) はまったく同じであが，唯一の違いは比旋光度の符号が逆になることである．

偏　光
光は波であり光の進行方向に対して垂直な面内で振動する電磁波の束のうち，方向性のある振動をする光の波を偏光という．

[比旋光度]　　　$[\alpha]_\lambda^T = \dfrac{\alpha}{lc}$

ここで，T：温度 (°C)，λ：入射光の波長，α：実測の旋光度，l：試料セルの長さ (dm)，c：溶液の濃度 ($g\,mL^{-1}$)．

右旋性のものを dextro-rotatory の d を，左旋性のものを levorotatory の l を化合物名につけて表記する場合もある．

一般に，比旋光度は光源としてはナトリウムのD線（波長：589 nm）を用い，回転角 α を光路長 l と濃度 c で割った値で与えられる．この値は測定時の温度と光の波長によって異なるので，これらの値を併記しておく．たとえば，(+)-乳酸の25℃における比旋光度は $[\alpha]_D^{25} = +3.8°$ となる．もう一方のエナンチオマーである(−)-乳酸の比旋光度は $[\alpha]_D^{25} = -3.8°$ である．

4.4 立体配置の表示法

a. R,S 表示

不斉炭素のまわりの四つの置換基に下記の順位則に従い順位をつけ，立体配置を表す方法がCahn, Ingold, Prelogの3人の有機化学者によって考案された．これを R,S 表示法という（図4.5）．たとえば乳酸の場合，もっとも優先順位の高いのは水酸基で，2番目がカルボキシル基，3番目がメチル基，4番目が水素になる．この中でもっとも優先順位の低い置換基，すなわちここでは水素を，観測者からもっとも遠い位置に置く．このようにして，残りの三つの置換基の順位が高いものから低いものが右まわりならば R（rectus，ラテン語で右），左まわりならば S（sinister，ラテン語で左）と表記する．

> 右旋性，左旋性と構造が R または S であることとはまったく関係がない．同じ R 体であっても右旋性のものも左旋性のものもある．ただし，R 体が右旋性であれば，その S 体は必ず左旋性であり，比旋光度の大きさは同じである．

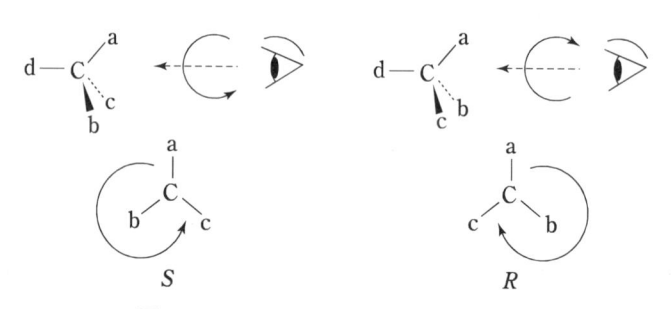

図 4.5　R,S 表示：順位：a＞b＞c＞d

b. 優先順位の決め方

[順位則1]　立体キラル中心に直接結合している原子の原子番号が大きいほうが小さいものより優先する．同位体については質量数の大

優先順位：I＞Br＞Cl＞F

(S)-体

図 4.6　順位則1

4.4 立体配置の表示法

きなものが優先する（図 4.6）．

［順位則 2］ 同じ優先順位の原子が結合している場合には，違いが生じるまで次の原子をたどって比べる（図 4.7）．

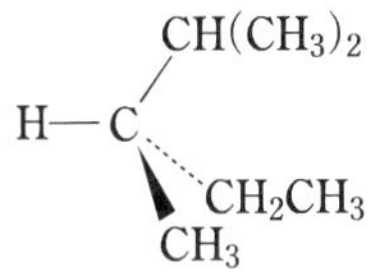

$$\text{H—C} \begin{array}{c} \text{CH(CH}_3)_2 \\ \text{CH}_2\text{CH}_3 \\ \text{CH}_3 \end{array} \quad \text{優先順位：CH(CH}_2)_2 > \text{CH}_2\text{CH}_3 > \text{CH}_3 > \text{H}$$

(R)-体

図 4.7 順位則 2

［順位則 3］ 二重結合や三重結合はすべて結合相手原子との**単結合**とみなして，順位則に従い順位を決める（図 4.8）．

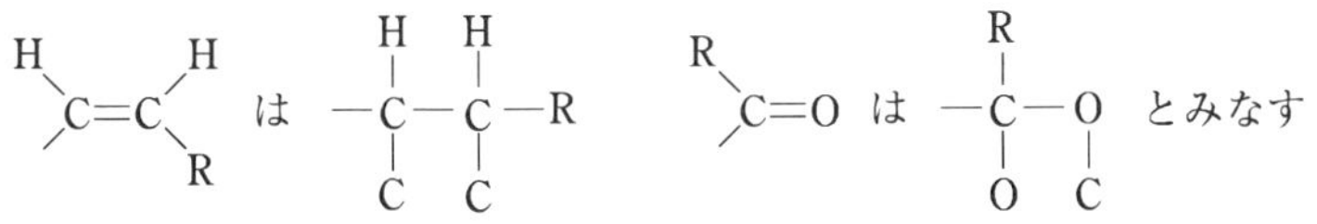

$$\underset{R}{\overset{H}{>}}\text{C=C}\underset{R}{\overset{H}{<}} \text{ は } -\underset{C}{\overset{H}{\underset{|}{C}}}-\underset{C}{\overset{H}{\underset{|}{C}}}-R \qquad \underset{R}{\overset{R}{>}}\text{C=O は } -\underset{O}{\overset{R}{\underset{|}{C}}}-\underset{C}{\overset{}{O}} \text{ とみなす}$$

図 4.8 順位則 3

【例題 4.3】 次の置換基の構造を示し，それぞれ優先順位をつけなさい．

(a)：①エチル，②1-クロロエチル，③2-クロロエチル，④1,2-ジクロロエチル

(b)：①ブチル，②1-メチルプロピル，③2-メチルプロピル，④1,1-ジメチルエチル

［解答］優先順位の高い順に (a)：① $CH_2ClCHCl-$，② CH_3CHCl-，③ CH_2ClCH_2-，④ CH_3CH_2-；
(b)：① $(CH_3)_3C-$，② $CH_3CH_2CH(CH_3)-$，③ $(CH_3)_2CHCH_2-$，④ $CH_3CH_2CH_2CH_2-$

---

c．フィッシャー投影式

糖のような化合物の立体化学を表すのに古くから用いられている方法にフィッシャー（Fischer）投影式がある．この方法では，中心炭素を文字で書き表さずに四つの置換基との結合を単に十字形で表す（図 4.9）．すなわち，フィッシャー投影式で表した化合物は，破線-くさび形表記法で水平方向に紙面から手前に向いている結合を，垂直方向に紙面の裏側にある結合を表したものと等価である．ここで，フィッシャー投影式を 90°または 270°回転すると絶対配置が反転する．また，置換基の位置を 1 回入れ替えると絶対配置が反転する．

> フィッシャー投影式は紙面上で回転させてはいけない．

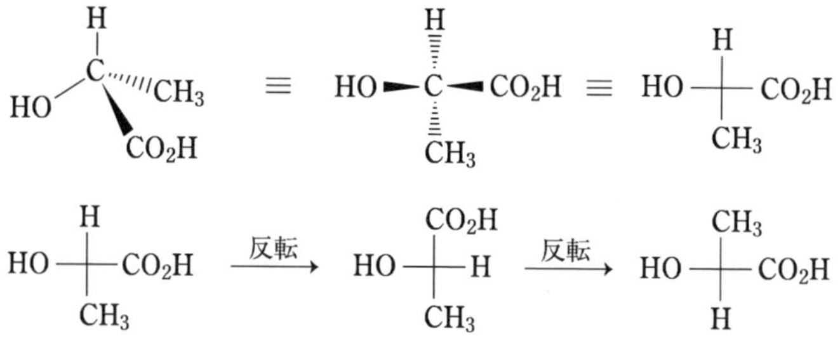

図 4.9 フィッシャー投影式の反転

【例題 4.4】 次の化合物をフィッシャー投影式に書き直し，それぞれの R, S を決定せよ．

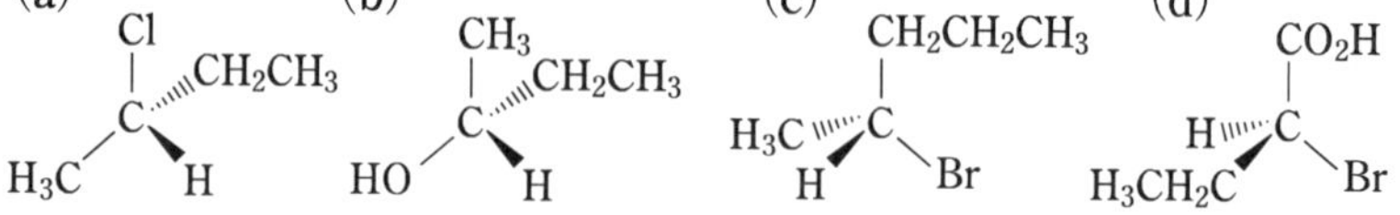

[解答]
(a) (S)　(b) (R)　(c) (R)　(d) (S) 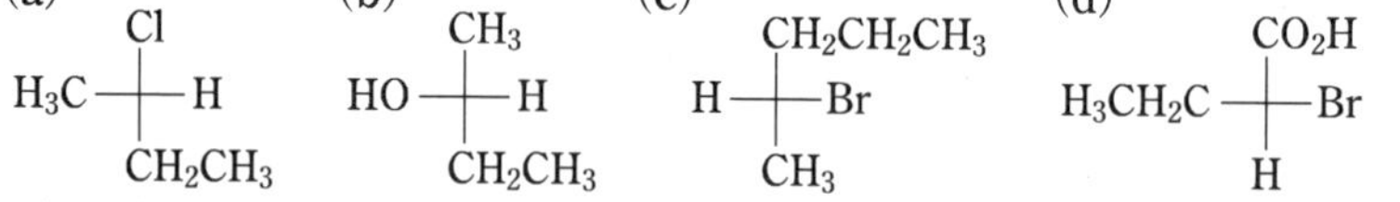

4.5 ジアステレオマー

複数個のキラル中心をもつ有機分子はそれぞれの中心が R か S の立体配置をもつので多くの立体異性体が存在する．たとえば，2-ブロモ-3-クロロブタンはキラル中心を二つもっており，四つの立体異性体，RR, RS, SR, SS が存在する．これら四つの異性体のうち，$2R,3R$ 体と $2S,3S$ 体，また $2R,3S$ 体と $2S,3R$ 体はお互いにエナンチオマーの関係にある．しかし，$2R,3R$ 体と $2R,3S$ 体および $2S,3R$ 体，ならびに $2S,3S$ 体と $2R,3S$ 体および $2S,3R$ 体との間にエナンチオマーの関係はない．

このような二つの立体異性体の関係を**ジアステレオマー**（diastereomer）の関係とよぶ．ジアステレオマーはそれぞれの物理的および化学的性質が異なるので，構造異性体と同様に融点，沸点，密度，屈折率，比旋光度なども異なる．

> ジアステレオマーは鏡像の関係にない立体異性体と定義されている．

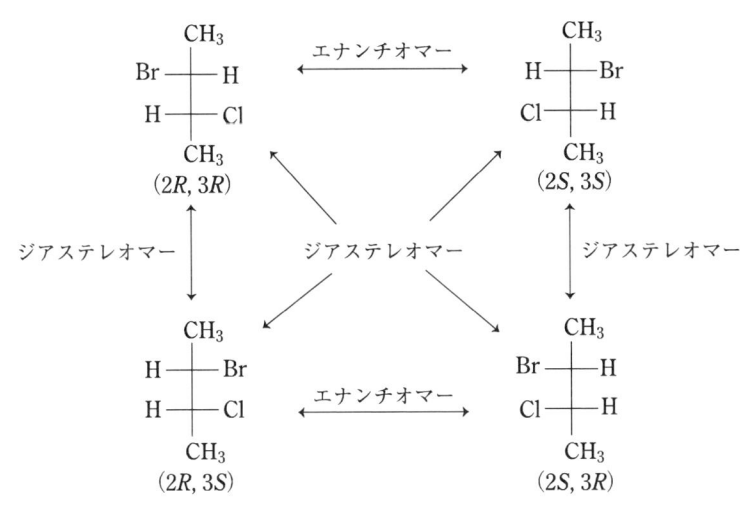

図 4.10　2-ブロモ-3-クロロブタンの立体異性体

4.6　メソ化合物

2個のキラル中心をもつ化合物が，それぞれ同じ置換基をもっている場合，考えられる四つの異性体のうち，R,S体とS,R体はお互いに重ね合わすことができる．これを**メソ体**という．この分子はキラルな炭素原子を2個もっているが，比旋光度は0°で，分子としてはキラリティーを示さない．たとえば，酒石酸を例にあげると，$2R,3R$体と$2S,3S$体はエナンチオマーの関係にある．$2R,3S$体と$2S,3R$体は一見エナンチオマーの関係にあるようにみえるが，実は対称面があり同じ化合物である．したがって，酒石酸にはキラルな一対のエナンチオマーとアキラルなメソ体の3種類の立体異性体が存在する．

また，トランスの立体配置をもつ$(1R,2R)$-および$(1S,2S)$-ジメチルシクロブタンはお互いに鏡像でキラルな分子であるが，シスの立体配置をもつ$(1R,2S)$-および$(1S,2R)$-ジメチルシクロブタンは分子内に対称面がありお互いに重ね合わすことができ，メソ体である．

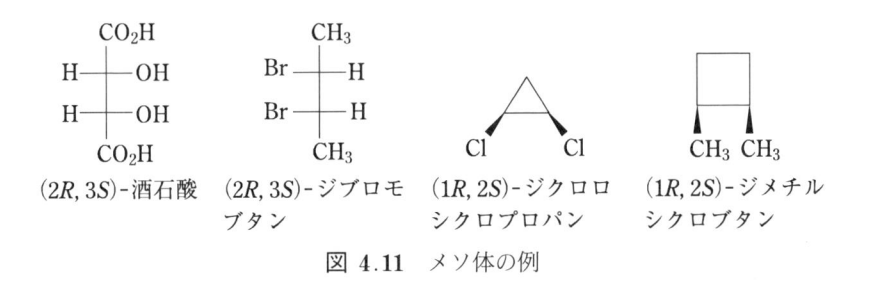

図 4.11　メソ体の例

【例題 4.5】 次の化合物はそれぞれどのような立体化学的関係にありますか．

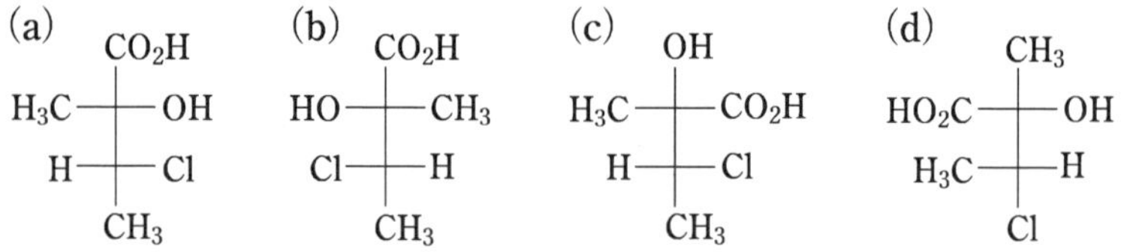

(a)
```
      CO2H
H3C ――― OH
 H  ――― Cl
      CH3
```

(b)
```
      CO2H
HO  ――― CH3
 Cl ――― H
      CH3
```

(c)
```
       OH
H3C ――― CO2H
 H  ――― Cl
      CH3
```

(d)
```
       CH3
HO2C ――― OH
H3C  ――― H
       Cl
```

[解答] (a)と(b)はエナンチオマー，(a)と(c)および(d)はジアステレオマー．(b)と(c)および(d)はジアステレオマー，(c)と(d)は同一化合物．

4.7 エナンチオマーの分離：ジアステレオマー形成による分割

一対のエナンチオマー混合物であるラセミ体はそれぞれのエナンチオマーの物理的および化学的性質が同じなので，蒸留や再結晶によってそれぞれの純粋のエナンチオマーに**分割**（resolusion）できない．なかには，酒石酸のようにそれぞれのエナンチオマーを鏡像の関係の形で結晶化させ，より分けることができる場合もあるが，まれな例である．

一般にジアステレオマーの物理的性質の違いを利用してエナンチオマーを分割する方法が用いられている．もし，ラセミ体からジアステレオマーの混合物への変換ができれば，ジアステレオマーの分別再結晶，蒸留，クロマトグラフィーなどの方法によって分割することができる．

ラセミ体 X_R と X_S を光学的に純粋な反応剤 Y_R と反応させることによって光学活性なジアステレオマー混合物 $X_R Y_R$ と $X_S Y_R$ が得られる．このジアステレオマーは通常の分離法によって分離することができる．次に X と Y の結合をそれぞれ切断して，Y_R を分離回収すれば，光学的に純粋な X_R と X_S がエナンチオマーとして得られる．

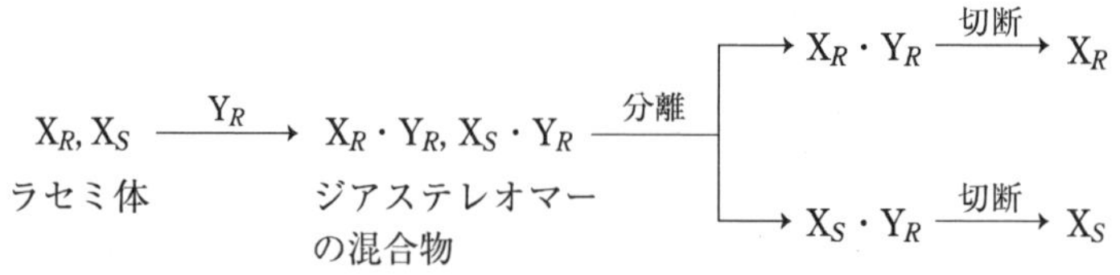

$$X_R, X_S \xrightarrow{Y_R} X_R \cdot Y_R, X_S \cdot Y_R \xrightarrow{分離} \begin{array}{l} X_R \cdot Y_R \xrightarrow{切断} X_R \\ X_S \cdot Y_R \xrightarrow{切断} X_S \end{array}$$

ラセミ体　　　　ジアステレオマーの混合物

図 4.12 ジアステレオマー形成を経るエナンチオマーの分離

たとえば，ラセミ体のアミンとキラルなカルボン酸からジアステレオマーの塩の混合物を得る．これを再結晶すると一方のジアステレオマーの塩が結晶として得られ，他方の塩は溶液中に残る．それぞれの塩を分解すると，分割されたキラルなアミンがそれぞれエナンチオマー

4.8 立体配座と配座異性体

一般に単結合は比較的自由に回転している．たとえば，エタンの二つのメチル基は，室温ではC–C結合を軸として回転し無数の形が存在するが，これらを**立体配座**（コンホメーション；conformation）とよぶ．また，それぞれの配座をもつ異性体を**配座異性体**（コンホマー：conformer）あるいは**回転異性体**とよぶ．

ニューマン（Newman）**投影式**で表すとお互いの配座がはっきりする．手前の炭素上の水素が後方の炭素上の水素とまったく重ならないねじれ形配座が，もっとも立体的に混み合わずエネルギー的に安定である．このねじれ形配座をC–C結合のまわりに後方の炭素を60°回転させると重なり形になる．重なり形では，手前の炭素上の水素と後方の水素がそれぞれ三つとも重なっており，エネルギー的にもっとも不安定である．この重なり形をさらに60°回転させると，再びねじれ形になる．これをポテンシャルエネルギー図で示すと図4.14になる．ここで，

二重結合の回転
単結合は，結合をつくっている電子が結合軸に対して回転対称に分布しているので（σ結合），結合を回転させても切れることはない．しかし，二重結合では，単結合と同じようなσ結合以外にπ結合も存在する．π結合では，二重結合平面に垂直方向に電子が分布している．そのため，結合を回転させるためには，π結合を切らなければならない．したがって，二重結合は通常の条件では回転しない（付録1参照）．

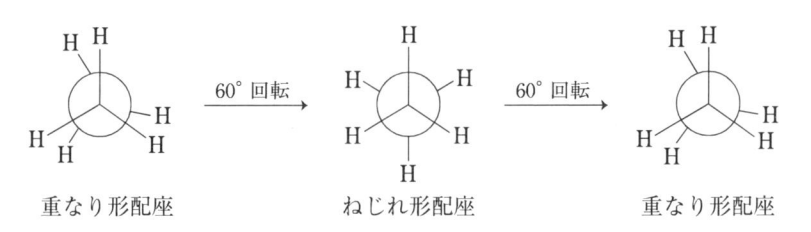

図 4.13 ニューマン投影式によるエタンの立体配座

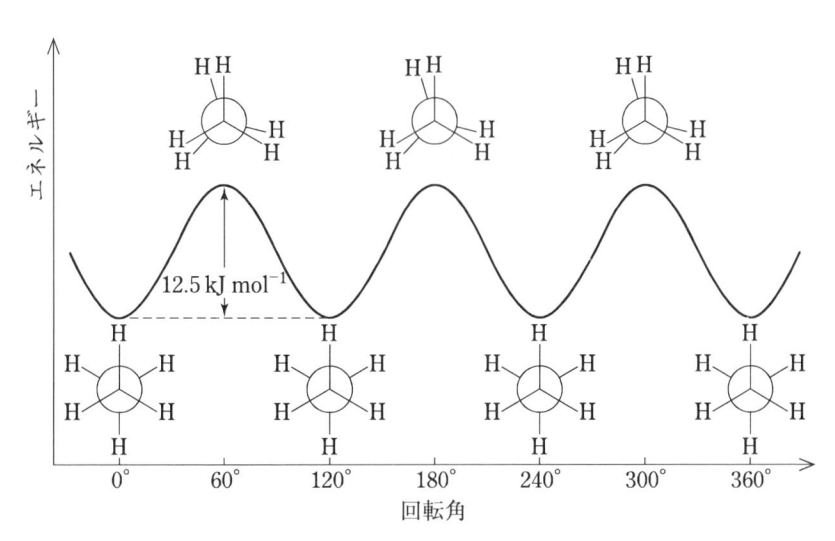

図 4.14 エタンの結合回転による異性化のポテンシャルエネルギー図

もっとも安定なねじれ形ともっとも不安定な重なり形とのエネルギー差が 12.5 kJ mol^{-1} でこの値が回転障壁に対応する．

一方，ブタンの C2–C3 結合のまわりを回転させると，エタンの場合とは異なり，2 種類の**重なり形**と**ねじれ形**が存在することがわかる．二つのねじれ形のうち，メチル基がより離れた位置にあるほうが立体障害が小さく，エネルギー的に安定な配座であり，これを**アンチ形配座**という．このアンチ形配座を 60° 回転させると，2 組のメチル基と水素が重なった重なり形配座になる．さらに 60° 回転させると，もう 1 組のねじれ形配座になる．これは二つのメチルが隣合った配座であり，アンチ形よりも不安定である．この配座をゴーシュ形配座という．ゴーシュ形配座をさらに 60° 回転させると二つのメチル基が重なったエネルギー的にもっとも高い重なり形配座になる．もっとも安定なアンチ形ともっとも不安定な重なり形のエネルギー差は 18.8 kJ mol^{-1} になる．これをエネルギー図で示すと図 4.16 になる．

図 4.15 ニューマン投影式によるブタンの立体配座

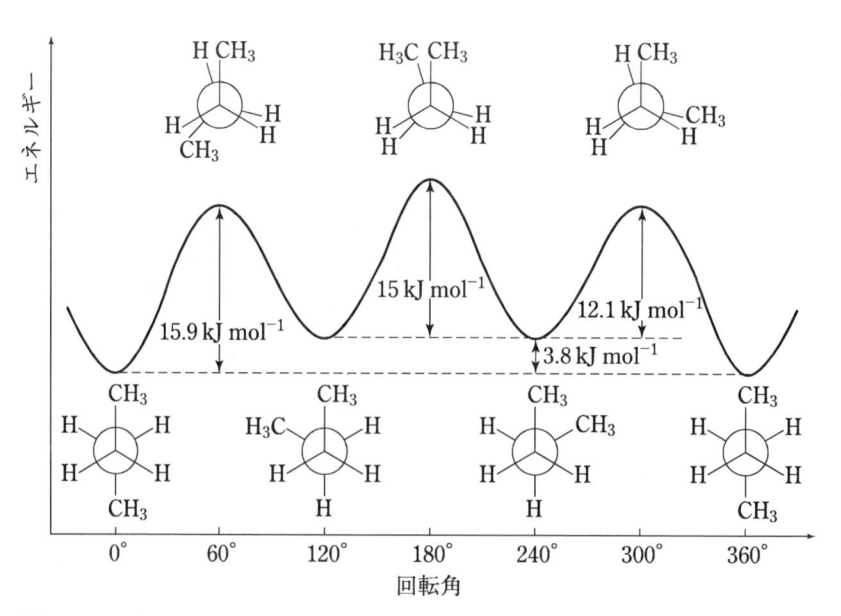

図 4.16 ブタンの C2–C3 結合回転による異性化のポテンシャルエネルギー図

【例題 4.6】2,3-ジメチルブタンの可能な立体配座を C2-C3 結合に対するニューマン投影式で示しなさい．また，もっとも安定な配座はどれか．

［解答］

（もっとも安定）

4.9 シクロアルカンの形

シクロプロパンやシクロブタンなどの小さな環をもつシクロアルカンはそれぞれの炭素が正四面体構造をとることができない．たとえば，シクロプロパンでは C-C-C の結合角が 60°であり，大きな環ひずみをもっている．しかし，シクロプロパンは平面構造以外を取りえないので，このひずみを解消することができない（図 4.17）．

シクロブタンやシクロペンタンはシクロプロパンほどひずんではいないがその環ひずみを解消するために折れ曲がった配座をとる．シクロブタンは三つの炭素でつくる平面から 26°折れ曲がった（puckered）構造をとっている（図 4.17）．また，シクロペンタンは正五角形の C-C-C の角度が 108°で，メタンの結合角 109.0°とほぼ同じなので，環ひずみはそれほど大きくないが，水素-水素間の重なりを避けるために，封筒形または半いす形構造をとっている（図 4.18）．

シクロヘキサンが平面形をとると，C-C-C の結合角が 120°となり，大きな結合角のひずみをもつことになる．これを解消するために，**いす形配座**（chair conformation）とよばれる立体配座をとっている（図 4.19）．この形では結合角が 111.5°となり，ほとんどひずみがゼロとなる．また，水素-水素間の重なりもなく，ニューマン投影式で表すと，すべての置換基がねじれ形をとっていることがわかる．

シクロプロパンの構造

シクロブタンの折れ曲がった構造

図 4.17

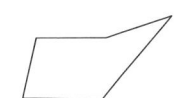

(a) 封筒形構造

(b) 半いす形構造

図 4.18 シクロペンタン

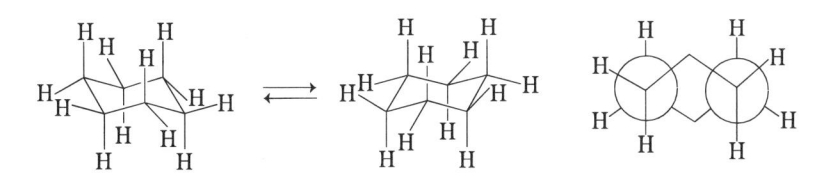

図 4.19 シクロヘキサンのいす形配座とそのニューマン投影式

シクロヘキサンのいす形は二つあり，平衡関係にある（図 4.19）．置換基がない場合にはエネルギーは同じであるが，置換基がつくと，どちらかがより安定になる．

エクアトリアル(equatorial)は"赤道の"、アキシアル (axial) は"軸の"を意味している．

いす形の配座には，2種類の水素がある．分子の主軸に対してほぼ平行な6個の水素と垂直な6個の水素である．これらはそれぞれエクアトリアル水素，アキシアル水素とよばれ，平衡にある2種のいす形シクロヘキサン環が相互変換するとき，お互いに入れ替わる．

シクロヘキサン環に水素以外の置換基がある場合，二つの立体配座は非等価になる．たとえば，メチルシクロヘキサンでは，メチル基がエクアトリアル位にある立体配座がアキシアル位にあるものより安定になり，溶液中でのその割合は25℃では95：5になる（図4.20）．その理由は，アキシアル位のメチル基と3位と5位の水素との間に立体反発があるためである．これを1,3-ジアキシアル相互作用とよぶ．

図 4.20 1,3-ジアキシアル相互作用

置換基がエチル基，イソプロピル基，t-ブチル基と大きくなるにつれて1,3-ジアキシアル相互作用による立体障害がさらに大きくなる．したがって，t-ブチル基の場合，アキシアル位とエクアトリアル位のエネルギー差が$20.9\,\text{kJ mol}^{-1}$となり，アキシアル異性体はほとんどなく0.01％程度となる．

シクロヘキサン環はいす形のほかに**舟形配座**（boat conformation）および**ねじれ舟形**の立体配座をとることもある（図4.21）．しかし，舟形は水素間の重なりが大きく，エネルギー的に極めて不安定な配座である．また，ねじれ舟形は舟形よりはやや安定であるが，いす形に比べると不安定であり，シクロヘキサンがとる配座はいす形が圧倒的に多い．

ねじれ舟形(twist-boat)
スキュー舟形(skew-boat)
ともいう．

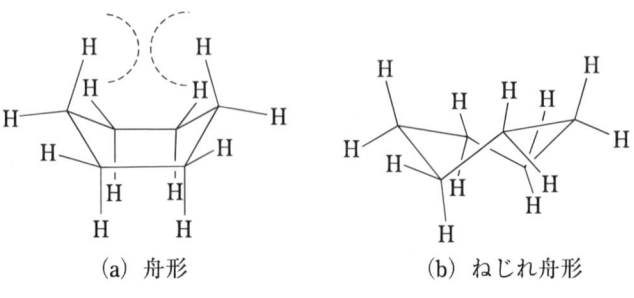

(a) 舟形　　　　(b) ねじれ舟形

図 4.21 舟形とねじれ舟形

2個以上の置換基をもつシクロヘキサンは，それぞれの置換基の大きさによって立体配座の存在割合が決まる．たとえば，トランス-1,4-ジメチルシクロヘキサンはジエクアトリアル配座が安定な構造であるが，シス-1-フルオロ-4-メチルシクロヘキサンの場合，メチル基に比べて小さなフルオロ基がアキシアル位にあるものがエクアトリアル位にあるものより安定である．

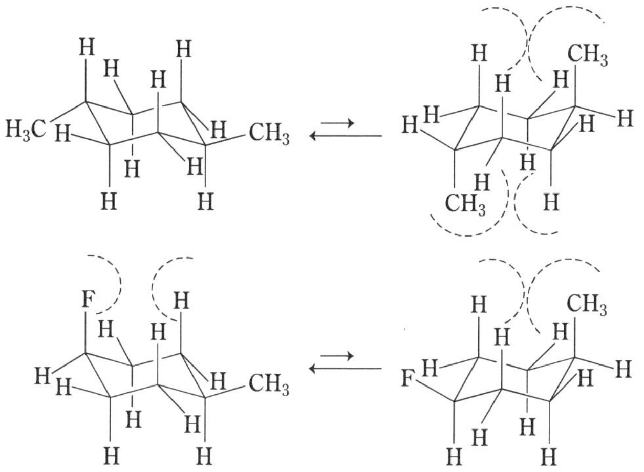

図 4.22 トランス-1,4-ジメチルシクロヘキサンとシス-1-フルオロ-4-メチルシクロヘキサンの二つのいす形配座

【例題 4.7】次の化合物の二つのいす形立体配座を示し，いずれが安定か示しなさい．
(a) シス-1,3-ジメチルシクロヘキサン，(b) トランス-1,3-ジメチルシクロヘキサン

［解答］

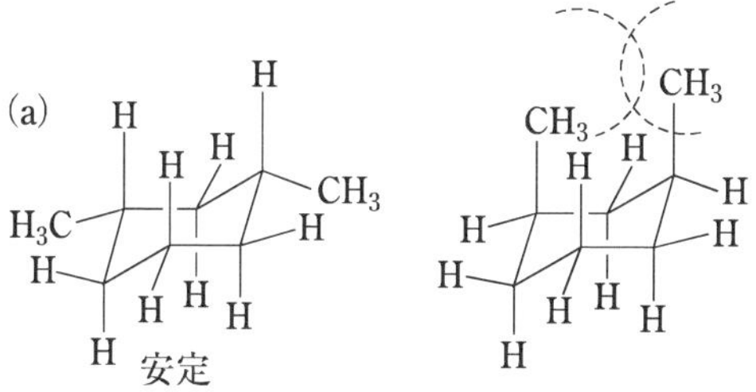

(a) 安定

(b) 安定性は同じ

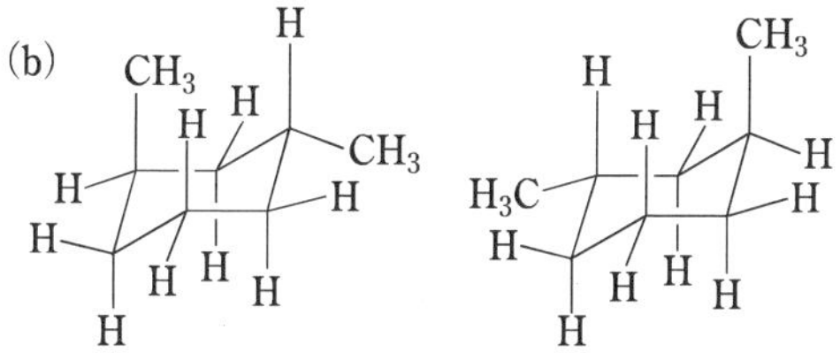

■サリドマイド■

サリドマイド (thalidomide) はアミノ酸の一つであるグルタミン酸とフタル酸から合成される．したがって，天然のグルタミン酸から得られる分子は S 体となるが，これは血液中で R 体に容易に変化することがあとになってわかった．1950年代末にドイツで開発されたサリドマイドは鎮痛剤として世界に広まった．妊婦がこれを服用した結果，上肢の発達阻害が顕著に見られる子供が出生し，わが国を含めて全世界で1万人から2万人に上る薬害被害者が出た．

サリドマイドの S 体には鎮静作用があり，副作用もないが，R 体には血管の成長を止める作用があるらしく，これが成長分化の過程にある胎児の器官形成に重大な障害をもたらした．1960年当時の世界各国では新薬の承認に際して，その安全性や副作用に関する詳しい試験データはとくに必要とされていなかった．そのことがサリドマイド薬害が全世界に広まった要因であった．

このサリドマイド薬害を契機として，薬の安全性に関するテストが厳密に行われるようになり，光学活性化合物の選択的合成が注目されるようになった．サリドマイドは1960年代の初めには全世界で完全に使用停止になったが，その後，血管の成長を阻害するという作用が再認識され，抗炎症剤として一部で利用されるようになった．がん細胞の増殖を抑える可能性も指摘されるなど，サリドマイドをめぐっては現在も議論が続いている．この薬の復活により恩恵を受ける人びとがある反面，本来サリドマイドがもつ催奇性が思いもよらぬ結果を再び招く危険性もある．このように，サリドマイドに関する事態は複雑であるが，過去に起こったサリドマイドの悲劇は絶対に忘れてはならないであろう．

図 4.23 サリドマイドの構造

4章のまとめ

1. 有機化合物の三次元的なかたちは破線-くさび形表記法やフィッシャー投影式で表すことができる．
2. 異性体は構造異性体と立体異性体に分類される．立体異性体はエナンチオマーとジアステレオマーの2種類に分けられ，シス-トランス異性体はジアステレオマーに含まれる．
3. 不斉炭素の立体化学は置換基の優先順位に従って，R, S で表示される．
4. 糖のような複雑な化合物を立体的に表すのにはフィッシャー投影式を用いる．
5. 不斉炭素をもっていても対称面がありキラリティーを示さない化合物をメソ化合物という．
6. 配座異性体はニューマン投影式で表すとお互いの立体配置が明確になる．
7. シクロブタンやシクロペンタンは環ひずみを解消するために折れ曲がった配座をとる．シクロヘキサンのいす形配座では，環ひずみがない．

演習問題（4章）

4.1 次の分子式をもつ光学活性な化合物の構造式をすべて記しなさい．
(a) $C_4H_{10}O$, (b) $C_3H_6O_3$, (c) $C_4H_8Cl_2$, (d) C_5H_{10}

4.2 次の化合物の構造式をフィッシャー投影式で記しなさい．
(a) (R)-2-ブロモペンタン，(b) (S)-2-メチル-3-クロロヘキサン，
(c) (R)-2-ブタノール，(d) (S)-2-クロロプロピオン酸

4.3 次の化合物の構造式を破線-くさび形表記法で記しなさい．
(a) (1S,2S)-1,2-ジメチルシクロブタン
(b) (1S,2S,3R)-1,2-ジクロロ-3-メチルシクロヘキサン
(c) (3S,5S)-3,5-ジクロロヘプタン

4.4 (1S,2S)-1,2-ジメチルシクロペンタンをモノクロル化するとき，何種類の立体異性体が生成しますか．

4.5 次の化合物の各組において，それらが同一分子か，エナンチオマーか，ジアステレオマーかを示しなさい．

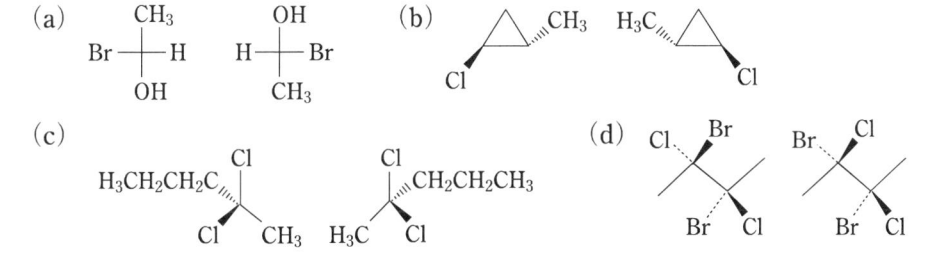

(a), (b), (c), (d) の構造式

4.6 1,2-, 1,3-, 1,4-ジメチルシクロヘキサンのシス体をより安定ないす形配座で示しなさい．

4.7 2-メチルブタンのもっとも安定な立体配座をC2-C3結合に対するニューマン投影式で示しなさい．

5 ハロアルカンの反応
置換反応と脱離反応

ハロアルカン（ハロゲン化アルキル）は，ハロゲンの結合した炭素が求電子的な性質をもっており，各種の求核剤もしくは塩基（通常，求核剤は塩基としての性質も併せもつ）と反応して，置換反応もしくは脱離反応を起こす．どのような反応が起きるかは，反応条件や反応基質の構造，さらには求核剤（塩基）の種類によって大きく異なる．本章では，ハロアルカンの反応性について学ぼう．

有機ハロゲン化物は難燃性で消火剤（ハロン）として用いられたり，テフロンやポリ塩化ビニル（塩ビ）のように身のまわりの材料や除草剤および抗生物質などの生理活性物質として幅広く利用されている．さらに，その性質から，冷凍庫の冷媒や洗浄剤，発泡剤としても使われてきたが，近年，一部の有機ハロゲン化物の環境に対する影響が問題となっている．

有機ハロゲン化物
ハロン 1211
　　$CBrClF_2$
ハロン 1301
　　$CBrF_3$
テフロン
　　$[-CF_2CF_2-]_n$
ポリ塩化ビニル
　　$[-CH_2CHCl-]_n$

5.1 ハロアルカン

a．ハロアルカンの種類と構造

ハロアルカンはハロゲンの結合した炭素に結合したアルキル基の数によってハロメタン，第一級ハロアルカン，第二級ハロアルカン，第三級ハロアルカンに分類される（図5.1）．

炭素-ハロゲン結合は，フッ素からヨウ素へと原子番号が大きくなる

第一級ハロアルカン　　第二級ハロアルカン　　第三級ハロアルカン

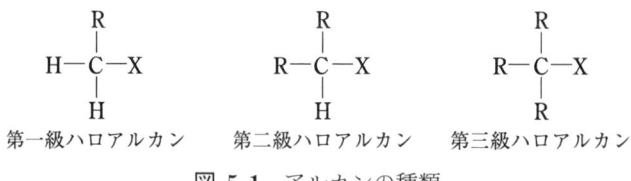

図 5.1　アルカンの種類

につれて結合距離は長くなり，結合解離エネルギーは小さくなる．たとえば，種々の置換メタン中の置換基の種類による結合解離エネルギーは次のようである．

$F > H > OH(389) > CH_3(376) > Cl(355) > NH_2(334) > Br(297) > I(238)$ （単位は $kJ\,mol^{-1}$）

C–F 結合はこれらの中でもっとも強い結合であり，C–I 結合はもっとも弱い結合である．このことは，これから見ていくハロアルカンの反応性に大きく影響する．

b．ハロアルカンの合成

ハロアルカンの合成にはアルカンの直接ハロゲン化，アルケンやアルキンへのハロゲンやハロゲン化水素の付加（図 5.2），またアルコールの求核置換反応がある．アルケンやアルキンの反応に関しては，すでに 3 章で学んだ．

$$\text{C=C} + \text{HCl} \longrightarrow -\overset{H}{\underset{|}{C}}-\overset{Cl}{\underset{|}{C}}-$$

$$\text{C=C} + \text{Br}_2 \longrightarrow -\overset{Br}{\underset{|}{C}}-\overset{|}{\underset{Br}{C}}-$$

$$\text{R}-\text{OH} + \text{SOCl}_2 \longrightarrow \text{R}-\text{Cl} + \text{SO}_2 + \text{HCl}$$

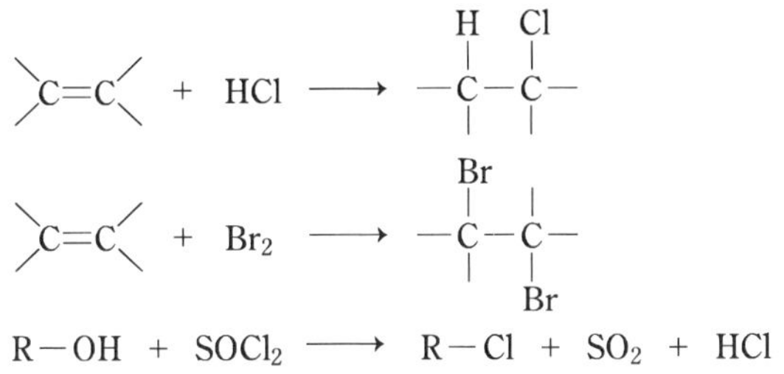

図 5.2　ハロアルカンの合成

5.2　求核置換反応

ハロゲン原子は，炭素原子よりも電気陰性度が大きい．そのため炭素-ハロゲン結合は分極し，炭素原子は部分的正電荷をもつ（図 5.3）．したがって，ハロアルカンは適当な求核剤と反応する．

$$\overset{\delta^+}{\text{R}_3\text{C}}\!-\!\overset{\delta^-}{\text{X}}$$

図 5.3　ハロアルカンの分極

ハロアルカンと求核剤（nucleophile：Nu$^-$ もしくは Nu）を反応させると，求核剤がハロゲンと置き換わる反応が起こる．この反応を**求核置換反応**とよぶ（図 5.4）．この置換反応は，反応速度が反応基質の濃度にどのように依存するかによって 2 種類に分類される．一つは，反応速度がハロアルカンと求核剤の両方の濃度に比例する 2 分子求核置換反応（**S$_N$2 反応**）であり，もう一つは，ハロアルカンの濃度に比例するが，求核剤の濃度には依存しない 1 分子求核置換反応（**S$_N$1 反応**）である．こ

$$\text{R}-\text{X} + \text{Nu}^- \longrightarrow \text{R}-\text{Nu} + \text{X}^- \quad \text{求核剤がアニオン}$$
$$\text{R}-\text{X} + \text{NuH} \longrightarrow \text{R}-\text{Nu} + \text{HX} \quad \text{求核剤が中性}$$

図 5.4　求核置換反応

求核剤
正に分極した原子に反応する反応剤を求核剤あるいは求核種（nucleophile）という．正に分極した原子は電子密度が小さいので，原子核を好んで反応するように考えるからである．しかし，実際には原子核と直接反応しているわけではない．

塩化チオニル（SOCl$_2$）による塩素化については 8.2 節参照．

分極については 2.6 節で学んだ．

代表的な求核剤
Nu$^-$：
X$^-$
　ハロゲン化物イオン
HO$^-$
　水酸化物イオン
RO$^-$
　アルコキシラートイオン
RCOO$^-$
　カルボキシラートイオン
N$_3^-$
　アジ化物イオン
RS$^-$
　アルキルチオラートイオン
N≡C$^-$
　シアン化物イオン
R–C≡C$^-$
　アセチラートイオン
Nu：
H$_2$O, ROH, NR$_3$, PR$_3$

れらの反応は，反応機構の違いにより説明される．それらを以下の節で見ていこう．

5.3　2分子求核置換反応（S_N2反応）

a．S_N2反応機構

基　質
反応する化合物を，反応の主体となる化合物とそれに作用させる化合物に分けた場合，前者を基質（substrate）とよび，後者を反応剤（reagent）とよぶ．基質と反応剤の区別は必ずしも明確ではないが，一般に前者がより大きな有機化合物であり，後者はより小さな有機化合物あるいは無機化合物をさすことが多い．反応剤には求核剤や求電子剤，あるいは酸化剤や還元剤などがある．

律速段階については3.3節cで学んだ．

臭化メチルを水酸化ナトリウムと加熱すると，臭化メチルの臭素化物イオンが水酸化物イオンと入れ替わってメタノールが生成する．この反応のメタノール生成量の時間変化を追っていくと，反応速度（単位時間あたりのメタノールの生成量）がわかる．この反応の速度は，求核剤（水酸化物イオン）と**基質**（臭化メチル）の両方の濃度に依存する．すなわち，水酸化物イオンの濃度を2倍にすると反応速度は2倍になり，臭化メチルの濃度を2倍にしても反応速度は2倍になる．このように，反応速度が求核剤と基質両方の濃度に比例する反応を**2分子反応**という．このような反応では，求核剤と基質の両方が反応の律速段階（rate-determining step；反応速度を決める段階）に関与しているので2分子反応という（図5.5）．

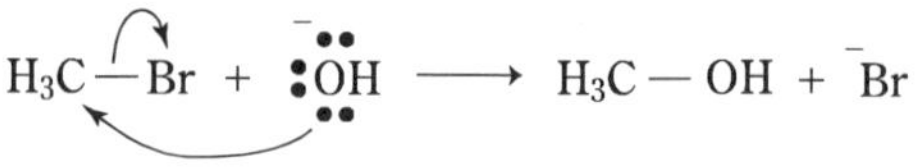
H3C—Br + :OH⁻ ⟶ H3C — OH + Br⁻

図 5.5　2分子求核置換反応

遷移状態については2.10節で学んだ．

この反応を矛盾なく説明するには，求核剤の水酸化物イオンが臭化メチルを求核攻撃し，それと同時に臭素化物イオンが脱離して，メタノールが生成する機構が妥当である．この機構では，図5.6に示した遷

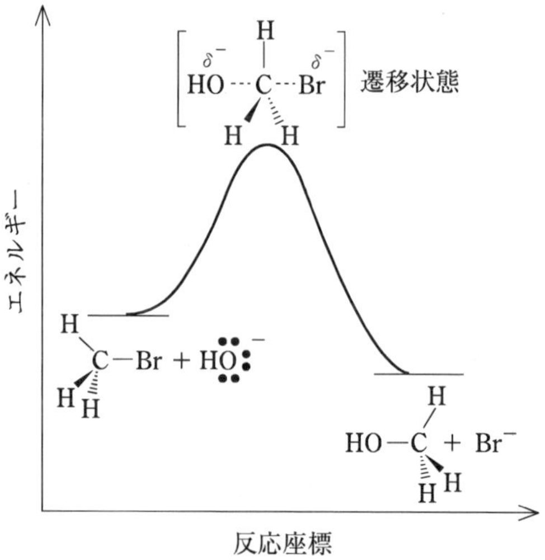
遷移状態
エネルギー
反応座標
HO
C
Br
H
δ⁻
Br⁻

図 5.6　S_N2反応のエネルギー図

移状態を経由すると考える．

　この反応は立体特異的に進行する．例をあげよう．(S)-2-ブロモブタンと水酸化物イオンの反応から(R)-2-ブタノールが生成する．2位の炭素の絶対配置が逆転する．この現象は次のように説明される．水酸化物イオンは(S)-2-ブロモブタンの2位の炭素を，臭素の反対側から攻撃する．この背面攻撃による立体配置の反転を**ワルデン**（Walden）**反転**とよぶ（図5.7）．

HO:⁻ + H-C-Br (H₅C₂, CH₃) → [Nu---C---Br]⁻‡ → HO-C-H (H₃C, C₂H₅) + Br⁻

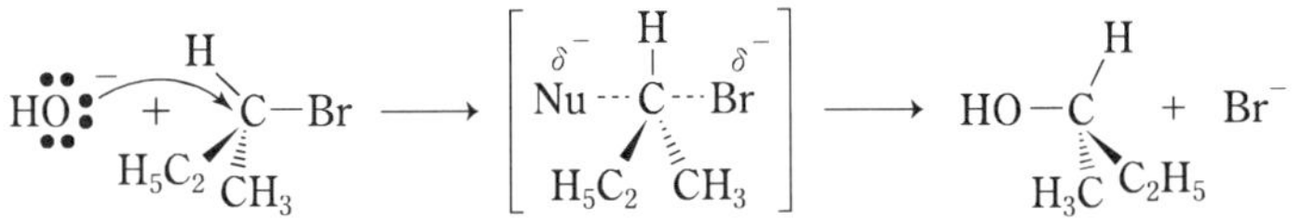

(S)-2-ブロモブタン　　　　　　　　　　　　　　　(R)-2-ブタノール

図 5.7　ワルデン反転

　まとめると，この2分子反応は求核攻撃により，炭素原子の立体配置の反転を引き起こして置換生成物を与える．この反応を**2分子求核置換反応**（S_N2反応）という．

【例題 5.1】プロパノン中での(R)-2-クロロブタンとシアン化ナトリウムの反応式を絶対配置を含めて示しなさい．

[解答]

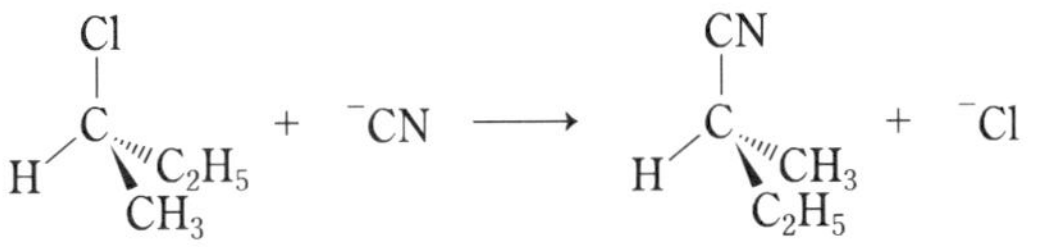

H-C(Cl)(C₂H₅)(CH₃) + ⁻CN ⟶ H-C(CN)(CH₃)(C₂H₅) + ⁻Cl

(R)-2-クロロブタン　　　　　　　　　　(S)-2-メチルブタンニトリル

---

b．S_N2反応の特徴

　S_N2反応は，立体障害，求核剤の種類，溶媒の影響を強く受ける．

（1）立体障害の大きなハロアルカンでは反応が進行しにくい．

　ハロメタンや第一級ハロアルカンは反応が速く，第二級ハロアルカン，第三級ハロアルカンとなるにつれて反応は遅くなる．第一級ハロアルカンでも置換される炭素のまわりが混み合っていると反応が遅くなる．

（2）強い求核剤では反応の進行が速い．

　求核剤の強さの指標として

① 負の電荷をもつと求核性は増加する．

　　$H_2N^- > H_3N$　　$HO^- > H_2O$　　$RO^- > ROH$

② 周期表を右にいくほど求核性は減少する．

立体特異的
出発物質に立体異性体があり，それぞれの異性体に対応して異なる生成物（立体異性体）ができる場合に，その反応は立体特異的であるという．たとえば，図5.7のように，(S)-体の原料からは(R)-体が，(R)-体の原料からは(S)-体が生成する反応や，シス体からはトレオ体がトランス体からはエリトロ体が生成する反応に対して使う．

非プロトン性極性溶媒
ジメチルスルホキシド
　　CH_3SOCH_3
アセトニトリル
　　CH_3CN
ジメチルホルムアミド
　　$HCON(CH_3)_2$
プロパノン（アセトン）
　　CH_3COCH_3

プロトン性極性溶媒
水
　　H_2O
アルコール
　　ROH
カルボン酸
　　RCO_2H

低極性溶媒
ヘキサン
　　C_6H_{14}
ベンゼン
　　C_6H_6
トルエン
　　$C_6H_5CH_3$

脱離基の種類
脱離能の大きい脱離基
　（大）$I^- > HSO_4^- > Br^-$
　　　　$> Cl^- > H_2O > CH_3SO_3^-$
脱離能の小さい脱離基
　　$F^- > CH_3CO_2^- > NC^- >$
　　$CH_3O^- > HO^- > NH_2^-$
　（小）

脱離基の脱離能と共役酸の酸強度の関係
脱離基（脱離能）
　$I^- > Br^- > HO^- > H_2N^-$
共役酸（酸強度）
　$HI > HBr > H_2O > H_3N$

　　　　$H_2N^- > HO^- > F^-$
　③　周期表の同族元素間では，下方ほど求核性は高い
　　　　$HS^- > HO^-$，$I^- > Br^- > Cl^- > F^-$（プロトン性溶媒中）
（3）溶媒の種類により，反応性は変化する．
　S_N2 反応では，一般にアニオン性求核剤を用いる．プロトン性溶媒はアニオンに対して水素結合するため，アニオンが安定化されてその求核性が低下する．一方，非プロトン性溶媒では，カチオンは溶媒和により安定化されるが，アニオンに対する溶媒和は弱く，その反応性は増大する．

（4）脱離基の種類が反応性に影響を与える．
　ハロゲンの場合，次のような順で脱離能が高い．
　　　　$I^- > Br^- > Cl^- > F^-$
　一般に，脱離能の大きい脱離基は弱塩基であり，強塩基ほど脱離能は小さい．つまり，脱離基の共役酸の pK_a が小さいほど，共役酸の酸性度が強いほど脱離基として優れている．

【例題5.2】2-ブロモ-2-メチルプロパン，2-クロロプロパン，2-ヨードプロパン，ヨードメタン，3-ブロモ-2,2-ジメチルブタン，ヨードエタンを S_N2 反応の反応性の順に並べなさい．

［解答］2-ブロモ-2-メチルプロパン ＜ 3-ブロモ-2,2-ジメチルブタン ＜ 2-クロロプロパン ＜ 2-ヨードプロパン ＜ ヨードエタン ＜ ヨードメタン

5.4　1分子求核置換反応（S_N1 反応）

a. S_N1 反応機構

　前節で S_N2 反応を説明したが，まったく異なる形式の置換反応も存在する．たとえば，2-ブロモ-2-メチルプロパンと水から 2-メチル-2-プロパノールが生成する反応を見てみよう．この反応の速度は，基質の2-ブロモ-2-メチルプロパンの濃度に比例するが，水の濃度には依存しない．このことは，2-ブロモ-2-メチルプロパンは反応の律速段階に関与するが水は関与しないことを意味する．このことを合理的に説明できるだろうか．
　この反応の機構は次のように考えられている．まず，基質である 2-ブロモ-2-メチルプロパンから臭化物イオン Br^- が解離し，$tert$-ブチルカチオンが生成する．このカルボカチオンに水が求核攻撃して，さら

$$(CH_3)_3CBr \xrightarrow{-Br^-} (CH_3)_3C^+ \xrightarrow{H_2O} (CH_3)_3\overset{+}{C}OH_2 \xrightarrow{-H^+} (CH_3)_3COH$$

図 5.8　1分子求核置換反応の機構

にプロトンが脱離することによって置換生成物が生じる（図 5.8）．ここで，臭化物イオンが脱離し *tert*-ブチルカチオンが生成する反応が律速段階であり，このカルボカチオンが水と反応し，その後プロトンが脱離する反応は速いと考えると，速度が 2-ブロモ-2-メチルプロパンの濃度に比例し，水の濃度に依存しないことが理解できる．このような反応を **1分子求核置換反応**（S_N1 反応）という．

図 5.9 に反応のエネルギー図を示した．はじめに，臭化物イオンの脱離が起ってカルボカチオンが生成する．このカルボカチオンのように，反応基質と生成物の間のエネルギー図においていくつかの極小値に相

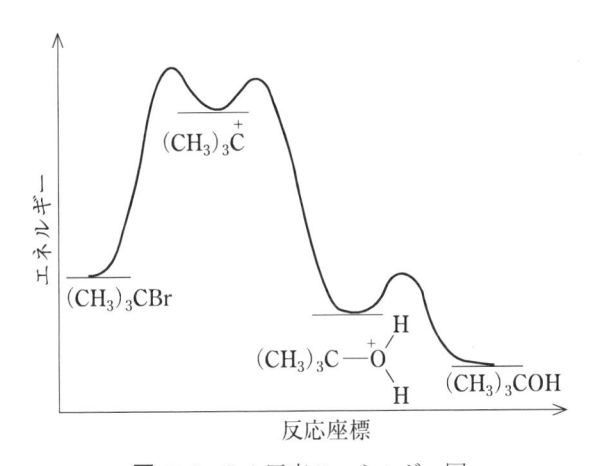

図 5.9　S_N1 反応のエネルギー図

■ 安 定 化

メトキシメチルカチオン（ハロゲン化メトキシメタンから生成する）はカチオン中心の隣の酸素原子の非共有電子対と相互作用することにより，安定化する．

ベンジルカチオン（ハロゲン化ベンジルから生成），アリルカチオン（ハロゲン化アリルから生成）はカチオン中心が隣接するベンゼン環や炭素-炭素二重結合と相互作用することにより安定化される．

(1) ハロゲン化メトキシメタン：$H_3C-O-CH_2-X$

$$H_3C-\overset{..}{\underset{..}{O}}-\overset{+}{C}H_2 \longleftrightarrow H_3C-\overset{+}{\underset{..}{O}}=CH_2$$

(2) ハロゲン化ベンジル

(3) ハロゲン化アリル：$H_2C=CH-CH_2-X$

$$H_2C=CH-\overset{+}{C}H_2 \longleftrightarrow H_2\overset{+}{C}-CH=CH_2$$

当する構造をもつ化合物を中間体とよび，安定なら単離することも可能である．この反応では，ハロゲン化アルキルからカルボカチオン中間体ができるときのエネルギーの山がもっとも高く，この反応が速度を決める律速段階になっている．

この反応機構が妥当であることを見ていこう．これまでの説明によれば，カルボカチオン中間体の生成が反応速度を決定する．これはカルボカチオンが生成しやすいほど反応が速いことを意味する．実際，第三級ハロアルカンでは反応が速く，第二級ハロアルカンでは速度が低下し，第一級ハロアルカンでは反応の進行はきわめて遅い．これは，それぞれのカルボカチオンの安定性の順と同じである．すなわち，カルボカチオンは，第三級がもっとも安定で次いで第二級，第一級であり，メチルカチオンはこの中ではもっとも不安定である（図 5.10）．

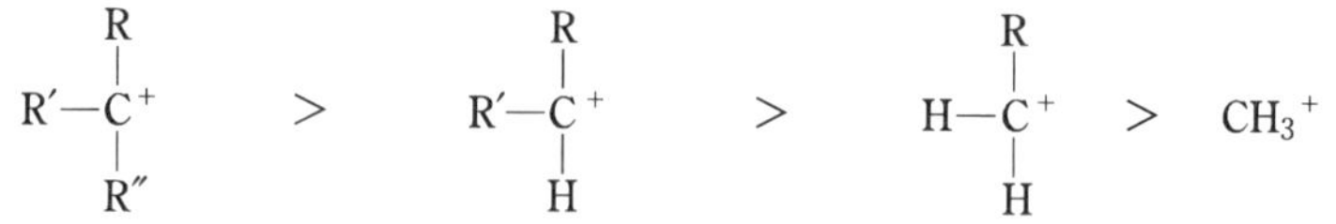

$$\underset{\text{第三級カルボカチオン}}{R'\!-\!\overset{R}{\underset{R''}{C^+}}} > \underset{\text{第二級カルボカチオン}}{R'\!-\!\overset{R}{\underset{H}{C^+}}} > \underset{\text{第一級カルボカチオン}}{H\!-\!\overset{R}{\underset{H}{C^+}}} > CH_3^+$$

図 5.10 カルボカチオンの安定性

またそれ以外に，カルボカチオンを安定化する置換基が結合している場合も S_N1 反応は速くなる．たとえば，孤立電子対をもった置換基（アルコキシ基など）や多重結合（フェニル基や炭素炭素二重結合）などは，隣接するカルボカチオンを安定にするので S_N1 反応が起こりやすい．

b. S_N1 反応の特徴

このように，S_N1 反応は基質の構造に大きく依存する．上に述べたようにカルボカチオンの安定性が重要であるが，さらにハロゲンの脱離能の影響も受け，次の順に脱離が起こりやすい（$I^->Br^->Cl^->F^-$）．一般には，水やアルコールが求核剤として用いられる．また，プロトン性溶媒中で弱い求核剤を反応させると優先的に起こりやすい．S_N1 反応では，カルボカチオン中間体の生成が律速段階であることから，より極性の高い溶媒（極性溶媒）を使うと反応が速く進行する．これは，カルボカチオン中間体およびそれを生成する遷移状態が反応基質より分極しているため，極性溶媒中ではより安定化されるからである（図 5.11）．

$$R_3C-X \quad < \quad R_3C^+ \quad > \quad R_3C-Nu$$

図 5.11 原料とカルボカチオン中間体，生成物の極性の違い

また，S_N1 反応では，カルボカチオン中間体を経由することにより，S_N2 反応とは違った反応の立体選択性を示す．図 5.12 を見てみよう．

カルボカチオン（炭素カチオン）が平面であることをすでに 2.8 節で学んだ．

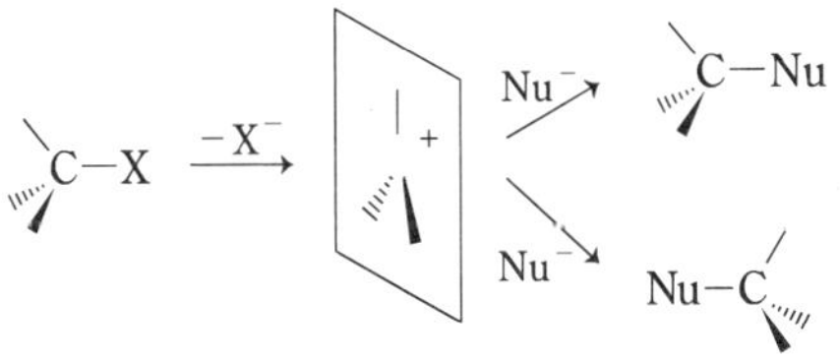

図 5.12 S_N1 反応の立体選択性

カルボカチオン中間体がいったん生成し，その後求核剤の攻撃が起こるとき，求核剤は平面構造をとるカルボカチオン中間体の右左どちらの面からも攻撃できる．その結果，S_N2 反応で見られたワルデン反転のような立体特異性はみられず，たとえ光学活性な化合物を基質に用いても，置換反応によりラセミ化が起こり，生成物では光学活性が一部あるいはすべて失なわれる．

【例題5.3】 (S)-2-ヨードブタンをメタノール中で処理して生成する化合物は何か．生成物の立体構造を含めて示しなさい．
[解答]

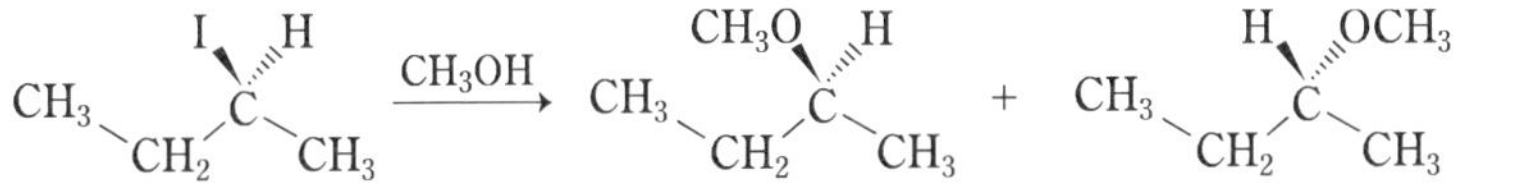

(S)-2-ヨードブタン　　　(S)-2-メトキシブタン　　(R)-2-メトキシブタン

5.5 脱 離 反 応

ハロアルカンでは，条件によって S_N2 反応と S_N1 反応という二つの形式の求核置換反応が進行することを見てきた．求核剤がハロゲンの結合した炭素中心やハロゲンが解離してできたカルボカチオンに求核攻撃する反応である．これらの反応はハロアルカンを他の官能基をもつ炭化水素類に変換するもっとも重要な反応であるが，同時にハロアルカンは塩基（求核剤は塩基でもある）との反応によりアルケンを生成することがある（図5.13）．この反応はアルケンの有用な合成法の一つである．

$$CH_3CH_2Br \xrightarrow{\text{塩基}} CH_2=CH_2 + HBr \cdot \text{塩基}$$

図 5.13 脱離反応

このようにハロアルカンから形式的にハロゲン化水素が脱離してアルケンができるような，1分子が2分子になる反応を脱離反応という．求核剤は塩基としても働く．とくに，求核置換反応に用いられる求核剤は孤立電子対をもっている場合がほとんどであるが，その孤立電子対

が反応基質の水素原子を攻撃してプロトンとして引き抜くとき，その求核剤は塩基として働いたことになる．求核剤は同時に塩基なのである．そのため，求核置換反応と脱離反応はしばしば同時に起こる．そこで，この節からは，求核置換反応と競合する脱離反応を見ていくことにしよう．前節までに述べたように，ハロアルカンと求核剤の置換反応には2とおりの反応形式がある．それでは，ハロアルカンの塩基による脱離の反応ではどうだろうか．ハロアルカンと塩基の反応でも，二つの反応形式が見られる．つまりアルケン生成速度がハロアルカンの濃度に一次で，塩基の濃度に依存しない1分子脱離反応と，ハロアルカンと塩基のそれぞれの濃度に一次である2分子脱離反応が存在する．以下にそれぞれの反応を見ていこう．

a．1分子脱離反応（E1反応）

ハロアルカンと塩基の反応からアルケンが生成する反応で，アルケンの生成速度がハロアルカンの濃度のみに一次で比例する場合，1分子脱離反応（**E1反応**）とよばれる．E1反応は，S_N1反応と対をなすものである．例として，2-ブロモ-2-メチルプロパンの反応を見てみよう（図5.14）．2-ブロモ-2-メチルプロパンを水と反応させると，2-メチル-2-プロパノールが主生成物として得られるが，同時に，2-メチルプロペンが副生する．

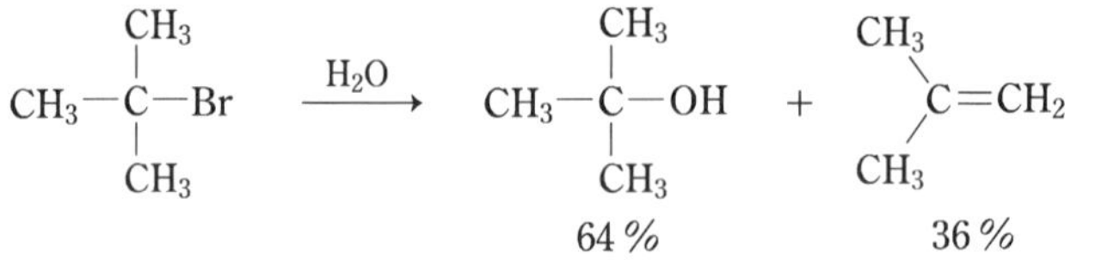

図 5.14　1分子脱離反応

この反応における，2-メチル-2-プロパノールの生成速度は，基質の2-ブロモ-2-メチルプロパンの濃度のみに一次であり，S_N1反応が起きていることがわかる(5.4節)．同様に，2-メチル-2-プロペンの生成速度も基質の2-ブロモ-2-メチルプロパンの濃度のみに一次である．このような一分子脱離反応（E1反応）は次のような反応機構により説明されている（図5.15）．

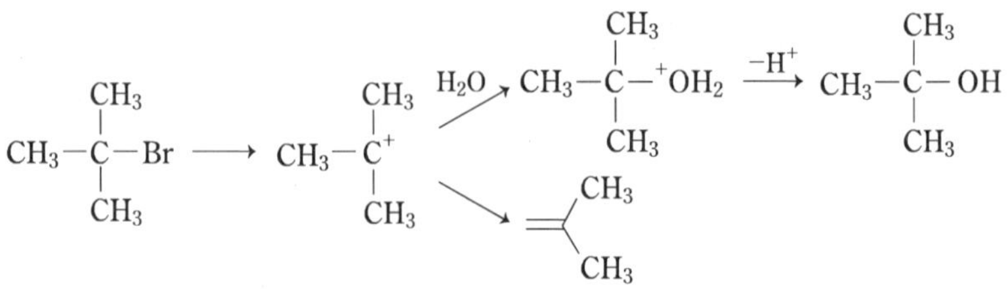

図 5.15　S_N1反応とE1反応の機構

S_N1 反応の場合と同様に，基質からまず臭化物イオンが脱離してカルボカチオン中間体が生成する．この段階が律速段階であり，速度がこの段階で決まるため，塩基の濃度が反応速度に関与しないのである．塩基としての水がカチオン中心の隣の水素をプロトンとして引き抜くと，E1 反応生成物の 2-メチルプロペンが生成する．

　E1 反応生成物は，中間体のカルボカチオンの構造により生成物の立体化学が決まる．たとえば，1,2-二置換アルケンができる場合，一般的には E-体のアルケンが主生成物となる（図 5.16）．

E, Z 表示については 3.3 節で述べた．

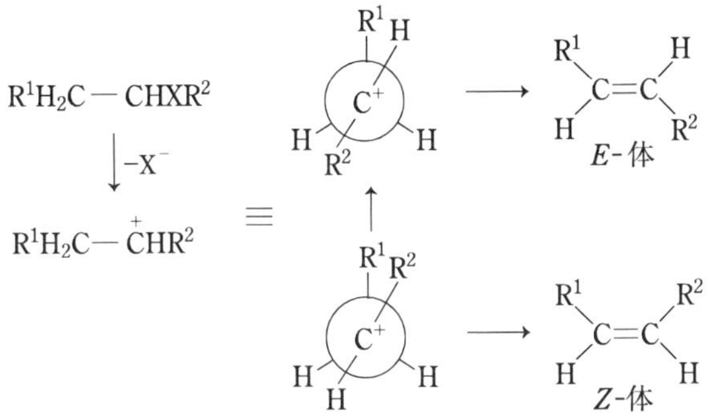

図 5.16　E1 脱離反応の立体選択性

　脱離できる水素が 2 種類以上存在するときは，その種類の数だけアルケンの位置異性体が生成するが，一般的にはザイツェフ（Saytzev）則に従って，熱力学的に安定なより置換基の多いアルケンが優先的に生成する（図 5.17）．

ザイツェフ則
脱離反応でより多くの置換基をもつアルケンが優先して生成する場合に，この脱離反応はザイツェフ則に従って進行したという．

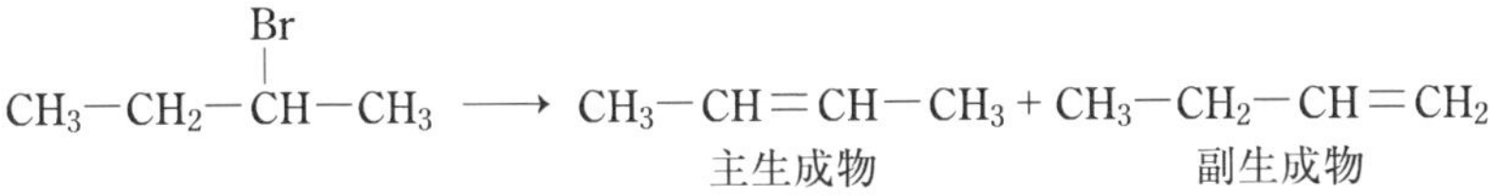

図 5.17　E1 脱離反応の位置選択性

【例題 5.4】2-ブロモ-2-メチルブタンを水と反応させた．生成物の構造を示し，どのような理由でそれらが得られたかを説明しなさい．

［解答］第三級ハロアルカンと水の反応では，E1 反応が起こる．その際，ザイツェフ則に従い，置換基の多いアルケンがおもに生成する．

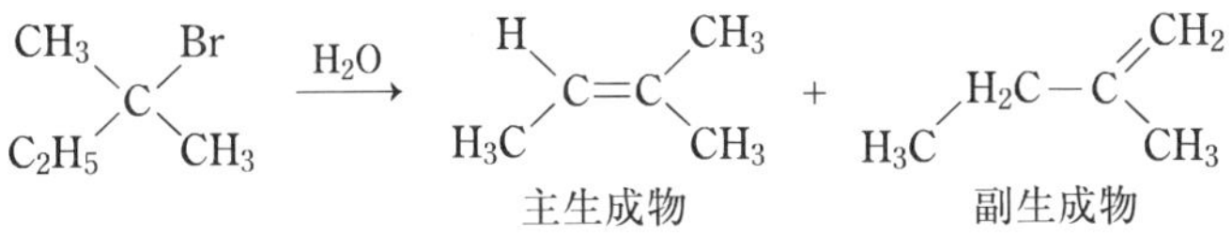

主生成物　　　　副生成物

b. 2分子脱離反応（E2反応）

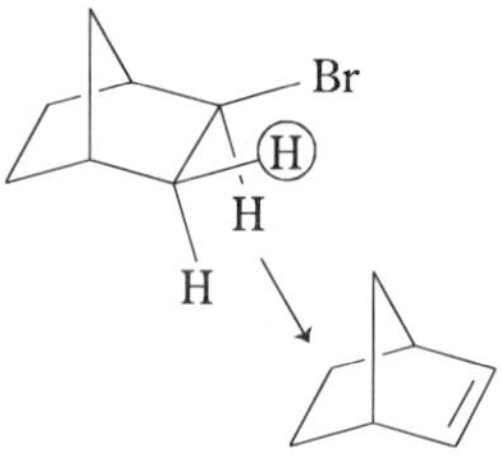

ハロアルカンのもう一つの脱離反応として，2分子脱離反応（**E2反応**）も知られている．では E2 反応とはどんな反応であろうか．2-ブロモ-2-メチルプロパンと水酸化ナトリウムの反応では 2-メチルプロペンが生成するが（図 5.18），2-メチルプロペンの生成速度は，基質である 2-ブロモ-2-メチルプロパンと水酸化ナトリウムのそれぞれの濃度に比例する．すなわち，反応の律速段階で基質と塩基が同時に関与していることを意味する．この場合，反応機構は次のように考えられる．強塩基である水酸化物イオンが基質のメチル基の水素（9個の水素はすべて同じ環境にある）を引き抜くと同時に塩化物イオンが脱離して，生成物が生じる．

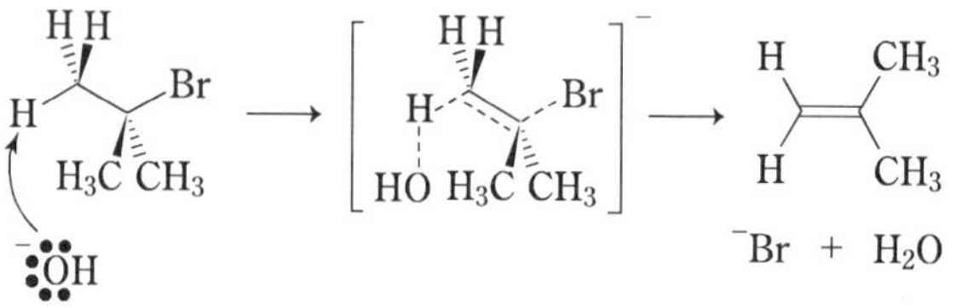

図 5.18 2分子脱離反応

脱離するハロゲン化物イオンとプロトンの位置関係として，脱離に関係するハロゲン-炭素-炭素-水素の4原子が同一平面状にあることが必要であり，その条件を満たす二つの配座が考えられる（図 5.20）．一つはアンチペリプラナー配座で，もう一つは，シンペリプラナー配座である．その他の立体配座をとる場合には先ほどの四つの原子が同一平面上に存在しないため，脱離は起こりにくい．普通アンチペリプラナー

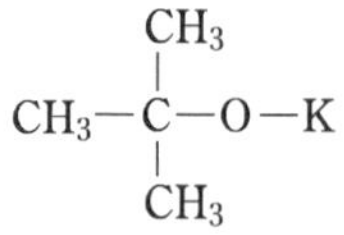

シン脱離
2-ブロモ[2.2.1]ビシクロヘプタンを塩基で処理すると，[2.2.1]ビシクロ-2-ヘプテンが得られる．この反応ではシン脱離が起こっていると考えられる（アンチの位置には水素が存在しないことから，同一平面状にあるシンの位置の水素が引き抜かれる）．

図 5.19 かさ高い塩基

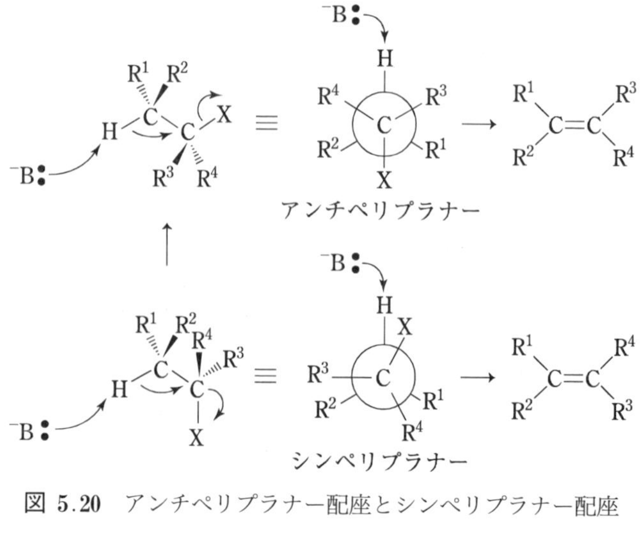

カリウム tert-ブトキシド

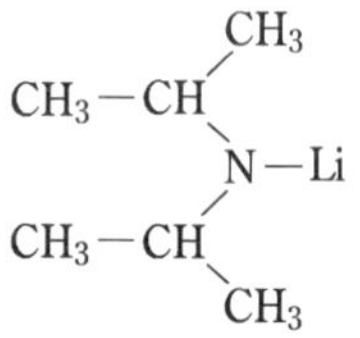

リチウムジイソプロピルアミド(LDA)

ペリプラナー
隣にあった二つの炭素とそれぞれに結合した元素二つ，あわせて四つの元素が同一平面上にある状態をいう．

図 5.20 アンチペリプラナー配座とシンペリプラナー配座

配座はシンペリプラナー配座より立体障害が少なく，安定であることからアンチペリプラナー配座からの脱離が起こる．この脱離形式をアンチ脱離といい，それによってアルケンの立体構造が決定される．

また，脱離できる水素が2種類以上存在するとき，2種類以上のアルケンの位置異性体が生成する可能性がある．E1脱離反応では，一般にザイツェフ則に従う生成物が得られるが，E2脱離反応でも，立体障害の小さな強塩基（水酸化物イオン，メトキシドイオン，エトキシドイオン）を用いるとザイツェフ則に従う生成物が優先する（図5.21）．一方，立体障害の大きな強塩基（tert-ブトキシドイオン，ジイソプロピルアミドイオン）を用いると，より置換基の少ないアルケンが優先して生成する．このような選択性を示す場合をホフマン則とよぶ．

水素原子がまずプロトンとして外れてカルバニオンができた後，臭化物イオンが外れるならば，シス体とトランス体の反応速度の差はそれほど顕著には表れないと考えられる．なお，このようなハロゲンが結合した炭素の隣の炭素でのプロトンの引き抜きによるカルバニオンが生じて，その後ハロゲン化物イオンが外れる反応はE1$_{CB}$とよばれる．E1$_{CB}$のCBは，carbon baseまたはconjugate baseの頭文字．

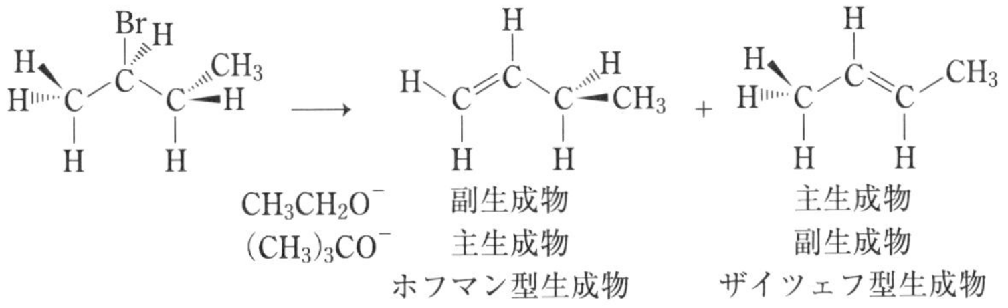

図5.21 ホフマン則とザイツェフ則

5.6 化合物の構造による反応性

これまで，S$_N$1，S$_N$2，E1，E2の各反応を見てきたが，ここで基質の構造の違いによる反応性の違いをまとめてみよう．

（1）立体障害のない第一級ハロアルカンの場合
  ・求核性の強い求核剤ではS$_N$2が優先して起こる．
  ・求核性の弱い求核剤との反応はほとんど起こらない．
  ・立体障害の大きな強塩基（tert-ブトキシドイオン）では，E2が優先して起こる．
  ・基本的にS$_N$1，E1は起こらない．

（2）大きな第一級ハロアルカンの場合
  ・反応性の乏しい求核剤との反応は非常に遅い．
  ・求核性の強い塩基では，S$_N$2が優先して起こる．
  ・強塩基（RO$^-$，R$_2$N$^-$）ではE2が優先して起こる．

（3）第二級ハロアルカンの場合
  ・脱離基が優れた脱離能をもち，極性が高く，求核性が弱い溶媒中ではS$_N$1，E1が起こる．

- 強塩基では，E2 が優先して起こる．
- 塩基性が弱く，求核性が強い場合，S_N2 が優先して起こる．

（4）第三級ハロアルカンの場合
- 立体障害のため S_N2 は起こらない．
- 強塩基を用いると，E2 が優先して起こる．
- 塩基性の弱い溶媒中もしくは弱塩基性の求核剤では S_N1 が起こるが E1 も混ざる

5.7 転位反応

これまで，求核置換反応，脱離反応を見てきた．それらの中で，1分子反応（S_N1，E1）ではカルボカチオン中間体を経由する．このようなカルボカチオン中間体を経由する反応では，生成したカルボカチオンに隣接した位置からヒドリドイオン，アルキル基，アリール基が移動して，さらにより安定なカルボカチオンになることがある（図5.22）．これを **1,2-転位反応** という．

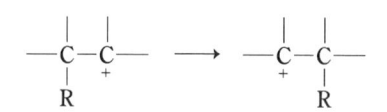

転位反応
電子不足系の転位と電子豊富系の転位がある．電子不足系の転位は，カルボカチオン，カルベン，ニトレン，オキソニウムが中間体として考えられ，多くの人名反応などがある．たとえば，ワグナ-メールワイン転位，ピナコール転位，ウォルフ転位，ホフマン転位，クルチウス転位，シュミット転位，ベックマン転位，バイヤー-ヴィリガー酸化などである．

図 5.22　1,2-転位反応

カルボカチオン中間体を経由する反応には，ハロアルカンからの脱ハロゲン化物イオンによる場合以外に，酸性条件下でのアルコールやアルケンの反応がある（図5.23）．

これらの反応によって生成するカルボカチオンは，ある条件を満足するとき転位を起こす．その条件とは，転位してできた新しいカルボカチオンのほうが元のカルボカチオンより安定なことである．

図 5.23　カルボカチオン中間体の生成する反応

図5.24 に示した反応を例として考えてみよう．この反応においては，第二級カルボカチオンがまず生成し，そこにエタノールが付加して得られる生成物とともに，初めに生成した第二級カルボカチオンから，ヒドリドの移動が起こって第三級カルボカチオンとなってからエタ

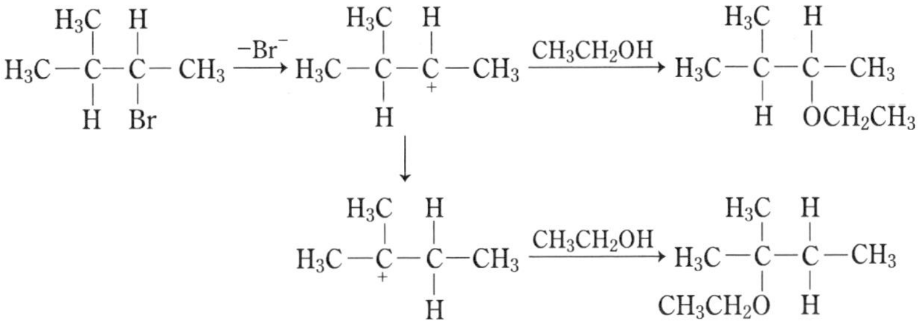

図 5.24 ハロアルカンからカチオン転位を伴うエーテルの生成(S_N1 反応)

特定フロン
フロン 11：CCl_3F
フロン 12：CCl_2F_2
フロン 113：CCl_2FCClF_2
フロン 114：$CClF_2CClF_2$
フロン 115：$CClF_2CF_3$

代替フロン
$CHCl_2CF_3$, CH_2FCF_3 など

有機ハロゲン化物と環境問題

環境問題と深い関係のある化合物には，フロン類，塩素系殺虫剤，ダイオキシン類など有機ハロゲン化物が多い．

オゾン層は太陽光に含まれる有害な短波長紫外線 (190〜280 nm) を吸収している．フロンは無毒で燃えないため，冷蔵庫の冷媒，洗浄剤，発泡剤などに用いられてきたが，地球の対流圏では分解されず，オゾン層に達してオゾン層を破壊する．とくにその性質が強い特定フロンは使用が禁止された．そこで，対流圏で分解される代替フロンが使用され始めたが，これらは赤外線を吸収する地球温暖化ガスであり，その放出が危惧されている．

殺虫剤である DDT や変圧器の絶縁材として用いられた PCB（ポリ塩化ビフェニル）は強い毒性をもつため使用が中止されたが，自然界に残存しており，その処理が問題となっている．

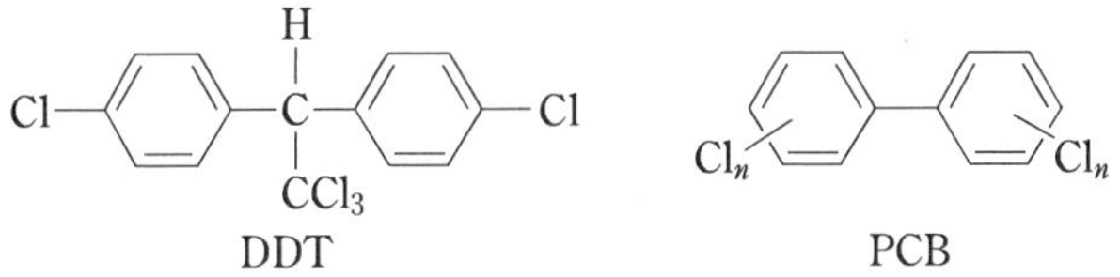

図 5.25 DDT と PCB

環境ホルモン：ダイオキシン類

環境ホルモンとよばれている化合物の中でもっとも悪者扱いされているのはダイオキシン類であろう．ダイオキシン類はそれ自身毒であり，はじめは枯葉剤や農薬に含まれている不純物として問題になったが，最近では低温燃焼のごみ焼却場から発生することがわかってきた．塩素を含む化合物を低温焼却したときに生成すると考えられていることから，ポリ塩化ビニル（塩ビ）などの含塩素プラスチックの使用を制限する動きもみられる．しかしながら，塩ビの優れた物性ならびにすでに大量に出回っていることから，ダイオキシン類の発生をほとんどなくすことができる高温燃焼により，ごみを焼却するなどの方策がとられ始めている．

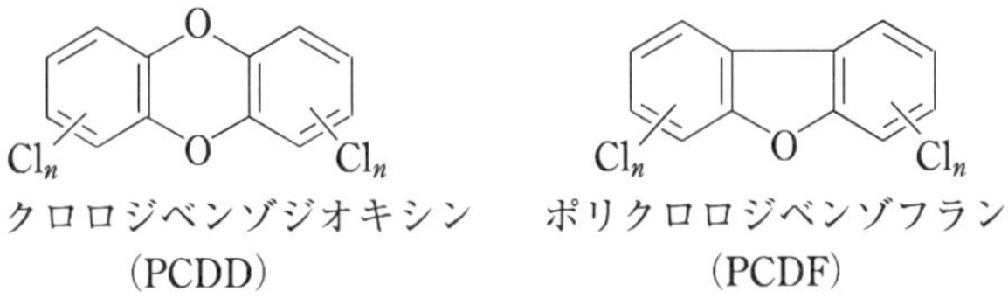

ポリクロロジベンゾジオキシン (PCDD)　ポリクロロジベンゾフラン (PCDF)

図 5.26 ダイオキシン

ノールと反応した生成物が得られる．このとき，第二級カルボカチオンより第三級カルボカチオンが安定なために転位が起こり，さらにエタノールとの反応により生成物が得られると考えられる．

5章のまとめ

1. ハロアルカンのハロゲン－炭素結合は分極が大きく，結合力が弱く，ハロゲンはよい脱離基となる．
2. ハロアルカンと求核剤を反応させると，2分子求核置換反応（S_N2反応）もしくは1分子求核置換反応（S_N1反応）が起こる．
3. S_N2は立体の反転を伴い1段階で反応が進む（ワルデン反転）．
4. S_N2反応は，①立体障害の大きなハロアルカンでは進みにくい．②強い求核剤では，速く進行する．③非プロトン性極性溶媒中で速く進行する．
5. S_N1反応は，脱離基が脱離してまずカルボカチオン中間体が生成し，その後求核剤との反応が起こる二段階反応である．
6. S_N1反応の速度は，カルボカチオン中間体が安定であるほど速い．
7. カルボカチオン中間体は極性溶媒による安定化効果を受ける．
8. 脱離反応には1分子脱離反応（E1反応）と2分子脱離反応（E2反応）がある．
9. E1反応はカルボカチオン中間体を経由して反応が進行する．
10. E1反応は一般的にザイツェフ則に従い，置換基の多いアルケンが主生成物となる．
11. E2反応は脱離する水素と脱離基が同一平面上にある時に起こりやすく，通常の塩基ではザイツェフ則に従う生成物が得られる．
12. S_N1反応，E1反応のカルボカチオン中間体は転位を起こすことがよくある．

演習問題（5章）

5.1 1-ブロモ[2.2.1]ビシクロヘプタンを水中で水酸化物イオンとかき混ぜたが，置換反応も脱離反応も起きなかった．理由を述べなさい．

5.2 2-クロロブタンの合成法を2種類示しなさい．

5.3 次の化合物と水酸化ナトリウムの反応で得られる主生成物をその立体構造も含めて示しなさい．
 (a) (*R*)-2-ブロモブタン（S_N2反応）
 (b) (*S*)-3-ヨード-3-メチルヘキサン（H_2O中）
 (c) ブロモエタン

5.4 (*R*)-2-ブロモペンタンを臭化ナトリウムと反応させると，ラセミ体の2-ブロモペンタンが得られる．このことを説明しなさい．

5.5 トランス-1-ブロモ-2-メチルシクロヘキサンと水酸化ナトリウムを反応させると，ホフマ

ン則に従う生成物が得られる．この事実を説明しなさい．

5.6 3-ブロモ-1-ブテンをメタノール中でナトリウムメトキシドと反応させると3-メトキシ-1-ブテンが得られるが，ナトリウムメトキシドを用いずメタノール中で反応させると3-メトキシ-1-ブテンと1-メトキシ-3-ブテンの混合物が得られる．このことを説明しなさい．

5.7 次の生成物を与えるハロアルカンと求核剤（塩基）の組み合わせを考えなさい．
   (a) メトキシベンゼン， (b) 1-ブテン， (c) (S)-2-メチルチオブタン

5.8 次に示したグループごとに，それぞれの化学種の求核性，塩基性の強い順に並べなさい．
   (a) H_2O, HO^-, HS^- (c) H_2O, HO^-, $CH_3CO_2^-$
   (b) NH_3, H_2S, H_2O, CH_4 (d) Cl^-, Br^-, F^-, I^-

5.9 次の反応の主生成物を示しなさい．
   (a) $Cl-CH_2-CH_2-CH_2-CH_2-OH + HO^- \longrightarrow$
   (b) $CH_3I + CH_3CO_2Na \longrightarrow$
   (c) $CH_3-\underset{\underset{CH_3}{CH_2}}{\overset{\overset{H\;\;I}{\diagup}}{C}} + CH_3OH \longrightarrow$
   (d) $CH_3-\underset{\underset{CH_3}{CH_2}}{\overset{\overset{H\;\;I}{\diagup}}{C}} + (CH_3)_3COK \longrightarrow$

6 アルコールとエーテルの反応

　一般に炭素に直接水酸基が結合した化合物をアルコールとよぶ．とくに，芳香環に直接結合した水酸基をもつ化合物をフェノールという．見方をかえれば，水分子の水素の一つをアルキル基に置き換えたものが**アルコール**（alcohol），芳香族で置き換えたものが**フェノール**（phenol），両方をアルキル基またはフェニル基いずれかで置き換えたものが**エーテル**（ether）である．エタノールとジメチルエーテルは C_2H_6O の分子式で表される構造異性体である．しかし，その物理的および化学的性質はまったく異なっている．たとえば，水酸基（−OH）をもつエタノールの沸点は78°Cであるのに対し，ジメチルエーテルの沸点は低く−25°Cである．この違いは何に由来するのであろうか．本章では，これらの化合物の性質と反応性を学ぼう（図6.1）．

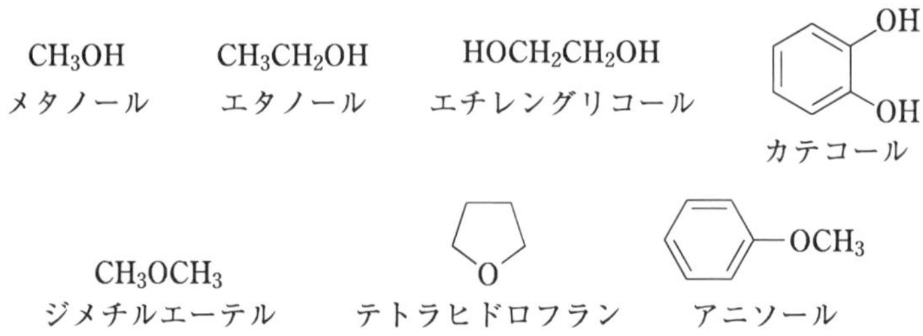

CH_3OH　　　CH_3CH_2OH　　　$HOCH_2CH_2OH$
メタノール　　　エタノール　　　エチレングリコール

カテコール

CH_3OCH_3　　　テトラヒドロフラン　　　アニソール
ジメチルエーテル

図 6.1　各種アルコールおよびエーテル

6.1　アルコールの分類，構造，物理的性質

　アルコールもハロアルカンと同様に，アルカンの構造によって第一級，第二級，第三級アルコールに分類される（図6.2）．また，ベンゼン環に水酸基が直接置換した化合物はフェノール類として分類される（図6.3）．

$CH_3CH_2CH_2OH$　　　$(CH_3)_2CHOH$　　　$(CH_3)_3COH$
1-プロパノール　　　2-プロパノール　　　2-メチル-2-プロパノール
（プロピルアルコール）　　（イソプロピルアルコール）　　（t-ブチルアルコール）
第一級アルコール　　　第二級アルコール　　　第三級アルコール

図 6.2　アルコールの分類

フェノール
合成原料

o-クレゾール
(o-メチルフェノール)
消毒薬

ヒドロキノン
写真の現像剤

図 6.3 フェノール類

【例題 6.1】 次の化合物を構造式で記しなさい．
(a) 2-メチル-2-ペンタノール，(b) シス-3-クロロシクロブタノール，(c) 2,2,4-トリメチルヘキサノール，(d) (R)-2-ブタノール

[解答]

(a) CH₃C(CH₃)(OH)CH₂CH₂CH₃ (b) 4員環に OH と Cl（シス） (c) CH₃CH₂CH(CH₃)C(CH₃)₂CH₂OH

(d) H₃C–C(H)(OH)–CH₂CH₃

アルコールのO–H結合は酸素原子の大きな電気陰性度（3.5）のため大きく分極し，大きな双極子モーメントをもっている．また，アルコールの酸素上には二つの孤立電子対がある．アルコール分子は互いに水素結合をつくるため，構造異性体のエーテルや分子量が同程度のアルカンやハロゲン化物に比べて沸点が高い．また，水とも水素結合を形成するので水に溶けやすい．

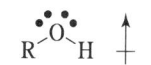

図 6.4 アルコールの分極と双極子

6.2 アルコールとフェノールの酸性度

アルコールとフェノールは希薄水溶液中で酸としてプロトンを解離し，H_3O^+ とアルコキシドイオンまたはフェノキシドイオンを与える．表6.1に各種アルコールとフェノール誘導体のpK_a値を示す．

また，アルコールやエーテルは強い酸を作用させるとプロトン化されてオキソニウムイオンになる（図6.5）．プロトン化された水酸基はよい脱離基となるので，炭素-酸素結合がヘテロリチックに開裂しカルボカチオンが生成する．

6 アルコールとエーテルの反応

表 6.1 アルコール，フェノール，エーテルの性質

化学式	化合物名	沸点/℃	融点/℃	pK_a
CH_3OH	メタノール	64.5	−98	15.5
H_2O	水	100	0	15.7
CH_3CH_2OH	エタノール	78	−114	16.0
$(CH_3)_2CHOH$	2-プロパノール	82.5	−86	17.1
$(CH_3)_3COH$	2-メチル-2-プロパノール	83	25	18.0
C_6H_5OH	フェノール	181	41	9.95
CH_3OCH_3	ジメチルエーテル	−25		
$C_2H_5OC_2H_5$	ジエチルエーテル	35	−116	

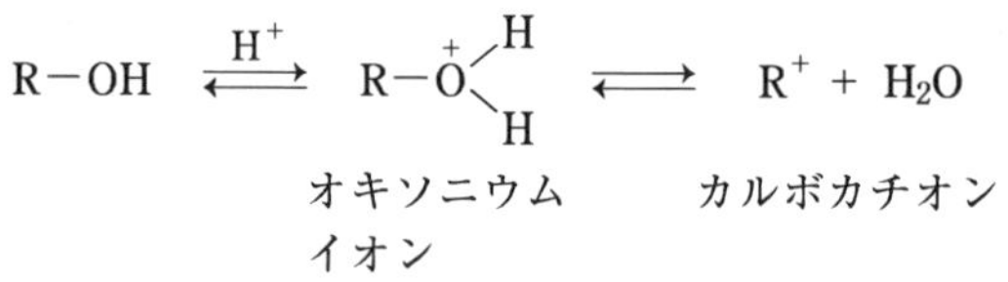

$$R-OH \underset{}{\overset{H^+}{\rightleftarrows}} R-\overset{+}{O}\begin{matrix}H\\H\end{matrix} \rightleftarrows R^+ + H_2O$$

オキソニウムイオン　　　　カルボカチオン

図 6.5 アルコールと酸の反応

【例題6.2】エタノールは中性であるのにフェノールは酸性である．その理由を述べなさい．

［解答］エタノールのpK_aは水とほぼ同じで中性であるが，フェノールはフェノキシドアニオンの負電荷が芳香環に非局在化し安定化されるため，エタノールより強い酸になる．

6.3 アルコールとフェノールの合成

a. アルコールの合成

われわれになじみの深いメタノールとエタノールは工業的には以下のプロセスで合成されている（図6.6）．エタノールは飲料用として発酵法による合成も行われている．

$$CH_4 + CO \xrightarrow[250〜400℃]{\text{亜鉛-クロム酸化物触媒}} CH_3OH$$

$$CH_2=CH_2 + H_2O \xrightarrow[300℃, 70\,atm]{\text{固体リン酸触媒}} C_2H_5OH$$

$$\text{デンプン} \longrightarrow [C_6H_{12}O_6] \xrightarrow{\text{酵母}} 2\,C_2H_5OH + 2\,CO_2$$
グルコース

図 6.6 メタノールとエタノールの工業的合成プロセス

また，一般的には，アルケンの水和反応か，アルケンをヒドロホウ素化したあと，アルカリ性過酸化水素で酸化することによってアルコー

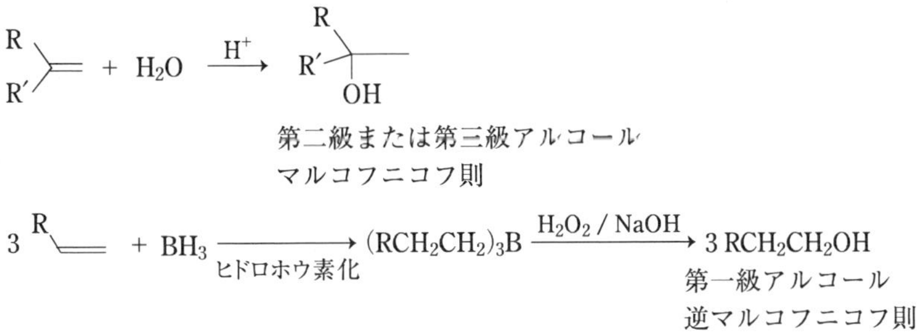

6.3 アルコールとフェノールの合成

$$3\ \text{R}\diagup\!\!=\ +\ BH_3 \xrightarrow{\text{ヒドロホウ素化}} (RCH_2CH_2)_3B \xrightarrow{H_2O_2/NaOH} 3\ RCH_2CH_2OH$$

(上段) アルケン + $H_2O \xrightarrow{H^+}$ 第二級または第三級アルコール（マルコフニコフ則）

(下段) 第一級アルコール（逆マルコフニコフ則）

図 6.7 アルケンからのアルコールの合成

ルが得られる（図 6.7）．酸触媒による水和反応では**マルコフニコフ (Markovnikov) 則**に従って第二級または第三級アルコールが生成する．一方，末端アルケンのヒドロホウ素化反応では**逆マルコフニコフ則**に従って第一級アルコールが生成する（図 6.7, 3.3 節 c 参照）．

ハロゲン化アルキルを水またはアルカリ水溶液で加水分解してもアルコールが生成するが，この反応では，アルケンが副生することも多い．

カルボニル化合物を $LiAlH_4$ や $NaBH_4$ のような金属水素化物で還元するか，**グリニヤール (Grignard) 反応剤**と反応させると，それぞれ相当するアルコールが得られる（図 6.8）．

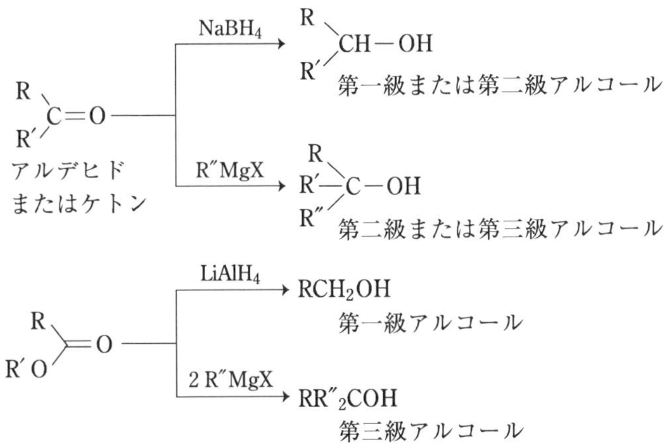

> アルデヒドやケトンの反応については 7 章で学ぶ．また，エステルなどのカルボン酸誘導体の反応については 8 章で学ぶ．

アルデヒドまたはケトン $RR'C=O$
- $\xrightarrow{NaBH_4}$ $RR'CH-OH$ 第一級または第二級アルコール
- $\xrightarrow{R''MgX}$ $RR'R''C-OH$ 第二級または第三級アルコール

エステル $RC(=O)OR'$
- $\xrightarrow{LiAlH_4}$ RCH_2OH 第一級アルコール
- $\xrightarrow{2\ R''MgX}$ RR''_2COH 第三級アルコール

図 6.8 カルボニル化合物からのアルコールの合成

【例題 6.3】 次の化合物を $NaBH_4$ で還元したとき生成する化合物をすべて記しなさい．ただし，立体中心の立体配置がはっきりとわかるように書きなさい．

(a) 2-メチルシクロヘキサノン

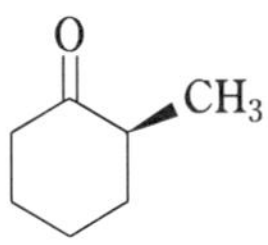

(b) $(CH_3)_2CHCH_2\underset{H}{\overset{O}{C}}(CH_3)(CH_2CH_3)$ (CH₂CH₃ は破線くさび，H は実線くさび)

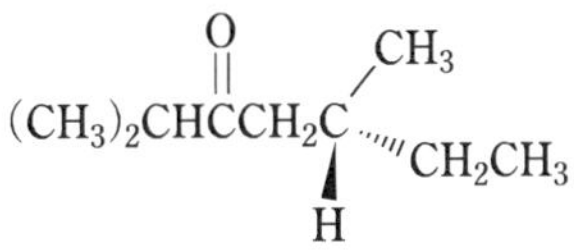

[解答]

(a) 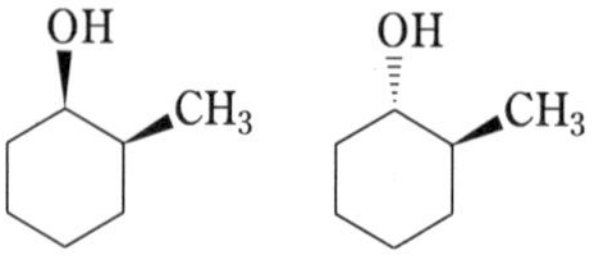 構造式：2-メチルシクロヘキサノール（2つの立体異性体）

(b) 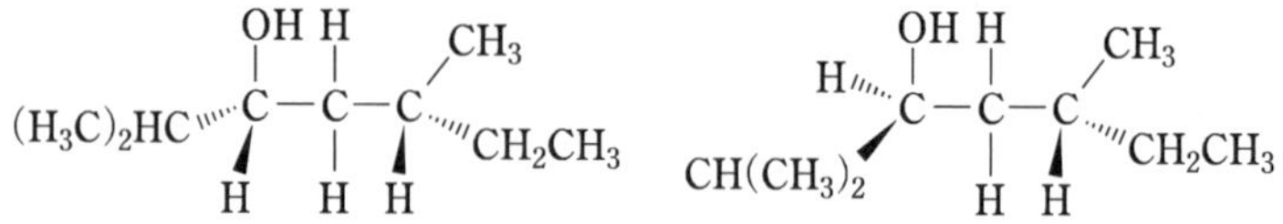 $(H_3C)_2HC-\underset{H}{\underset{|}{C}}(OH)-\underset{H}{\underset{|}{C}}(H)-\underset{H}{\underset{|}{C}}(CH_3)-CH_2CH_3$ と その立体異性体

b. フェノールの合成

フェノールは工業的にベンゼンとプロペンから合成される．酸触媒によって得られるイソプロピルベンゼン（慣用名クメン）を空気酸化すると，クメンヒドロペルオキシドが生成し，これを酸触媒で分解するとフェノールが得られる．このとき，アセトンも同時に生成する．これを**クメン法**とよぶ（図6.9）．

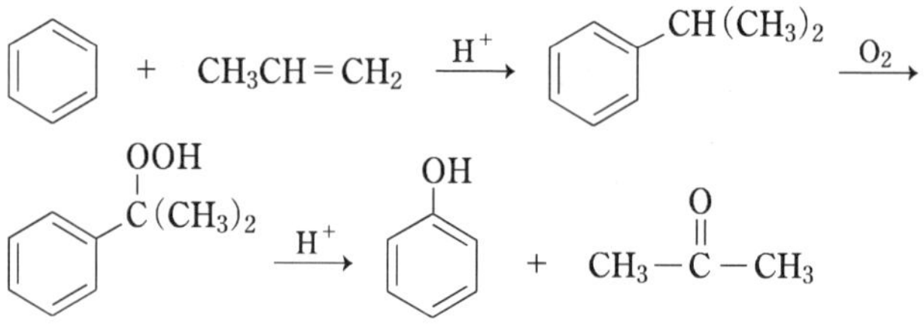

図 6.9 クメン法

> ジアゾニウム塩の反応については9章および10章で学ぶ．

フェノールを実験室で少量合成する場合には，アニリンと亜硝酸ナトリウムから得られる**ベンゼンジアゾニウム塩**を加水分解しても合成できる（図6.10）．

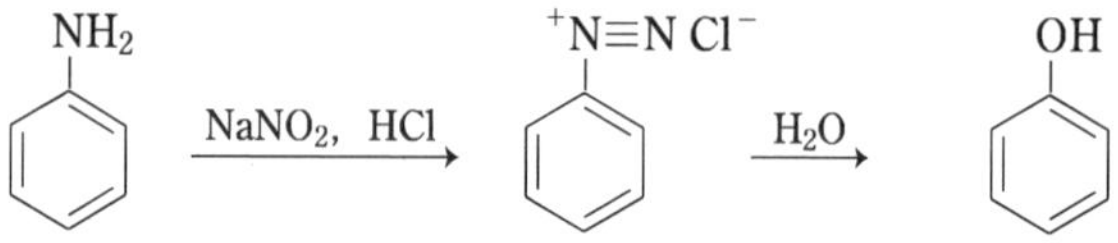

図 6.10 フェノールの合成

6.4 アルコールの反応

a. アルコールの反応

アルコールは，アルカリ金属やアルカリ土類金属と反応して，水素ガスを発生しながら金属アルコキシドになる．これらのアルコキシドは第一級のハロゲン化アルキルと反応してエーテルを生成する（後述の

ウイリアムソン（Williamson）エーテル合成）．一方，第二級または第三級のハロゲン化アルキルの場合，脱離反応が起こってアルケンが生成する（図6.11）．

$$CH_3CH_2OH + Na \longrightarrow CH_3CH_2O^-Na^+ + 1/2\,H_2$$

$$CH_3CH_2O^-Na^+ + CH_3CH_2CH_2Br \longrightarrow CH_3CH_2OCH_2CH_2CH_3 + NaBr$$

$$CH_3CH_2O^-Na^+ + (CH_3)_3CBr \longrightarrow (CH_3)_2C=CH_2 + CH_3CH_2OH + NaBr$$

図 6.11　アルコールの反応

アルコールまたはアルコキシドを各種カルボン酸，カルボン酸クロリド，スルホン酸クロリドと反応させるとカルボン酸エステルやスルホン酸エステルが得られる（図6.12）．

スルホン酸エステルの合成

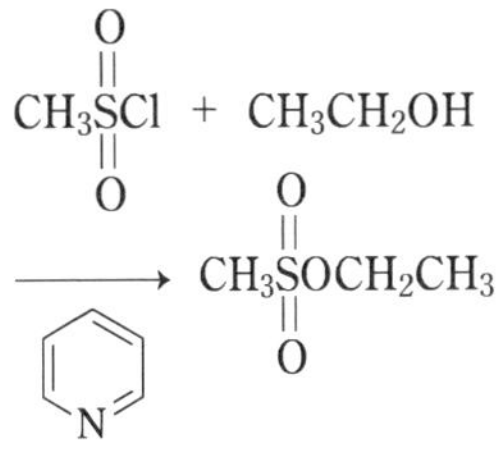

$$CH_3\overset{O}{\underset{O}{S}}Cl + CH_3CH_2OH$$

$$\xrightarrow{\text{ピリジン}} CH_3\overset{O}{\underset{O}{S}}OCH_2CH_3$$

$$CH_3CH_2OH + CH_3CO_2H \xrightarrow{H^+} CH_3CO_2CH_2CH_3 + H_2O$$

$$CH_3CH_2O^-Na^+ + CH_3COCl \longrightarrow CH_3CO_2CH_2CH_3 + NaCl$$

図 6.12　アルコールからのエステル合成

b．アルコールの酸化

アルコールを酸化すると，その酸化状態によってアルデヒドまたはケトン，さらに酸化されたカルボン酸が生成する（図6.13）．過マンガン酸カリウムによる酸化や重クロム酸カリウムによる酸化では，第一級アルコールは通常アルデヒドでは止まらずにさらに酸化が進み，カルボン酸にまで達する．第二級アルコールはアセトン中希硫酸に溶かした三酸化クロムによって，ケトンに酸化される．この反応を**ジョーンズ（Jones）酸化**という．第一級アルコールを**クロロクロム酸ピリジニウム**（pyridinium chlorochromate；PCC）を酸化剤として用いるとア

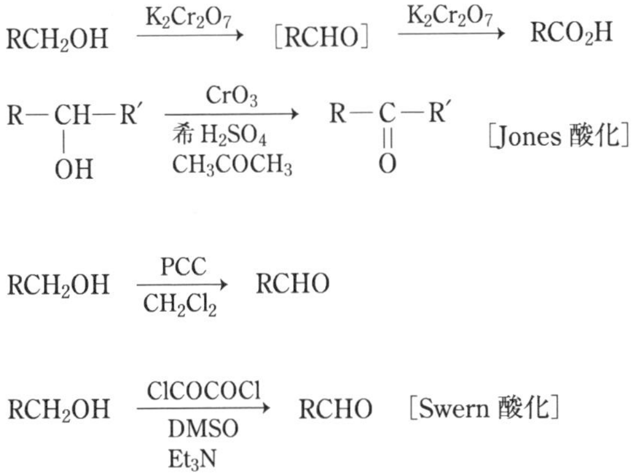

$$RCH_2OH \xrightarrow{K_2Cr_2O_7} [RCHO] \xrightarrow{K_2Cr_2O_7} RCO_2H$$

$$R-\underset{OH}{CH}-R' \xrightarrow[\underset{CH_3COCH_3}{希\,H_2SO_4}]{CrO_3} R-\underset{O}{\overset{\|}{C}}-R' \quad [\text{Jones 酸化}]$$

PCC

ピリジニウム$^+$NH · CrO$_3$Cl$^-$

$$RCH_2OH \xrightarrow[CH_2Cl_2]{PCC} RCHO$$

$$RCH_2OH \xrightarrow[\underset{Et_3N}{DMSO}]{ClCOCOCl} RCHO \quad [\text{Swern 酸化}]$$

図 6.13　アルコールの合成

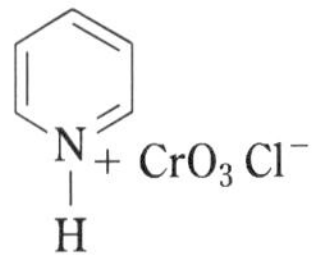

ルデヒドが収率よく生成し，カルボン酸への酸化を抑制することができる．また，**スワーン**（Swern）**酸化**によってより温和な条件で，第一級アルコールをアルデヒドに変換することができる．

【例題 6.4】 次の化合物を CrO_3 で酸化したときの生成物を記しなさい．
 (a) シクロヘキサノール，(b) ベンジルアルコール，(c) 2-ヘキサノール

［解答］(a) シクロヘキサノン，(b) 安息香酸，(c) 2-ヘキサノン

6.5　1,2-ジオールの合成と酸化

アルケンを**四酸化オスミウム**で酸化するとシス-1,2-ジオールが生成する．反応はオスミウムを含む環状構造をとって進行する．また，このジオールを過ヨウ素酸で酸化すると，カルボニル化合物に開裂する（図6.14）．

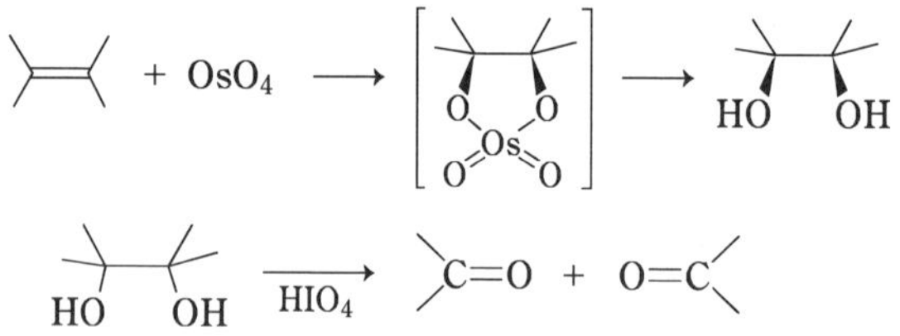

図 6.14　1,2-ジオールの合成と酸化

【例題 6.5】 2,3-ジメチル-2,3-ジヒドロキシブタン（ピナコール）を Al_2O_3 とともに加熱すると脱水反応が起こるが，少量の濃硫酸と反応させると転位反応が起こる．反応式で示しなさい．

［解答］

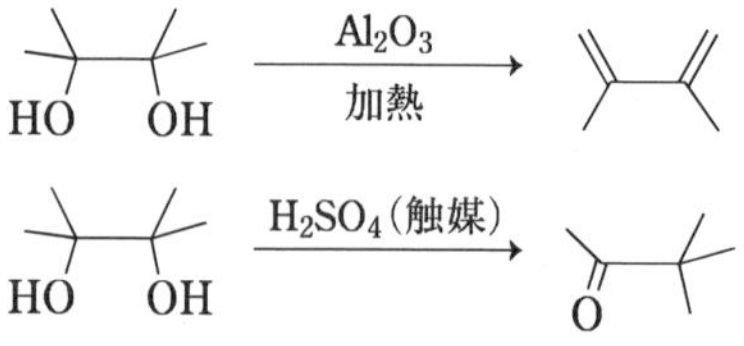

6.6　フェノールの反応

フェノールは生体内に数多く見られる重要な基本骨格である．一般

にフェノールは求電子置換反応を受けやすく，*o*-, *p*-配向性を示す（図6.15）．

また，フェノールおよびヒドロキノンなどフェノール性水酸基をもつ芳香族化合物は容易に酸化され，*p*-ベンゾキノン誘導体を与える（図6.15）．生体内ではフェノール構造をもつ化合物が抗酸化剤として働いている．

芳香族化合物の求電子置換反応については10章で学ぶ．

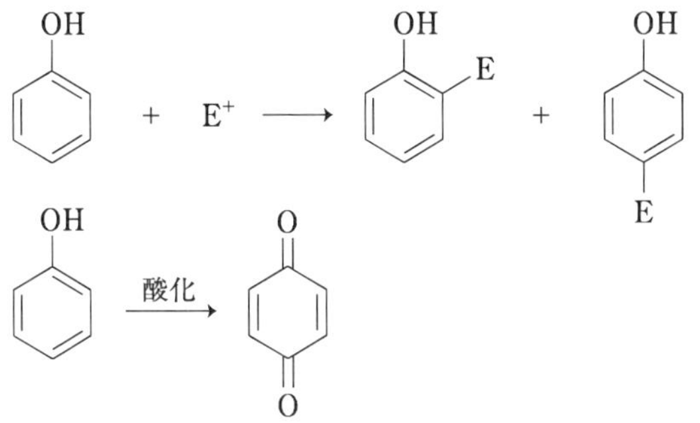

図 6.15 フェノールの反応

6.7 エーテルの合成と反応

a．エーテルの合成法

ウイリアムソンエーテル合成はアルコキシドと第一級ハロゲン化アルキルを反応させる方法で，エーテルの合成法として実験室でもっともよく用いられる．この反応は金属アルコキシドによる S_N2 反応によって進行し，収率よくエーテルを合成することができる．

S_N2 反応については5.3節ですでに学んだ．

$$CH_3CH_2CH_2OH + Na \longrightarrow CH_3CH_2CH_2ONa + 1/2\,H_2$$
$$CH_3CH_2CH_2ONa + CH_3CH_2CH_2Cl \xrightarrow{-NaCl} CH_3CH_2CH_2OCH_2CH_2CH_3$$

図 6.16 ウイリアムソンエーテル合成

フェニルエーテルを合成する場合，ハロベンゼンは S_N2 反応を起こさないのでフェノキシドイオンとハロアルカンの反応によって合成される（図6.17）．

芳香族ハロゲン化物は強い電子求引基がついていないかぎり求核置換反応を起こさない．

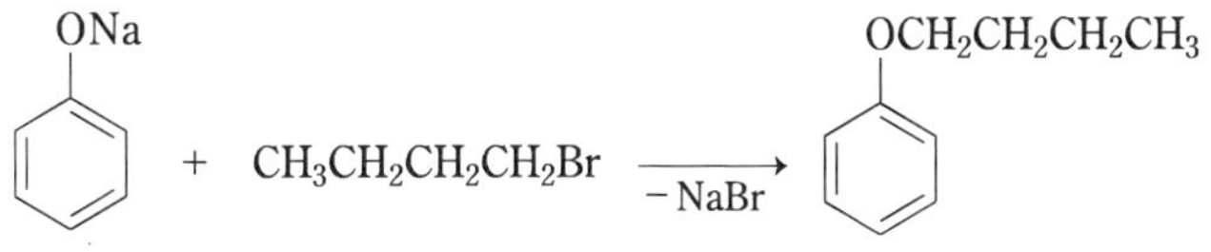

図 6.17 フェニルエーテルの合成

第三級ハロアルカンを過剰のアルコールと反応させると，S_N1 反応によって第三級アルキル基をもつエーテルが生成する（図6.18）．

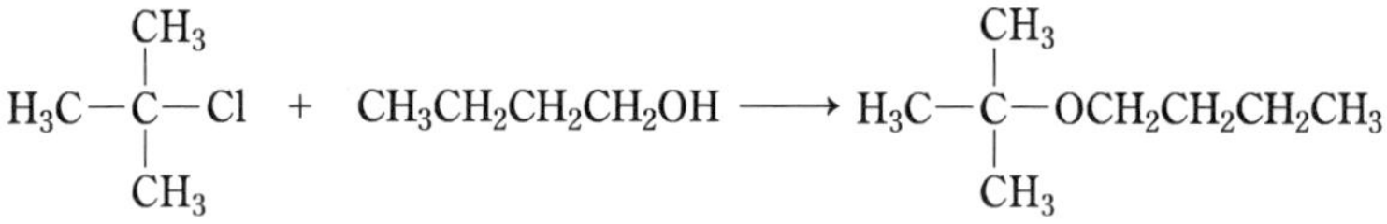

$$\underset{CH_3}{\overset{CH_3}{H_3C-\underset{|}{\overset{|}{C}}-Cl}} + CH_3CH_2CH_2CH_2OH \longrightarrow \underset{CH_3}{\overset{CH_3}{H_3C-\underset{|}{\overset{|}{C}}-OCH_2CH_2CH_2CH_3}}$$

図 6.18　S_N1 反応によるエーテルの生成

硫酸のような求核性のない強酸を酸触媒に用いると2分子のアルコールから脱水が起こってエーテルが生成するが，高温にするとアルケンの生成が主として起こる（図6.19）．

$$R-OH \xrightarrow{H^+} R-O-R + H_2O$$

図 6.19　酸触媒によるエーテルの生成

b．環状エーテルの合成

オキシラン（エチレンオキシド）はエチレンクロロヒドリンをアルカリで処理すると合成できる．これは分子内の S_N2 反応である．工業的には，エチレンを銀触媒で酸化させ合成している．（図6.20）

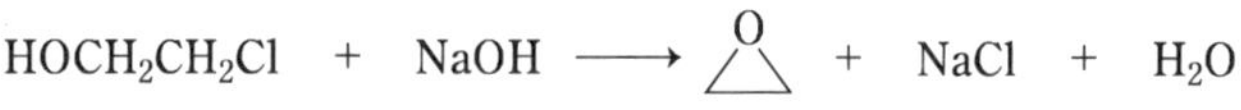

> 三員環の環状エーテルを一般にエポキシドとよぶ．もっとも簡単な構造の簡単なエポキシドはオキシラン（IUPAC 名）であるが，エチレンオキシド（慣用名）とよぶことも多い．

$$HOCH_2CH_2Cl + NaOH \longrightarrow \underset{\text{オキシラン}}{\triangle\!O} + NaCl + H_2O$$

図 6.20　オキシランの合成

また，通常のエポキシドはアルケンを過酸で処理して合成することができる（図6.21）．

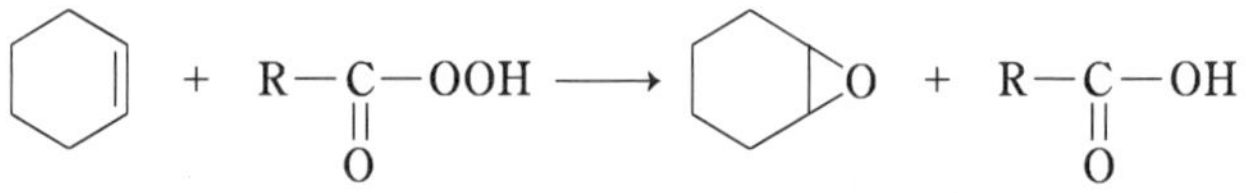

$$\bigcirc + R-\underset{O}{\overset{\|}{C}}-OOH \longrightarrow \bigcirc\!\!\!O + R-\underset{O}{\overset{\|}{C}}-OH$$

図 6.21　過酸によるエポキシドの合成

c．クラウンエーテル

1967年に米国の Pedersen はエチレンオキシドの重合反応の研究中に図6.22 に示す大環状ポリエーテルが生成することを偶然発見した．この化合物はその形が王冠に似ていることから，**クラウンエーテル**と名づけられた．一般に，環の大きさを m，酸素の数を n として，m-クラウン-n と命名する．

クラウンエーテルは金属イオンを取り込んで錯体を形成するので，金属の塩を有機溶媒に溶かすことができる．たとえば，過マンガン酸カリウムは通常ベンゼンにはまったく溶けないが，**18-クラウン-6** が存在するとカリウムイオンと錯体をつくり，ベンゼンに溶けて"パープルベンゼン"とよばれる紫色の溶液になる（図6.22）．この錯体は，有機溶媒中で有機化合物を効率よく酸化することができる．また，18-クラウン-6 はシアン化カリウムと錯体をつくり K^+ を安定化するので，シアン化物イオンの有機溶媒中での求核性が増大し，S_N2 反応が速やかに進行する．

> **クラウンエーテル**
> クラウンエーテルは，水相に溶けた無機化合物と錯体をつくり有機相へ運ぶことができる．したがって有機相での有機分子と無機化合物との反応を促進するのでクラウンエーテルは相間移動触媒とよばれる．第四級アンモニウム塩にも同様の働きをするものがある．

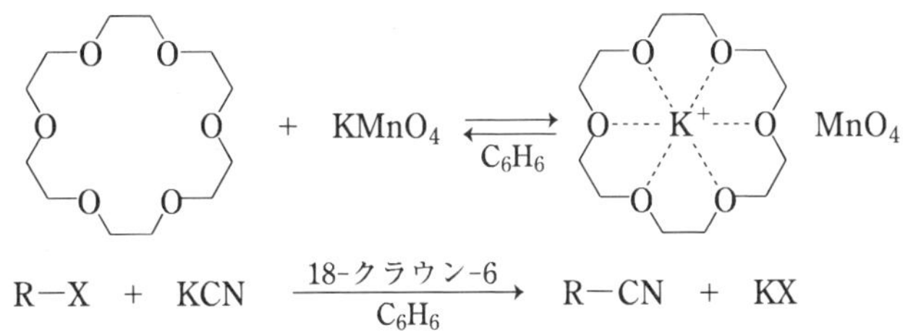

$$\text{18-クラウン-6} + KMnO_4 \underset{C_6H_6}{\rightleftharpoons} [\text{K}^+\text{錯体}] \, MnO_4^-$$

$$R-X + KCN \xrightarrow[C_6H_6]{\text{18-クラウン-6}} R-CN + KX$$

図 6.22　大環状ポリエーテルを用いた反応

d. エーテルの反応

エーテルは一般的に反応性に乏しく，アルキルエーテルは塩酸とは反応しない．しかし，臭化水素酸やヨウ化水素酸を加え過熱すると，炭素-酸素結合が開裂しハロゲン化アルキルとアルコールが生成する．

> 【例題6.6】ジエチルエーテルおよびアニソールとヨウ化水素酸との反応において生成する化合物を示しなさい．
> ［解答］ジエチルエーテルからはエタノールとヨウ化エチル，アニソールからはフェノールとヨウ化メチルが生成する．

6.8　エポキシドの開環反応

エポキシドの C–O–C ならびに C–C–O の結合角は通常の四面体構造の 109° から大きくずれており，その環ひずみが大きい．したがって，直鎖のエーテルに比べて反応性が極めて高く，酸または塩基を作用させることによって速やかに開環反応を起こす．たとえば，塩基や**グリニヤール反応剤**は，求核剤として立体障害の小さい側の炭素を選択的に攻撃して開環した生成物を与える．この反応は S_N2 反応で進行し，攻撃された炭素上で完全な立体反転が起こる（図6.23）．

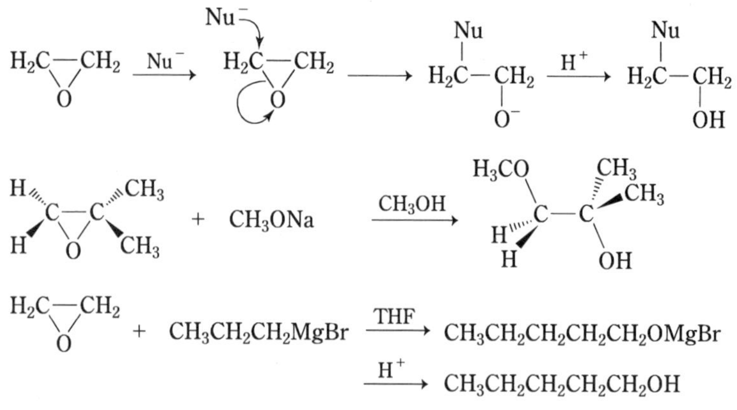

図 6.23 求核剤によるエポキシドの開環反応

【例題 6.7】 次の反応式の生成物を記しなさい．

(a)  [シクロヘキサンスピロエポキシド] + LiAlH₄ ⟶

(b)  [シクロヘキサンスピロエポキシド] + BrMgCHCH₃ (CH₃) ⟶

［解答］

(a) 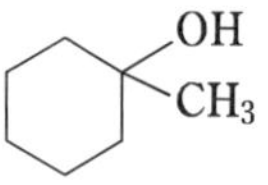 1-メチルシクロヘキサノール（OH, CH₃）

(b) 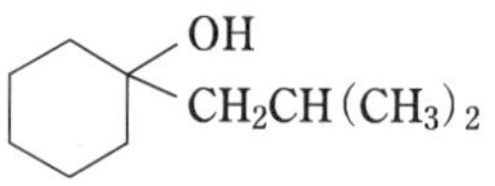 1-イソブチルシクロヘキサノール（OH, CH₂CH(CH₃)₂）

6.9 アルコールとエーテルの硫黄類縁体

アルコールおよびエーテルの酸素を硫黄に代えると，チオールおよびスルフィドになる（図 6.24）．チオールはアルコールよりも水素結合性は弱いが酸性度は高く，特徴的な悪臭がある．ちなみに，スカンクが出す臭いには，2-ブテンチオールが含まれる．また，都市ガスに使われている天然ガスにはエタンチオールが少量混ぜられており，ガス漏れ

CH_3SH　　　CH_3CH_2SH　　　CH_3SCH_3
メタンチオール　　エタンチオール　　ジメチルチオエーテル

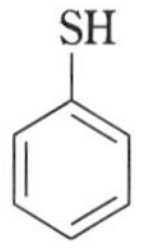

（SH-ベンゼン）　　（SCH₃-ベンゼン）　　（ジアリルスルフィド）
ベンゼンチオール　　チオアニソール 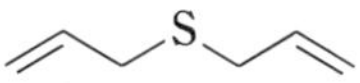　　ジアリルスルフィド
（チオフェノール）

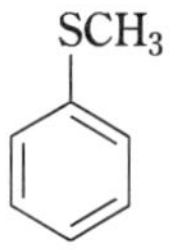

図 6.24 各種チオールおよびチオエーテル

の警告に利用されている．ニンニクには，ジアリルスルフィドが含まれている．

チオールはアルコールに比べて酸化されやすい性質をもっており，容易にジスルフィドになる．また，ジスルフィドは還元するとチオールにもどる（図6.25）．スルフィドを酸化すると，スルホキシドやスルホンになる．ジメチルスルホキシド（DMSO）は極性の大きな有機溶媒として有機合成や溶剤によく用いられる．

$$CH_3CH_2CH_2SH \xrightleftharpoons[\text{還元}]{\text{酸化}} CH_3CH_2CH_2S-SCH_2CH_2CH_3$$

$$CH_3SCH_3 \xrightarrow{\text{酸化}} CH_3-\overset{\overset{O}{\|}}{S}-CH_3 \xrightarrow{\text{酸化}} CH_3SO_2CH_3$$
ジメチルスルホキシド　　　ジメチルスルホン

図 6.25　チオールおよびスルフィド酸化還元反応

6章のまとめ

1. アルコールは電気陰性度の大きな酸素のため大きく分極している．また，水素結合をつくるので構造異性体のエーテルに比べてはるかに沸点が高い．
2. アルコールは希薄水溶液中ではプロトンを解離して弱酸として働く．また，強酸を作用させると酸素原子がプロトン化され，オキソニウムイオンを与えるので，弱塩基としても働く．
3. アルコールはアルケンの酸触媒による水和反応やヒドロホウ素化した後，アルカリ性過酸化水素で酸化すると得られる．また，カルボニル化合物の還元やグリニヤール反応剤との反応によっても得ることができる．
4. フェノールはクメン法やベンゼンジアゾニウム塩の加水分解によって合成できる．
5. 第一級アルコールを酸化すると，その酸化状態によってアルデヒドまたはケトン，さらに酸化が進むとカルボン酸が得られる．PCCを用いる酸化やスワーン酸化を行うとアルデヒドを選択的に合成できる．第二級アルコールを酸化するとケトンが得られる．
6. アルケンを四酸化オスミウムで酸化するとシス-1,2-ジオールが選択的に生成する．
7. エーテルはアルコキシドと第一級ハロゲン化アルキルとの反応によって簡便に合成される（ウイリアムソンエーテル合成）．
8. 大環状ポリエーテルはクラウンエーテルとよばれ，金属イオンを取り込む性質をもつ．
9. 一般にエーテルは反応性に乏しいがエポキシドは酸，塩基，グリニヤール反応剤によって開環生成物を与える．
10. アルコールおよびエーテルの硫黄類縁体はチオールおよびスルフィドとよばれ，いずれも反応性に富んでいる．

演習問題（6章）

6.1 分子式 $C_5H_{12}O$ をもつアルコールには八つの構造異性体がある．これらの構造式をすべて記し，それぞれの化合物名を IUPAC 命名法で命名しなさい．また，これらの化合物のうち，キラルな化合物はどれですか．

6.2 次の反応の生成物を構造式で示しなさい．

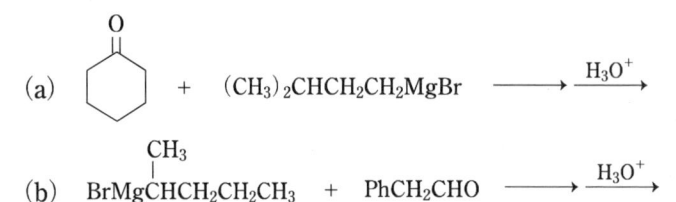

(a) シクロヘキサノン + $(CH_3)_2CHCH_2CH_2MgBr \xrightarrow{H_3O^+}$

(b) $BrMgCH(CH_3)CH_2CH_2CH_3$ + $PhCH_2CHO \xrightarrow{H_3O^+}$

6.3 次の化合物と濃 HBr 水溶液との反応で考えられるすべての生成物を記しなさい．

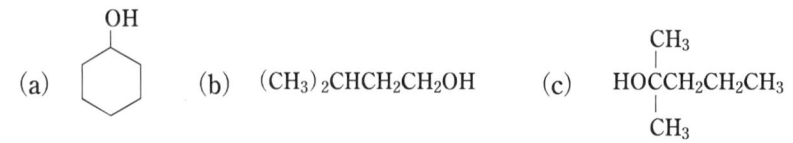

(a) シクロヘキサノール   (b) $(CH_3)_2CHCH_2CH_2OH$ (c) $HOC(CH_3)_2CH_2CH_2CH_3$

6.4 エーテルの沸点がその構造異性体であるアルコールよりなぜ低いのか説明しなさい．

6.5 次のエーテルを効率よく合成する方法を示しなさい．

(a) $(CH_3)_2CHOCH_2CH_2CH_3$ (b) $PhOCH_2CH_3$ (c) 2,2-ジメチルテトラヒドロピラン

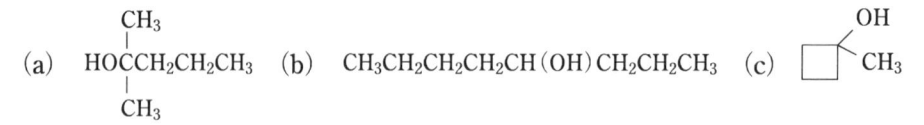

6.6 次のアルコールを効率よく合成する方法を示しなさい．

(a) $HOC(CH_3)_2CH_2CH_3$ (b) $CH_3CH_2CH_2CH_2CH(OH)CH_2CH_2CH_3$ (c) 1-メチルシクロブタノール

7 カルボニル化合物の反応
炭素-炭素結合の生成

　炭素-酸素二重結合からなるカルボニル基は有機化学の中でももっとも重要な官能基の一つである．カルボニル基は炭素原子上で有機金属化合物などの求核剤と反応する一方，酸素原子上でルイス（Lewis）酸などの求電子剤と反応する．いずれにしても最終的には，カルボニル基の炭素に求核種が，酸素に求電子種が結合した付加生成物が得られる．有機化学では炭素側を中心にみるので，このような反応をカルボニル基に対する**求核付加反応**（nucleophilic addition）とよんでいる．また，塩基を作用させるとカルボニル基に隣接する炭素上の水素がプロトンとして脱離して**エノラート**（enolate）とよばれる求核種が生成する．このエノラートはさまざまな求電子種と反応するが，その代表的なものがカルボニル化合物との反応で**アルドール反応**（aldol reaction）とよばれている．

　これらの反応はいずれも現代の有機化学の中で中心的位置を占めている反応である．ここでは，カルボニル基の基本的な反応性を理解するとともに，それをもとにカルボニル基のさまざまな反応を系統的に学ぶことにしよう．

7.1　アルデヒドとケトン

　カルボニル基をもつ化合物の中でもっとも単純なものはホルムアルデヒドである．ホルムアルデヒドの水素の一つを有機基にかえると様々なアルデヒドになる．水素をメチル基にかえたものはアセトアルデヒドである．ホルムアルデヒドの二つの水素の両方を有機基にかえるとケトンになる．両方をメチル基にかえたものはアセトンとよばれ，合成原

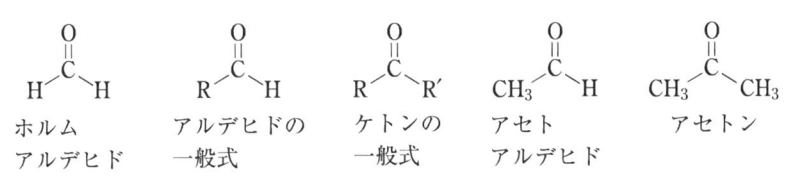

| ホルム アルデヒド | アルデヒドの 一般式 | ケトンの 一般式 | アセト アルデヒド | アセトン |

図 7.1　アルデヒドとケトン

料や溶媒として広く用いられている．アルデヒドやケトンは天然にも多く存在しているが，化学産業においても重要な役割を果たしている．

アルデヒドは対応する第一級アルコールを，ケトンは第二級アルコールを酸化することによって合成できる（6.6節参照）．また，アルケンのオゾン酸化によってもアルデヒドやケトンを得ることができる（3.3節c参照）．また，アセチレンの水和によってもケトンをつくることができる（3.4節c参照）．

7.2 カルボニル基の反応性

a．カルボニル基の構造と反応性

カルボニル基を特徴づけているのは炭素-酸素二重結合と酸素上の孤立電子対である．酸素上の孤立電子対はルイス塩基として働き，様々なルイス酸と反応することができる．また，炭素が正に，酸素が負に分極しているので，炭素上で様々な求核剤と反応することができる．求核種（Nu⁻）はカルボニル基の平面に対して垂直に近い方向から炭素を攻撃する．一方，ルイス酸である求電子種（E⁺）は，孤立電子対をめざしてカルボニル平面内から酸素を攻撃する．このことがカルボニル基の反応を考える場合の基本となる．

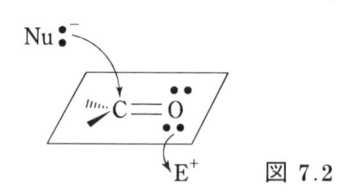

> 分極については2.7節で，ルイス酸・塩基については2.11節ですでに学んだ．
>
> **求核剤と求電子剤**
> 求核剤についてはすでに5.2節で学んだ．正に分極した原子に反応する反応剤である．反対に負に分極した原子と好んで反応する反応剤を求電子剤あるいは求電子種（electrophile）という．これは電子を好むという意味である．

図 7.2

b．カルボニル基に対する求核付加反応

まず，カルボニル基に対する求核種の反応についてもう少し詳しくみてみよう．求核種がカルボニル炭素を攻撃することを先に述べた．求核種がカルボニル炭素と結合すると炭素-酸素二重結合は単結合になる．この求核剤のカルボニル基に対する攻撃を"曲がった矢印"で表すと図7.3のようになる．

Nu：求核剤　　四面体中間体あるいは　　E：求電子剤
　　　　　　　アルコキシドイオン中間体

図 7.3　求核剤のカルボニル基に対する攻撃とその後の求電子剤との反応

求核剤の電子対は新しく生成するカルボニル炭素との結合に使われ，

炭素-酸素二重結合（π結合）に使われていた電子対は酸素上に移動し酸素は負電荷を帯びることになる．そして，平面構造をとっていたカルボニル炭素は，四面体構造に変化する．このような中間体を四面体中間体あるいはアルコキシドイオン中間体とよぶ．たいていの場合，負電荷をもった酸素は，反応中あるいは反応後にプロトンなどの求電子種と反応する．このような反応をカルボニル基に対する求核的な付加反応（求核付加反応）とよんでいる．

c．カルボニル基と求電子剤との反応

求電子種はカルボニル基の酸素と反応することを7.2節で述べた．別の言い方をすると，カルボニル酸素は孤立電子対をもっているので，ルイス塩基として働き，ルイス酸である求電子種と反応する．求電子種がカルボニル酸素に結合すると，**オキソニウムイオン** (oxonium ion) となる．このオキソニウムイオンでは，図7.4のような共鳴構造がかけることからもわかるように，カルボニル炭素の電子密度がより小さくなり，炭素の求電子性がもとのカルボニル基に比べて高くなっている．

求電子性と求核性

ある原子が求核剤と反応しやすくなっているとき，その原子は求電子性が高くなっているという．一方，ある原子が求電子剤と反応しやすくなっているとき，求核性が高くなっているという．つまり，反応する一方が求電子剤であり，もう一方が求核剤である．また，相手と反応しやすくなっているということは，すなわち自分自身の反応性が上がっているということになる．

図 7.4　オキソニウムイオンの共鳴構造式

したがって，求核種がカルボニル炭素を攻撃しやすくなる．つまり，酸素のほうに求電子種が結合することによって，もともと求核種と反応しやすかった炭素がより反応しやすくなるのである（図7.5）．このように求電子剤はカルボニル酸素に結合することにより，求核種がカルボニル炭素を攻撃するのを助ける働きがある．実際，カルボニル炭素への求核剤の反応は，プロトンやルイス酸などにより促進される．

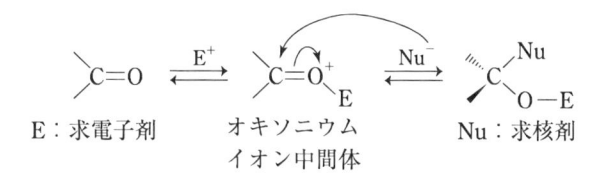

図 7.5　求電子剤はカルボニル酸素と結合してカルボニル炭素が求核剤の攻撃を受けやすくする

7.3　水和反応（水との反応）

カルボニル基に対する求核付加の例として，まずもっとも単純な反

応である水との反応をみることにしよう．アルデヒドやケトンは水と反応して1,1-ジオールを生成することが知られている（図7.6）．カルボニル基に水が付加した形になっているので，この反応を**水和** (hydration) とよんでいる．この水和反応は，水が求核剤としてカルボニル炭素を攻撃するとともにプロトン移動が起こって進行しているものと考えられる．この反応は平衡反応で，ケトンの場合には一般的に平衡はカルボニル型に大きくかたよっている．しかし，ホルムアルデヒドは水中ではほとんど水和された形で存在している．

ホルマリン
ホルムアルデヒドの水溶液をホルマリンという．ホルマリンは水和されたホルムアルデヒドの水溶液である．

水和の平衡定数

0.001 1.06 2 280

図 7.6　1,1-ジオールあるいは水和物の生成

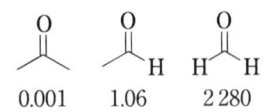

通常のケトンやアルデヒドに対する水和反応は，純水中ではかなり遅いが，酸や塩基の存在によって加速される．たとえば，塩基触媒の場合は，まず，水が塩基の作用によって水酸化物イオンになり，これがカルボニル炭素を攻撃する．生成したアルコキシドイオンが水からプロトンをとって1,1-ジオールが得られる．プロトンをとられた水は水酸化物イオンとなって別のカルボニル化合物分子と反応する（図7.7）．したがって，触媒量の塩基の作用により反応がどんどん進行する．

図 7.7　塩基触媒水和反応

酸触媒も水和に有効である．今度は，まずプロトンがカルボニル基と反応する．プロトンは求電子剤であるので，ルイス塩基であるカルボニル酸素と結合し，オキソニウムイオンを与える．こうなるとカルボニル炭素の求電子性が増すので，水が攻撃する（図7.8）．さらにプロトンが脱離し，1,1-ジオールが生成するとともに，脱離したプロトンは酸触媒として別のカルボニル化合物分子と反応する．

図 7.8　酸触媒水和反応

7.4 ヘミアセタールとアセタールの生成

a. ヘミアセタールの生成

水和では水が求核剤として働いた．今度はアルコールを求核剤として用いる場合を考えてみよう．この場合は生成物として同じ炭素に水酸基とアルコキシ基が結合した化合物が得られるはずである．このような化合物を**ヘミアセタール**（hemiacetal）とよんでいる．このヘミアセタール生成も平衡反応である．

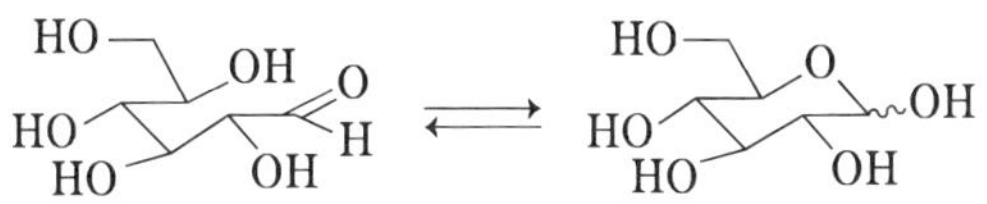

図 7.9　グルコースにおける環状ヘミアセタール生成の平衡

この平衡は多くのケトンやアルデヒドの場合はカルボニル型にかたよっているが，ヘミアセタールが環状構造をとる場合には，そちらに平衡がかたよっている場合が多い．環状ヘミアセタールの代表例がグルコースなどの糖類であり，平衡はほとんど環状ヘミアセタール構造側にかたよっている．

図 7.10　ヘミアセタール

ヘミアセタール生成の場合も塩基触媒・酸触媒どちらも有効である．反応機構は水和の場合とほぼ同様である．しかし，酸触媒の場合はヘミアセタールで反応が止まらず，カルボニル基に対してアルコールが2分子反応した**アセタール**（acetal）が生成することが多い．この反応については次節で述べることにする．

b. アセタールの生成

酸触媒によるアルコールとの反応でも，水和の場合と同様に，まず，求電子剤であるプロトンがカルボニル酸素と結合する（図7.11）．プロトンが付加するとオキソニウムイオン中間体Aとなり，カルボニル炭素の電子密度が下がってより求核剤の攻撃を受けやすくなる．この場合求核剤はアルコールで，アルコールの酸素がカルボニル炭素を攻撃する．アルコール酸素からプロトンがとれると，もとのカルボニル炭素に水酸基とアルコキシ基がついたヘミアセタールが生成する．

このヘミアセタールのアルコキシにさらにプロトンが反応し，アル

酸触媒によるアセタール生成の機構は，一見複雑に見えるが基本的には図7.8の酸触媒水和反応と同じである．この反応機構はカルボニル化合物の化学を理解する上で基本となるので，よくマスターしておこう．

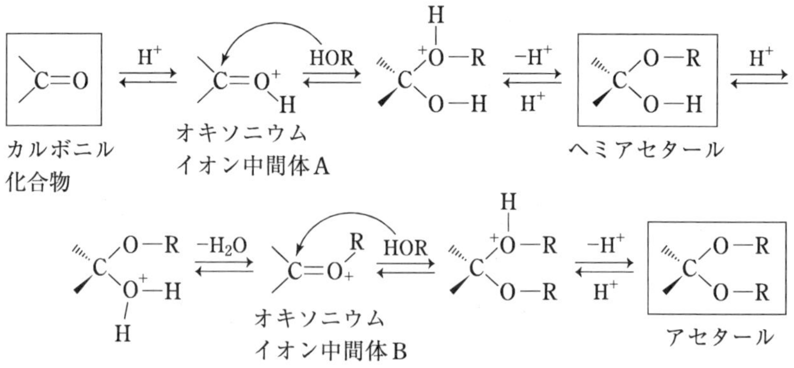

図 7.11 アセタールの生成

保護と脱保護

アルコールとしてエチレングリコールのような水酸基を二つもつジオールを用いると，環状構造をもつアセタールが得られる．とくに五員環構造をもつアセタールは安定であり，カルボニル基の保護（protection）によく用いられている．カルボニル基を保護するとは，グリニャール反応剤のような求核剤と反応しないようにカルボニル基をいったん別の形に変えておくことである．分子内の他の場所で必要な分子変換を行った後，アセタールを酸触媒存在下水と反応させることにより，元のカルボニル基にもどす．これを脱保護（deprotection）という．保護-脱保護は現代の有機合成化学においてよく用いられている手法である．

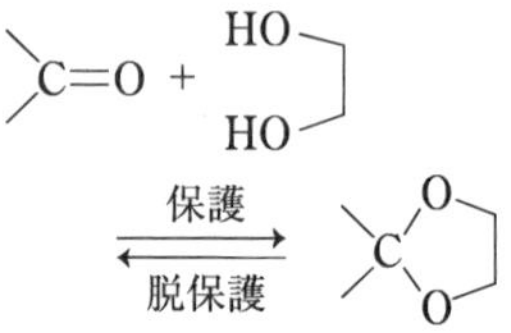

コールが脱離すると，オキソニウムイオン中間体Aができ，そこからプロトンが脱離すればもとのカルボニル化合物になる．これはヘミアセタール生成の逆反応である．一方，ヘミアセタールの水酸基の酸素にプロトンがつくこともある．今度は水が脱離してオキソニウムイオン中間体Bが生成する．ここでアルコールがオキソニウムイオンの炭素を攻撃して，プロトンが脱離すると，一つの炭素にアルコキシ基が二つついた化合物が得られる．この化合物を**アセタール**（acetal）とよんでいる．

アセタールの酸素原子に再びプロトンを反応させ，アルコールの脱離によりオキソニウムイオン中間体Bをつくり，これを水と反応させてヘミアセタールをつくることも可能である．実際，これらの過程はすべて可逆的である．カルボニル化合物からアセタールを効率よく得たければ，過剰のアルコールを用い，副生する水を除くとよい．平衡がアセタール側にかたよるからである．逆にアセタールをカルボニル化合物に変換するには，水を過剰に用いるとよい．

7.5 イミンの生成

アルコールのほかにアミンも求核剤として有効である．この場合もアルコールとよく似た反応機構で進行する．まず，アミンの窒素は孤立電子対をもつので求核種として働き，カルボニル炭素を攻撃する（図7.12）．次に，プロトン移動が起こり，**ヘミアミナール**（hemiaminal）とよばれる中間体ができる．そして，プロトンが水酸基の酸素上につき，水が脱離してイミニウムイオンになる．これは，オキソニウムイオンの酸素が窒素に置き換わったものである．用いたアミンが第一級アミンであると，窒素上にまだ水素が残っていて，これがプロトンとして

7.5 イミンの生成

脱離すると最終生成物である**イミン**（imine）が得られる．イミンは**シッフ塩基**（Schiff base）ともよばれている．

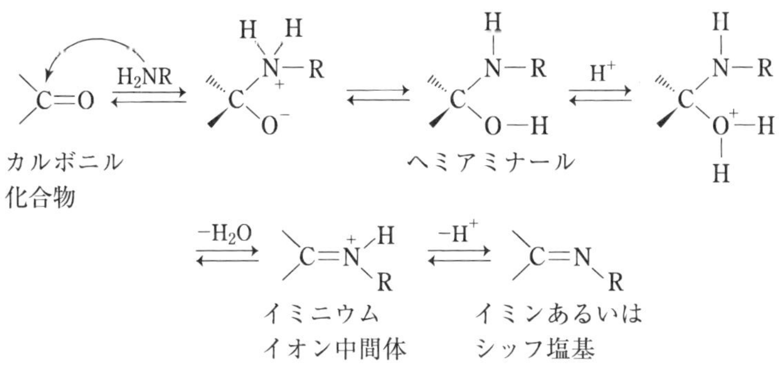

図 7.12 イミンの生成

（カルボニル化合物 → ヘミアミナール → イミニウムイオン中間体 → イミンあるいはシッフ塩基）

このように，イミンの生成は，最初のアミンの求核攻撃と 2 番目の水の脱離という二つの段階に分けられる．水の脱離には酸素に対するプロトン化が必要で酸触媒が必要である．しかし，最初の段階は窒素の孤立電子対の求核攻撃なので窒素がプロトン化されているとうまく進行しない．

イミン生成にはこのように相反する条件が必要であり，実際，酸触媒が多すぎると反応は遅くなる．実験室での合成の場合には，触媒量の酸を用い，水を系外に除きながら反応を行う．イミン生成も平衡反応であり，イミン生成のほうに平衡をかたよらせるためである．また逆に，過剰の水のもとでイミンは加水分解を受ける．

イミンが生成するのは第一級アミンを用いた場合である．ここで第二級アミンを用いるとどうなるのだろうか．イミニウムイオン中間体において，窒素上には脱離するプロトンはない．もし，イミニウムイオンの隣の炭素に水素があると，この水素がプロトンとして引き抜かれる．アミンが塩基として働くからである．このようにして生じた二重結合にアミノ基が結合した化合物を**エナミン**（enamine）とよんでいる．エナミンの名称はアルケンのエンとアミンに由来している．

以上まとめると，カルボニル化合物に第一級アミンを反応させるとイミンが生成し，第二級アミンを反応させるとエナミンが生成する．ど

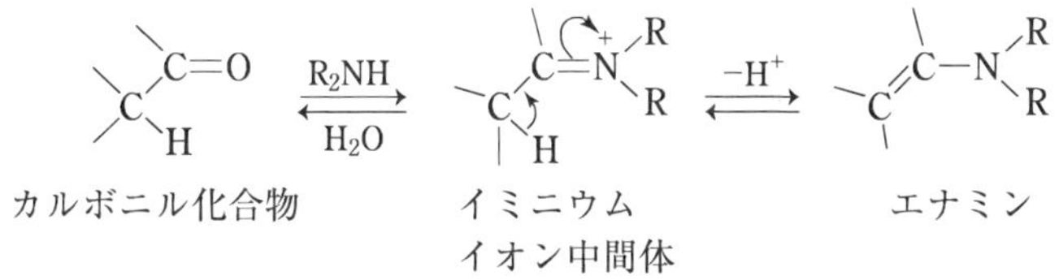

図 7.13

（カルボニル化合物 → イミニウムイオン中間体 → エナミン）

ちらの反応も酸触媒反応で水を系外に除く必要がある．

7.6 シアノヒドリンの生成

:N≡C:

図 7.14 シアン化物イオン

いままで，水やアルコールを求核剤とする付加反応について述べてきた．求核剤として青酸（HCN）も有効で，付加物はシアノヒドリン（cyanohydrin）とよばれる．このシアノヒドリン生成ではシアン化物イオン（CN^-）が求核種として働いていることに注意してほしい．炭素と窒素の両方に非共有電子対をもっているシアン化物イオンは炭素求核剤として働き，カルボニル炭素と結合する．したがって，新しい炭素–炭素結合が形成されたことになる．シアノヒドリンの生成も平衡反応であり，ケトンよりアルデヒドのほうがシアノヒドリン側に有利であることが知られている．

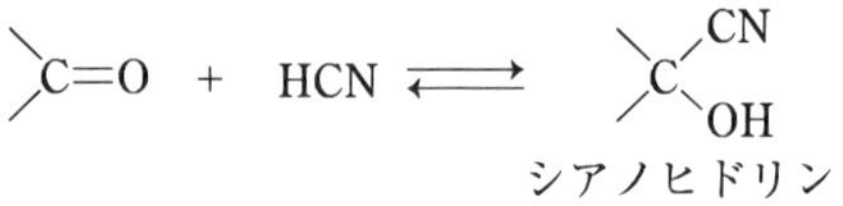

$$\text{>C=O} + \text{HCN} \rightleftharpoons \text{>C(CN)(OH)}$$
シアノヒドリン

図 7.15 シアノヒドリンの生成

7.7 グリニヤール反応剤：有機金属化合物

a. グリニヤール反応剤

カルボニル化合物への付加反応でよく用いられている求核剤として**グリニヤール反応剤**（Grignard reagent）がある．この反応剤は有機化学においてもっともよく知られている反応剤の一つであり，有機ハロゲン化物と金属マグネシウムからつくられる．ここでグリニヤール反応剤について学んでおこう．

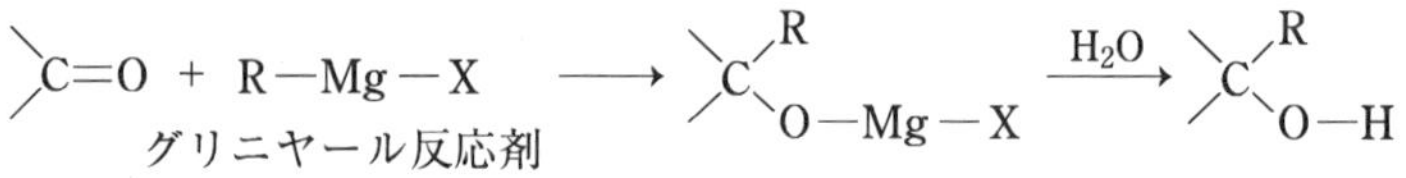

グリニヤール反応剤のつくり方
グリニヤール反応剤は，エーテル系の溶媒中で金属マグネシウムとハロゲン化アルキルやハロゲン化アリルを反応させてつくる．ハロゲン化物としてはヨウ化物，臭化物，塩化物を使うことができる．また，グリニヤール反応剤が生成するためにはエーテル系溶媒が必須である．それは，エーテル系溶媒の酸素がグリニヤール反応剤のマグネシウムに配位し安定化するからである．

R–X + Mg ⟶ RMgX

$$\text{>C=O} + \text{R–Mg–X} \longrightarrow \text{>C(R)(O–Mg–X)} \xrightarrow{H_2O} \text{>C(R)(O–H)}$$
グリニヤール反応剤

図 7.16 グリニヤール反応剤

グリニヤール反応剤は炭素とマグネシウムとの結合をもった反応剤であり，エーテルなどの溶液として存在する．グリニヤール反応剤とカルボニル化合物と反応させると，炭素–マグネシウム結合が切れて，マグネシウムと結合していた炭素がカルボニル基の炭素と結合をつくる．マグネシウムはカルボニル基酸素に結合するが，反応後水で処理する

と酸素-マグネシウム結合はすぐに開裂して酸素-水素結合に変わる．つまり，グリニヤール反応剤をアルデヒドと反応させると第二級アルコールができ，ケトンと反応させると第三級アルコールができる（図7.17）．

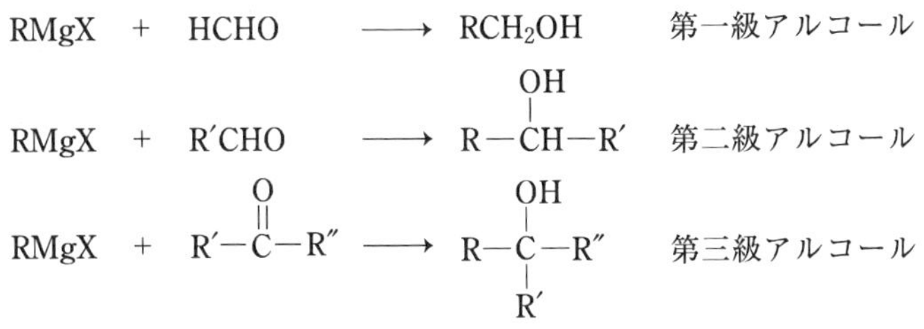

$$\text{RMgX} + \text{HCHO} \longrightarrow \text{RCH}_2\text{OH} \quad \text{第一級アルコール}$$

$$\text{RMgX} + \text{R}'\text{CHO} \longrightarrow \text{R}-\underset{\underset{\text{OH}}{|}}{\text{CH}}-\text{R}' \quad \text{第二級アルコール}$$

$$\text{RMgX} + \text{R}'-\underset{\underset{\text{O}}{\|}}{\text{C}}-\text{R}'' \longrightarrow \text{R}-\underset{\underset{\text{R}'}{|}}{\overset{\overset{\text{OH}}{|}}{\text{C}}}-\text{R}'' \quad \text{第三級アルコール}$$

図 7.17

また，グリニヤール反応剤をホルムアルデヒドと反応させると第一級アルコールができる．グリニヤール反応剤のほうを中心にみれば，ホルムアルデヒドを反応させることにより，グリニヤール反応剤の原料である有機ハロゲン化物から炭素一つ増えたアルコールをつくることができる．

b．有機金属化合物

グリニヤール反応剤のように炭素-金属結合をもつ化合物を一般に有機金属化合物とよんでいる．一般に金属元素の電気陰性度は炭素よりも小さいので，炭素-金属結合は炭素が負に金属が正に分極している．したがって，有機金属化合物の炭素は求核種として働く．

金属としてマグネシウムをもつグリニヤール反応剤以外に，さまざまな有機金属化合物が知られている．たとえば，有機リチウム化合物，有機アルミニウム化合物，有機亜鉛化合物，有機ホウ素化合物，有機ケイ素化合物，有機スズ化合物などが，有機化学でよく用いられている．また，典型金属だけではなく，パラジウムなどの遷移金属の有機金属化合物もよく知られている．遷移金属の有機金属化合物は触媒反応の中間体として重要な役割を果たしているものが多い．

ここで，グリニヤール反応剤などの有機金属化合物とカルボニル基との反応の機構について少し詳しくみてみよう．カルボニル基の炭素-酸素二重結合は炭素が正に酸素が負に分極している．したがって，部分正電荷をもつ炭素が求核攻撃を受けやすくなっている．そこで，グリニヤール反応剤の負に分極した炭素が正に分極したカルボニル炭素を攻撃するのだと考えることができる．しかし，もう一つ重要なことがある．グリニヤール反応剤のマグネシウムのように，有機金属化合物の金属は正に分極しているので，負に分極したカルボニル酸素と相互作用

各種有機金属化合物
RLi
有機リチウム化合物
R_2Zn
有機亜鉛化合物
R_3B
有機ホウ素化合物
R_3Al
有機アルミニウム化合物
R_4Si
有機ケイ素化合物
R_4Sn
有機スズ化合物

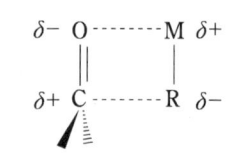

図 7.18 有機金属化合物のカルボニル基に対する反応の一般的模式図

しやすいということである．金属がカルボニル酸素と相互作用すれば，カルボニル炭素はますます正に分極することになり，より求核種の攻撃をうけやすくなるはずである．詳しい反応の様子についてはまだよくわかっていないが，金属とカルボニル酸素の相互作用が重要であることは間違いない．つまり，金属（求電子種）と炭素（求核種）の両方がうまく作用して，有機金属化合物のカルボニル基に対する付加が起こっているのである．

7.8 ヴィッティヒ反応

ヴィッティヒ反応（Wittig reaction）は有機化学の中でもっとも重要な反応の一つとして広く知られている．この反応はカルボニル化合物をヴィッティヒ反応剤とよばれる反応剤を反応させることによってアルケンをつくるというものである（図 7.19）．つまり，炭素-酸素二重結合を直接炭素-炭素二重結合に変換する反応である．ヴィッティヒ反応剤の負電荷をもった炭素がカルボニル炭素と結合し，正電荷をもったリンがカルボニル酸素と結合して四員環中間体ができていることに注目してほしい．ヴィッティヒ反応は開発されるとすぐに，炭素-炭素二重結合をもった数々の化合物を合成するのに使われ，有機合成化学でもっとも有名な反応の一つとなった．

図 7.19 C=O 結合を C=C 結合に変換するヴィッティヒ反応

ヴィッティヒ反応剤はリンイリドともよばれ，負電荷をもった炭素と正電荷をもったリンが隣接した構造をもっている．つまり，一つの分子内の隣り合った位置に求核種（炭素）と求電子種（リン）が共存しているとみることができる．この点で有機金属化合物と類似点がある．**イリド**（ylid または ylide）とは隣り合う位置に正電荷と負電荷をもつ化学種である．ヴィッティヒ反応剤は電荷が分離したイリド形だけでなく，炭素-リン二重結合をもった**イレン形**でも表されることもある．イ

図 7.20 ヴィッティヒ反応剤の共鳴構造式

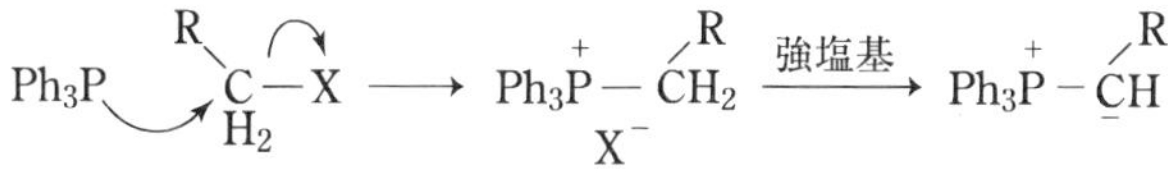

$$Ph_3P \underset{H_2}{\overset{R}{\curvearrowright C-X}} \longrightarrow Ph_3\overset{+}{P}-\underset{X^-}{\overset{R}{CH_2}} \xrightarrow{強塩基} Ph_3\overset{+}{P}-\overset{R}{\underset{}{CH}}$$

図 7.21 ヴィッティヒ反応剤のつくり方

リド形とイレン形は共鳴の関係にある．ヴィッティヒ反応剤はハロゲン化アルキルとホスフィンからできるホスホニウム塩を強い塩基で脱プロトン化することにより合成される．

7.9 ケト-エノール互変異性

今まで，カルボニル化合物の炭素-酸素二重結合の部分のみに着目してきたが，これからカルボニル基の隣の炭素にも注目することにしよう．

一般に，カルボニル化合物は炭素-酸素の二重結合をもっているが，カルボニル炭素の隣の炭素上に水素がある場合には，別の形をとることができる．それは，**エノール形**（enol form）とよばれるものである．これに対していままで述べてきた炭素-酸素二重結合をもつものは**ケト形**（keto form）とよばれる．エノール形は，カルボニル炭素の隣の水素がカルボニル酸素上に移動することによってできる．このとき，炭素-酸素結合は単結合となり，炭素-炭素二重結合が生成する．

ケト形・エノール形
ケト形とエノール形は互いに共鳴構造の関係にあるのではなく，両者は平衡関係にあることに注意してほしい．

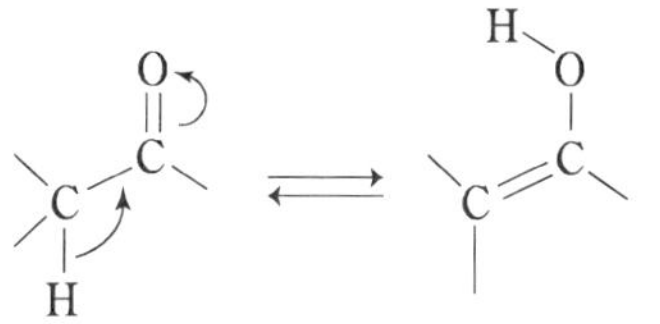

図 7.22 ケト形とエノール形

ケト形からエノール形への変換は酸や塩基によって触媒される．酸触媒の場合には，プロトンがカルボニル酸素に結合したのち，炭素-水素結合が開裂してエノール形が生成する．塩基触媒の場合には，まず，炭素上の水素が塩基によって引き抜かれ**エノラートイオン**（enolate ion）ができ（7.10 節参照），これがプロトン化されてエノール形になる．

一般にケト形とエノール形の間には平衡が存在するので，互変異性とよばれている．通常のケトンの場合は平衡がケト形にかたよっている．炭素-炭素二重結合（142 kcal mol^{-1}）よりも炭素-酸素二重結合（179 kcal mol^{-1}）のほうが結合エネルギーが大きいため，ケト形のほ

うがエノール形よりも安定だからである．

7.10 エノラートの生成

　カルボニル基の反応性として，カルボニル酸素が求電子種と反応し，カルボニル炭素が求核種と反応することを述べた．ここでは，もう一つの重要な反応について述べよう．それは，先のケト-エノール互変異性で出てきた，エノラートイオンに関してである．カルボニル基に塩基を作用させると，図7.23に示すように隣の炭素についているプロトンが引き抜かれてエノラートイオンが生成する．カルボニル基の隣の炭素上の水素の酸性度が高く塩基によって引き抜かれやすくなっているためである．

図 7.23　エノラートイオンの生成

　通常のアルカンのpK_aは50程度であるのに対してカルボニル化合物のpK_aは20程度である．どうしてカルボニル基の隣の炭素上の水素は酸性度が高いのだろうか．これは，カルボニル基が電子求引基として働くとともに，生成したエノラートイオンが安定だからである．

　エノラートイオンの性質を調べるために，共鳴構造式をみてみよう．図7.24のように，酸素上に負電荷をもつエノラートイオンの共鳴構造式以外に，カルボニル基の隣の炭素に負電荷をもつ共鳴構造を描くことができる．つまり，前者は酸素アニオンであり，後者は炭素アニオンである．したがって，エノラートイオンは酸素あるいは炭素のどちらで

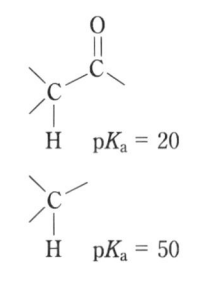

pK_aについては2.9節ですでに学んだ．

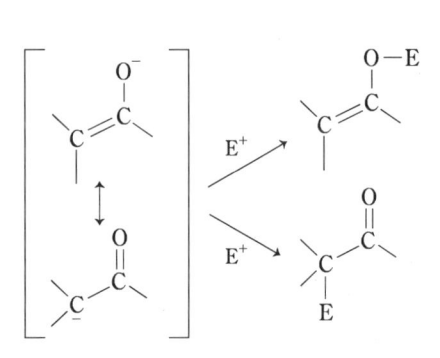

図 7.24　エノラートの共鳴構造式と求電子種との反応

基本化学シリーズ
大学1〜2年生を対象とする基礎専門課程のテキスト

1. 有機化学
山本 忠・吉岡道和・石井啓太郎・西尾建彦著
A5判 168頁 定価3045円（本体2900円）(14571-3)

2. 構造解析学
幸本重男・加藤明良・唐津 孝・小中原猛雄・杉山邦夫・長谷川正著
A5判 208頁 定価3570円（本体3400円）(14572-1)

3. 基礎高分子化学
成智聖司・中平隆幸・杉田和之・斎藤恭一・阿久津文彦・甘利武司著
A5判 200頁 定価3780円（本体3600円）(14573-X)

4. 基礎物性物理
落合勇一・関根智幸著
A5判 144頁 定価2835円（本体2700円）(14574-8)

5. 固体物性入門
上野信雄・日野照純・石井菊次郎著
A5判 148頁 定価2940円（本体2800円）(14575-6)

6. 物理化学
北村彰英・久下謙一・島津省吾・進藤洋一・大西 勲著
A5判 148頁 定価2835円（本体2700円）(14576-4)

7. 基礎分析化学
小熊幸一・石田宏二・酒井忠雄・渋川雅美・二宮修治・山根 兵著
A5判 208頁 定価3990円（本体3800円）(14577-2)

8. 基礎量子化学
菊池 修著
A5判 152頁 定価3150円（本体3000円）(14578-0)

9. 基礎無機化学
服部豪夫・佐々木義典・小松 優・岩舘泰彦・掛川一幸著
A5判 216頁 定価3780円（本体3600円）(14579-9)

10. 有機合成化学
山本 忠・加藤明良・深田直昭・小中原猛雄・赤堀禎利・鹿島長次著
A5判 192頁 定価3675円（本体3500円）(14580-2)

11. 産業社会の進展と化学
片岡 寛・見目洋子・中村友保・山本恭裕著
A5判 168頁 定価2940円（本体2800円）(14601-9)

12. 結晶化学入門
佐々木義典・山村 博・掛川一幸・山口健太郎・五十嵐香菜著
A5判 192頁 定価3675円（本体3500円）(14602-7)

13. 物質科学入門
山本 宏・角替敏昭・滝沢靖臣・長谷川正・我謝孟俊・伊藤 孝・芥川允元著
A5判 148頁 定価3360円（本体3200円）(14603-5)

14. 新有機化学概論
務台 潔著
A5判 224頁 定価3570円（本体3400円）(14604-3)

ISBN は 4-254- を省略

（定価・本体価格は2004年5月10日現在）

朝倉書店
〒162-8707 東京都新宿区新小川町6-29
電話 直通(03)3260-7631　FAX(03)3260-0180
http://www.asakura.co.jp　eigyo@asakura.co.jp

ベーシック化学シリーズ
大木道則 編集

1. 入門無機化学
森 正保著
A5判 168頁 定価2835円（本体2700円）(14621-3)

高校化学を大学の目で見直しながら、一見無関係で羅列的に見える無機化学のさまざまな現象の根底に横たわる法則を理解させる。やさしい例題と多数の演習問題、かこみ記事、各章の要約など、工夫をこらして初学者の理解を深める

2. 入門有機化学
大木道則著
A5判 224頁 定価3045円（本体2900円）(14622-1)

思考の順序をわかりやすく丁寧に説明し、それを確かめるために随所に例題を配し、多数の問題の略解と例題によって有機化学の基礎が自然に身に付くように工夫した。学習に必要な概念や用語の多くは囲み記事として整理し、理解を助ける

3. 入門化学熱力学
松永義夫著
A5判 168頁 定価2835円（本体2700円）(14623-X)

高校化学とのつながりに注意を払い、高校教科書での扱いに触れてから大学で学ぶ内容を述べる。反応を中心とする化学の問題に熱力学をどのように結びつけ、どのように活用するかを簡潔明快に説明する。必要な数学は付録で解説

応用化学シリーズ
学部2〜4年生のための平易なテキスト

1. 無機工業化学
太田健一郎・仁科辰夫・佐々木健・三宅通博・佐々木義典著
A5判 224頁 定価3675円（本体3500円）(25581-0)

理工系の基礎科目を履修した学生のための教科書として、また一般技術者の手引書として、エネルギー、環境、資源問題に配慮し丁寧に解説。〔内容〕酸アルカリ工業／電気化学とその工業／金属工業化学／無機合成／窯業と伝統セラミックス

2. 有機資源化学
多賀谷英幸・進藤隆世志・大塚康夫・玉井康文・門川淳一著
A5判 164頁 定価2940円（本体2800円）(25582-9)

エネルギーや素材等として不可欠な有機炭素資源について、その利用・変換を中心に環境問題に配慮して解説。〔内容〕有機化学工業／石油資源化学／石炭資源化学／天然ガス資源化学／バイオマス資源化学／廃炭素資源化学／資源とエネルギー

3. 高分子工業化学
山岡亜夫編著
A5判 176頁 定価2940円（本体2800円）(25583-7)

上田充・安中雅彦・鴨田昌之・高原茂・岡野光夫・菊池明彦・松方美樹・鈴木淳史著。
21世紀の高分子の化学工業に対応し、基礎的事項から高機能材料まで環境的側面にも配慮して解説した教科書

4. 化学工学の基礎
柘植秀樹・上ノ山周・佐藤正之・国眼孝雄・佐藤智司著
A5判 216頁 定価3570円（本体3400円）(25584-5)

初めて化学工学を学ぶ読者のために、やさしく、わかりやすく解説した教科書。〔内容〕化学工学の基礎（単位系、物質およびエネルギー収支、他）／流体輸送と流動／熱移動（伝熱）／物質分離（蒸留、膜分離など）／反応工学／付録（単位換算表、他）

6. 触媒化学
上松敬禧・中村潤児・内藤周史・三浦 弘・工藤昭彦著
A5判 184頁 定価3150円（本体3000円）(25586-1)

初学者が触媒の本質を理解できるよう、平易に分かりやすく解説。〔内容〕触媒の歴史と役割／固体触媒の表面／触媒反応の素過程と反応速度論／触媒反応機構／触媒反応場の構造と物性／触媒の調整と機能評価／環境・エネルギー関連触媒／他

7. 電気化学の基礎と応用
美浦 隆・佐藤祐一・神谷信行・奥山 優・縄舟秀美・湯浅 真著
A5判 180頁 定価3045円（本体2900円）(25587-X)

電気化学の基礎をしっかり説明し、それから応用面に進めるよう配慮して編集した。身近な例から新しい技術まで解説。〔内容〕電気化学系の科学／電池／電解／金属の腐食と製錬／電気化学を基礎とする表面処理／生物電気化学と化学センサ

役に立つ化学シリーズ
基本をしっかりおさえ,社会のニーズを意識した大学ジュニア向けの教科書

1. 集合系の物理化学
安保正一・山本峻三編著
B5判 160頁 定価2940円（本体2800円）（25591-8）

エントロピーやエンタルピーの概念,分子集合系の熱力学や化学反応と化学平衡の考え方などをやさしく解説した教科書。〔内容〕量子化エネルギー準位と統計力学／自由エネルギーと化学平衡／化学反応の機構と速度／吸着現象と触媒反応／他

4. 分析化学
太田清久・酒井忠雄編著
B5判 208頁 定価3570円（本体3400円）（25594-2）

材料科学,環境問題の解決に不可欠な分析化学を正しく,深く理解できるように解説。〔内容〕分析化学と社会の関わり／分析化学の基礎／簡易環境分析化学法／機器分析法／最新の材料分析法／これからの環境分析化学／精確な分析を行うために

5. 有機化学
吉田潤一・水野一彦他著
B5判 184頁 定価2835円（本体2700円）（25595-0）

基礎から平易に解説し,理解を助けるよう例題,演習問題を豊富に掲載。〔内容〕有機化学と共有結合／炭化水素／有機化合物のかたち／ハロアルカンの反応／アルコールとエーテルの反応／カルボニル化合物の反応／カルボン酸／芳香族化合物

6. 有機工業化学
戸嶋直樹・馬場章夫編著
B5判 196頁 定価3465円（本体3300円）（25596-9）

人間社会と深い関わりのある有機工業化学の中から,普段の生活で身近に感じているものに焦点を絞って説明。石油工業化学,高分子工業化学,生活環境化学,バイオ関連工業化学について,歴史,現在の製品の化学やエンジニヤリングを解説

化学数学
長浜邦雄・加藤 覚・栃木勝己・栗原清文著
B5判 184頁 定価3150円（本体3000円）（14065-7）

化学・応用化学にとって必須の数学を例題を多用してわかりやすく解説。〔内容〕実験データの統計的な取扱いと式による当てはめ／非線形方程式の解法／線型代数／数値微分と数値積分／微分方程式／最適化法／数値計算とそのプログラム化

楽しむ化学実験
東京理科大学サイエンス夢工房編
B5判 176頁 定価3360円（本体3200円）（14061-4）

実験って楽しい！身の回りのいろいろな物質の性質がみるみるうちにわかっていく。愉快な漫画付。〔内容〕氷と水と水蒸気／気体は自由自在／感動の炎―炎色反応／溶解七変化／電池を作ろう／チョークを速く溶かすには／酸性雨／タンパク質／他

プロセス制御工学
橋本伊織・長谷部伸治・加納 学著
A5判 196頁 定価3885円（本体3700円）（25031-2）

主として化学系の学生を対象として,新しい制御理論も含め,例題も駆使しながら体系的に解説。〔内容〕概論／伝達関数と過渡応答／周波数応答／制御系の特性／PID制御／多変数プロセスの制御／モデル予測制御／システム同定の基礎

新版 基礎高分子工業化学
田中 誠・大津隆行他著
A5判 212頁 定価3780円（本体3600円）（25246-3）

好評の旧版を全面改訂。高分子工業の概観,高分子の生成反応を平易に記述。〔内容〕高分子化学とその工業／高分子とその特性／高分子合成の基礎／木材化学工業／繊維工業／プラスチック工業／機能性高分子材料／ゴム工業／他

定量分析 ―基礎と応用―
舟橋重信他著
A5判 184頁 定価3045円（本体2900円）（14064-9）

分析化学の基礎的原理や理論を実験も入れながら平易に解説した。〔内容〕溶液内反応の基礎／酸塩基平衡と中和滴定／錯形成平衡とキレート滴定／沈殿生成平衡と重量分析・沈殿滴定／酸化還元反応と酸化還元滴定／溶媒抽出／分光分析

先端材料のための新化学
日本化学会を編集母体とした学部3・4年生,大学院生向きテキスト

2. 高分子構造材料の化学
今井淑夫・岩田 薫著
A5判 260頁 定価4725円（本体4500円）（25562-4）

汎用高分子から生分解性高分子,液晶性高分子に至るまで,種々の高分子の構造や性質・用途を解説。〔内容〕高分子材料概論／炭素―炭素鎖高分子材料／炭素―ヘテロ原子鎖高分子材料／芳香族系高分子材料／三次元網目状高分子材料／他

3. 機能高分子材料の化学
戸嶋直樹・遠藤 剛・山本隆一著
A5判 232頁 定価4515円（本体4300円）（25563-2）

今や高分子材料の機能は化学だけでなく機械・電気・情報・環境・生物・医学など広範囲に結びついている。〔内容〕序論／機能性高分子材料の設計／高分子反応と機能性高分子／化学機能性高分子／物理機能高分子／光・電子機能高分子

4. 材料有機化学
伊与田正彦編著
A5判 244頁 定価4095円（本体3900円）（25564-0）

分子間の弱い相互作用により形成される有機化合物について機能材料として用いる場合の基礎から実際までを解説。〔内容〕有機化合物の結合と性質／物性有機化学の基礎／機能性色素／液晶／EL素子／有機導電体／有機磁性／ナノマシーン

9. 半導体の化学
逢坂哲彌・山崎陽太郎・奥戸雄二著
A5判 200頁 定価3990円（本体3800円）（25569-1）

化学系の大学3,4年生,大学院生,さらに研究開発に携わる人に,半導体の理論から実際面までを解説。〔内容〕半導体の基礎／半導体デバイスの基礎概念と半導体デバイス／半導体集積回路プロセス技術／半導体材料における最近の話題

11. 材料電気化学
逢坂哲彌・太田健一郎・松永 是著
A5判 272頁 定価5145円（本体4900円）（25571-3）

電気化学の基礎,応用や材料について解説。〔内容〕電気化学システム／電気化学の基礎／電気化学システム材料／電池と材料／電解プロセスと材料／表面処理と機能メッキ／化学センサと材料／機能膜とドライプロセス／生物電気化学と材料／他

化学データブックⅠ 無機・分析編
山崎 昶編
A5判 192頁 定価3675円（本体3500円）（14626-4）

研究・教育,あるいは実験をする上で必要なデータを収録。元素,原子,単体に関わるデータについては,周期表順,数値の大→小の順に配列。〔内容〕元素の存在,原子半径,共有結合半径,電気陰性度,密度,融点,沸点,熱,解離定数,他

基礎からの有機化学
伊与田正彦編著
B5判 168頁 定価3360円（本体3200円）（14062-2）

大学初年生用の有機化学の教科書。〔内容〕有機化学とは／結合の方向と分子の構造／有機分子の形と立体化学／分子の中の電子のかたより／アルカンとシクロアルカン／アルケンとアルキン／ハロゲン化アルキル／アルコールとエーテル

分析化学実験の単位操作法
日本分析化学会・保母敏行・小熊幸一・前田昌子編
B5判 292頁 定価5040円（本体4800円）（14063-0）

研究上や学生実習上,重要かつ基本的な実験操作について,〔概説〕〔機器・器具〕〔操作〕〔解説〕等の項目毎に平易・実用的に解説。〔主内容〕てんびん／測容器／濾過／沈殿／抽出／滴定法／容器の洗浄／試料採取・溶解／機器分析

理工系 機器分析の基礎
保母敏行・小熊幸一編著
B5判 144頁 定価3570円（本体3400円）（14056-8）

おもに理工系の学生のために,種々の機器を使った分析法についてわかりやすく解説した教科書。〔内容〕吸光光度法／原子吸光法／蛍光・りん光／赤外・ラマン／電気分析法／クロマトグラフィー／X線分析／原子発光／質量分析／他

粉末X線解析の実際 ―リートベルト法入門―
日本分析化学会X線研究懇談会編
B5判 208頁 定価5040円（本体4800円）（14059-2）

物質の構造解析法として重要なX線粉末回折法―リートベルトの実際を解説。〔内容〕粉末回折法の基礎／データ測定／データの解析／応用／結晶学／リートベルト法／リートベルト解析のためのデータ測定／実例で学ぶリートベルト解析／他

基本化学シリーズ
大学1～2年生を対象とする基礎専門課程のテキスト

1. 有機化学
山本 忠・吉岡道和・石井啓太郎・西尾建彦著
A5判 168頁 定価3045円（本体2900円）(14571-3)

2. 構造解析学
幸本重男・加藤明良・唐津 孝・小中原猛雄・杉山邦夫・長谷川正著
A5判 208頁 定価3570円（本体3400円）(14572-1)

3. 基礎高分子化学
成智聖司・中平隆幸・杉田和之・斎藤恭一・阿久津文彦・甘利武司著
A5判 200頁 定価3780円（本体3600円）(14573-X)

4. 基礎物性物理
落合勇一・関根智幸著
A5判 144頁 定価2835円（本体2700円）(14574-8)

5. 固体物性入門
上野信雄・日野照純・石井菊次郎著
A5判 148頁 定価2940円（本体2800円）(14575-6)

6. 物理化学
北村彰英・久下謙一・島津省吾・進藤洋一・大西 勲著
A5判 148頁 定価2835円（本体2700円）(14576-4)

7. 基礎分析化学
小熊幸一・石田宏二・酒井忠雄・渋川雅美・二宮修治・山根 兵著
A5判 208頁 定価3990円（本体3800円）(14577-2)

8. 基礎量子化学
菊池 修著
A5判 152頁 定価3150円（本体3000円）(14578-0)

9. 基礎無機化学
服部豪夫・佐々木義典・小松 優・岩舘泰彦・掛川一幸著
A5判 216頁 定価3780円（本体3600円）(14579-9)

10. 有機合成化学
山本 忠・加藤明良・深田直昭・小中原猛雄・赤堀禎利・鹿島長次著
A5判 192頁 定価3675円（本体3500円）(14580-2)

11. 産業社会の進展と化学
片岡 寛・見目洋子・中村友保・山本恭裕著
A5判 168頁 定価2940円（本体2800円）(14601-9)

12. 結晶化学入門
佐々木義典・山村 博・掛川一幸・山口健太郎・五十嵐香著
A5判 192頁 定価3675円（本体3500円）(14602-7)

13. 物質科学入門
山本 宏・角替敏昭・滝沢靖臣・長谷川正・我謝孟俊・伊藤 孝・芥川允元著
A5判 148頁 定価3360円（本体3200円）(14603-5)

14. 新有機化学概論
務台 潔著
A5判 224頁 定価3570円（本体3400円）(14604-3)

ISBNは4-254-を省略
（定価・本体価格は2004年5月10日現在）

朝倉書店
〒162-8707 東京都新宿区新小川町6-29
電話 直通(03)3260-7631 FAX(03)3260-0180
http://www.asakura.co.jp eigyo@asakura.co.jp

ベーシック化学シリーズ
大木道則 編集

1. 入門無機化学
森 正保著
A5判 168頁 定価2835円（本体2700円）(14621-3)

高校化学を大学の目で見直しながら、一見無関係で羅列的に見える無機化学のさまざまな現象の根底に横たわる法則を理解させる。やさしい例題と多数の演習問題、かこみ記事、各章の要約など、工夫をこらして初学者の理解を深める

2. 入門有機化学
大木道則著
A5判 224頁 定価3045円（本体2900円）(14622-1)

思考の順序をわかりやすく丁寧に説明し、それを確かめるために随所に例題を配し、多数の問題の略解と例解によって有機化学の基礎が自然に身に付くように工夫した。学習に必要な概念や用語の多くは囲み記事として整理し、理解を助ける

3. 入門化学熱力学
松永義夫著
A5判 168頁 定価2835円（本体2700円）(14623-X)

高校化学とのつながりに注意を払い、高校教科書での扱いに触れてから大学で学ぶ内容を述べる。反応を中心とする化学の問題に熱力学をどのように結びつけ、どのように活用するかを簡潔明快に説明する。必要な数学は付録で解説

応用化学シリーズ
学部2～4年生のための平易なテキスト

1. 無機工業化学
太田健一郎・仁科辰夫・佐々木健・三宅通博・佐々木義典著
A5判 224頁 定価3675円（本体3500円）(25581-0)

理工系の基礎科目を履修した学生のための教科書として、また一般技術者の手引書として、エネルギー、環境、資源問題に配慮し丁寧に解説。〔内容〕酸アルカリ工業／電気化学とその工業／金属工業化学／無機合成／窯業と伝統セラミックス

2. 有機資源化学
多賀谷英幸・進藤隆世志・大塚康夫・玉井康文・門川淳一著
A5判 164頁 定価2940円（本体2800円）(25582-9)

エネルギーや素材等として不可欠な有機炭素資源について、その利用・変換を中心に環境問題に配慮して解説。〔内容〕有機化学工業／石油資源化学／石炭資源化学／天然ガス資源化学／バイオマス資源化学／廃炭素資源化学／資源とエネルギー

3. 高分子工業化学
山岡亜夫編著
A5判 176頁 定価2940円（本体2800円）(25583-7)

上田充・安中雅彦・鴨田昌之・高原茂・岡野光夫・菊池明彦・松方美樹・鈴木淳史著。
21世紀の高分子の化学工業に対応し、基礎的事項から高機能材料まで環境的側面にも配慮して解説した教科書

4. 化学工学の基礎
柘植秀樹・上ノ山周・佐藤正之・国眼孝雄・佐藤智司著
A5判 216頁 定価3570円（本体3400円）(25584-5)

初めて化学工学を学ぶ読者のために、やさしく、わかりやすく解説した教科書。〔内容〕化学工学の基礎（単位系、物質およびエネルギー収支、他）／流体輸送と流動／熱移動（伝熱）／物質分離（蒸留、膜分離など）／反応工学／付録（単位換算表、他）

6. 触媒化学
上松敬禧・中村潤児・内藤周弐・三浦 弘・工藤昭彦著
A5判 184頁 定価3150円（本体3000円）(25586-1)

初学者が触媒の本質を理解できるよう、平易に分かりやすく解説。〔内容〕触媒の歴史と役割／固体触媒の表面／触媒反応の素過程と反応速度論／触媒反応機構／触媒反応場の構造と物性／触媒の調整と機能評価／環境・エネルギー関連触媒／他

7. 電気化学の基礎と応用
美浦 隆・佐藤祐一・神谷信行・奥山 優・縄舟秀美・湯浅 真著
A5判 180頁 定価3045円（本体2900円）(25587-X)

電気化学の基礎をしっかり説明し、それから応用面に進めるよう配慮して編集した。身近な例から新しい技術まで幅広く解説。〔内容〕電気化学系の科学／電池／電解／金属の腐食と製錬／電気化学を基礎とする表面処理／生物電気化学と化学センサ

役に立つ化学シリーズ
基本をしっかりおさえ，社会のニーズを意識した大学ジュニア向けの教科書

1. 集合系の物理化学
安保正一・山本峻三編著
B5判 160頁 定価2940円（本体2800円）（25591-8）

エントロピーやエンタルピーの概念，分子集合系の熱力学や化学反応と化学平衡の考え方などをやさしく解説した教科書。〔内容〕量子化エネルギー準位と統計力学／自由エネルギーと化学平衡／化学反応の機構と速度／吸着現象と触媒反応／他

4. 分析化学
太田清久・酒井忠雄編著
B5判 208頁 定価3570円（本体3400円）（25594-2）

材料科学，環境問題の解決に不可欠な分析化学を正しく，深く理解できるように解説。〔内容〕分析化学と社会の関わり／分析化学の基礎／簡易環境分析化学法／機器分析法／最新の材料分析法／これからの環境分析化学／精確な分析を行うために

5. 有機化学
吉田潤一・水野一彦他著
B5判 184頁 定価2835円（本体2700円）（25595-0）

基礎から平易に解説し，理解を助けるよう例題，演習問題を豊富に掲載。〔内容〕有機化学と共有結合／炭化水素／有機化合物のかたち／ハロアルカンの反応／アルコールとエーテルの反応／カルボニル化合物の反応／カルボン酸／芳香族化合物

6. 有機工業化学
戸嶋直樹・馬場章夫編著
B5判 196頁 定価3465円（本体3300円）（25596-9）

人間社会と深い関わりのある有機工業化学の中から，普段の生活で身近に感じているものに焦点を絞って説明。石油工業化学，高分子工業化学，生活環境化学，バイオ関連工業化学について，歴史，現在の製品の化学やエンジニヤリングを解説

化学数学
長浜邦雄・加藤 覚・栃木勝己・栗原清文著
B5判 184頁 定価3150円（本体3000円）（14065-7）

化学・応用化学にとって必須の数学を例題を多用してわかりやすく解説。〔内容〕実験データの統計的な取扱いと式による当てはめ／非線形方程式の解法／線型代数／数値微分と数値積分／微分方程式／最適化法／数値計算とそのプログラム化

楽しむ化学実験
東京理科大学サイエンス夢工房編
B5判 176頁 定価3360円（本体3200円）（14061-4）

実験って楽しい！身の回りのいろいろな物質の性質がみるみるうちにわかっていく。愉快な漫画付。〔内容〕氷と水と水蒸気／気体は自由自在／感動の炎—炎色反応／溶解七変化／塩を作ろう／チョークを速く溶かすには／酸性雨／タンパク質／他

プロセス制御工学
橋本伊織・長谷部伸治・加納 学著
A5判 196頁 定価3885円（本体3700円）（25031-2）

主として化学系の学生を対象として，新しい制御理論も含め，例題も駆使しながら体系的に解説。〔内容〕概論／伝達関数と過渡応答／周波数応答／制御系の特性／PID制御／多変数プロセスの制御／モデル予測制御／システム同定の基礎

新版 基礎高分子工業化学
田中 誠・大津隆行他著
A5判 212頁 定価3780円（本体3600円）（25246-3）

好評の旧版を全面改訂。高分子工業の概観，高分子の生成反応を平易に記述。〔内容〕高分子化学とその工業／高分子とその特性／高分子合成の基礎／木材化学工業／繊維工業／プラスチック工業／機能性高分子材料／ゴム工業／他

定量分析 —基礎と応用—
舟橋重信他著
A5判 184頁 定価3045円（本体2900円）（14064-9）

分析化学の基礎的原理や理論を実験も入れながら平易に解説した。〔内容〕溶液内反応の基礎／酸塩基平衡と中和滴定／錯形成平衡とキレート滴定／沈殿生成平衡と重量分析・沈殿滴定／酸化還元反応と酸化還元滴定／溶媒抽出／分光分析

先端材料のための新化学
日本化学会を編集母体とした学部3・4年生，大学院生向きテキスト

2. 高分子構造材料の化学
今井淑夫・岩田 薫著
A5判 260頁 定価4725円（本体4500円）（25562-4）

汎用高分子から生分解性高分子，液晶に至るまで，種々の高分子の構造や性質を解説。〔内容〕高分子材料概論／炭素—炭素鎖高分子材料／炭素—ヘテロ原子鎖高分子材料／高分子材料／三次元網目状高分子材料／

3. 機能高分子材料の化学
戸嶋直樹・遠藤 剛・山本隆一著
A5判 232頁 定価4515円（本体4300円）（25563-2）

今や高分子材料の機能は化学だけでなく電気・情報・環境・生物・医学など広範囲にわたっている。〔内容〕序論／機能性高分子材料の設計／高分子反応と機能性高分子／化学機能高分子／物理機能高分子／光・電子機能高分子

4. 材料有機化学
伊与田正彦編著
A5判 244頁 定価4095円（本体3900円）（25564-0）

分子間の弱い相互作用により形成される有機化合物について機能材料として用いる場合の基礎から実際までを解説。〔内容〕有機化合物の結合と性質／物性有機化学の基礎／機能性色素／液晶／EL素子／有機電導体／有機磁性／ナノマシーン／他

9. 半導体の化学
逢坂哲彌・山崎陽太郎・奥戸雄二著
A5判 200頁 定価3990円（本体3800円）（25569-1）

化学系の大学3，4年生，大学院生，さらに研究開発に携わる人に，半導体の理論から実際面までを解説。〔内容〕半導体の基礎／半導体デバイスの基礎概念と半導体デバイス／半導体集積回路プロセス技術／半導体材料における最近の話題

11. 材料電気化学
逢坂哲彌・太田健一郎・松永 是著
A5判 272頁 定価5145円（本体4900円）（25571-3）

電気化学の基礎，応用や材料について解説。〔内容〕電気化学システム／電気化学の基礎／電気化学システム材料／電池と材料／電解プロセスと材料／表面処理と機能メッキ／化学センサと材料／機能膜とドライプロセス／生物電気化学と材料／他

化学データブックⅠ 無機・分析編
山崎 昶編
A5判 192頁 定価3675円（本体3500円）（14626-4）

研究・教育，あるいは実験をする上で必要なデータを収録。元素，原子，単体に関わるデータについては，周期表順，数値の大→小の順に配列。〔内容〕電子配置，原子半径，共有結合半径，電気陰性度，密度，融点，沸点，熱，解離定数，他

基礎からの有機化学
伊与田正彦編著
B5判 168頁 定価3360円（本体3200円）（14062-2）

大学初年生用の有機化学の教科書。〔内容〕有機化学とは／結合の方向と分子の構造／有機分子の形と立体化学／分子の中の電子のかたより／アルカンとシクロアルカン／アルケンとアルキン／ハロゲン化アルキル／アルコールとエーテル／他

分析化学実験の単位操作法
日本分析化学会・保母敏行・小熊幸一・前田昌子編
B5判 292頁 定価5040円（本体4800円）（14063-0）

研究上や学生実習上，重要かつ基本的な実験操作について，〔概説〕〔機器・器具〕〔操作〕〔解説〕等の項目毎に平易・実用的に解説。〔主内容〕てんびん／測容器／濾過／沈殿／抽出／滴定法／容器の洗浄／試料採取・溶解／機器分析／他

理工系 機器分析の基礎
保母敏行・小熊幸一編著
B5判 144頁 定価3570円（本体3400円）（14056-8）

おもに理工系の学生のために，種々の機器を使った分析法についてわかりやすく解説した教科書。〔内容〕吸光光度法／原子吸光法／蛍光・りん光／赤外・ラマン／電気分析法／クロマトグラフィー／X線分析／原子発光／質量分析／他

粉末X線解析の実際 —リートベルト法入門—
日本分析化学会X線研究懇談会編
B5判 208頁 定価5040円（本体4800円）（14059-2）

物質の構造解析法として重要なX線粉末回折法—リートベルト解析の実際を解説。〔内容〕粉末回折法の基礎／データ測定／データの解析／応用／結晶学／リートベルト法／リートベルト解析のためのデータ測定／実例で学ぶリートベルト解析／他

も求電子種と反応することができるはずである．どちらで反応するかは，エノラートイオンの性質や求電子剤の性質によって決まるが，炭素上で反応することが多い．たとえば，別のカルボニル化合物との反応では炭素上で反応し，新しく炭素-炭素結合ができる．このような反応は，炭素-炭素結合をつくるための有用な反応として有機合成に広く用いられている．

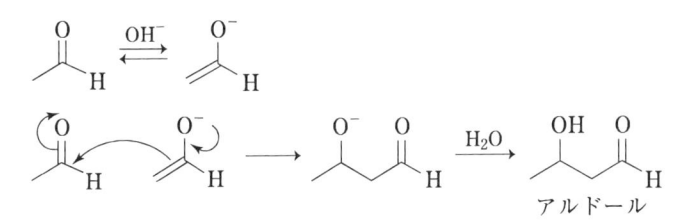

7.11 アルドール反応

a. アルドール反応と縮合

エノラートイオンとカルボニル化合物との反応は**アルドール反応**（aldol reaction）とよばれており，とくに重要である．この反応はエノラートイオンが炭素求核種となって，カルボニル炭素を攻撃し，炭素-炭素結合を形成するものである．

アルドール（aldol）は化合物の名前でアルドール反応は，グリニヤール（Grignard）反応やヴィッテヒ（Wittig）反応のような人名反応ではなく，英語でも大文字で始まっていないことに注意してほしい．

図 7.25 アルドール反応

古典的なアルドール反応は，カルボニル化合物に塩基を作用させたときに起こる反応として知られている．たとえば，アセトアルデヒドに対して触媒量の NaOH を作用させた場合を考えてみよう．まず，水酸化物イオンによってカルボニル基に隣接する炭素上の水素が引き抜かれてエノラートイオンができる．ただし，pK_a からわかるように，この平衡はアルデヒド側にかたよっていて，生成するエノラートイオンはほんのわずかである．このエノラートイオンが，脱プロトン化を受けていないアルデヒドのカルボニル基を求核攻撃する．生成したアルコキシドイオンが水からプロトンを引き抜き水酸化物イオンが再生される．このようにして3-ヒドロキシブタナールができる．一般にこのようなヒドロキシアルデヒドをアルドール（aldol）とよんでいる．つまり，アルデヒド（<u>ald</u>ehyde）-オール（<u>ol</u>）である．

さて，このようなβ-ヒドロキシカルボニル化合物は塩基存在下ではさらに脱水反応を受けることが多く，最終生成物は α,β-不飽和カルボニル化合物となる．この場合もまず，アルドールが水酸化物イオンに

α位，β位
カルボニル基の隣の炭素を α 炭素（あるいは α 位）といい，その隣の炭素を β 炭素（あるいは β 位）とよんでいる．β 炭素上に水酸基がある化合物を β-ヒドロキシカルボニル化合物とよぶ．

α 位と β 位の間の結合が二重結合の場合には α,β-不飽和カルボニル化合物とよぶ（7.12参照）

よってエノラートイオンになり，そこから水酸化物イオンが脱離することによって反応が進行している．このような脱水を伴う場合には，全体の反応を**アルドール縮合**とよんでいる．水が脱離するので縮合というわけである．

図 7.26 アルドール縮合

ケトンの場合も同様の機構でアルドール反応が進行する．しかし，アルデヒドと違ってケトンの場合には注意しなければならないことがある．つまり，非対称のケトンの場合には生成する可能性のあるエノラートイオンが2種類あるということである（図7.27）．2種類のエノラートイオンが生成すれば2種類のアルドール生成物が得られることになる．

図 7.27 非対称ケトンからの2種類のエノラートの生成

b. 交差アルドール反応

ここでアルドール反応についてもう一つの問題点をあげておこう．いままでは，1種類のカルボニル化合物に対して塩基を反応させて，アルドール反応を行っていた．つまり，エノラートイオンの元になるカルボニル化合物とエノラートイオンと反応するカルボニル化合物が同じであった．しかし，一般的にはエノラートイオンをその元になるカルボニル化合物とは別のカルボニル化合物と反応させたいことが多い．このような反応を**交差アルドール反応**（cross aldol reaction）とよんでいる．

しかし，二つのカルボニル化合物が存在するところに塩基を作用させた場合には一般的には4種類の生成物が得られることになる．つまり，エノラートイオンが2種類，それに反応するカルボニル化合物が2

いくつかの生成物ができる可能性がある場合に，ほしい生成物だけを選択的につくることは有機化学では重要なことである．

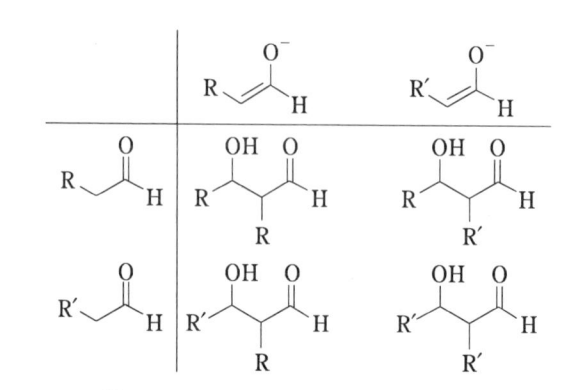

図 7.28 交差アルドール反応の生成物

種類あるからである．1種類の生成物を選択的に得ようとすれば，まず，二つのカルボニル基のどちらかから選択的にエノラートイオンができるようにしないといけない．たとえば，一方のカルボニル化合物としてカルボニル基に隣接する炭素上に水素をもたないものを使えばよい．そのような化合物はエノラートイオンをつくれないからである．しかし，この場合でもエノラートイオンと反応するカルボニル化合物が2種類あるという問題点は残る．

交差アルドール反応を選択的に行うために，近年ではエノラートイオンを単独で生成させ，それに対して別のカルボニル化合物を反応させる方法がよく使われる．水酸化物イオンのような塩基ではカルボニル化合物を完全にエノラートイオンに変換できない．水のpK_aはカルボニル化合物よりも小さいので，平衡はほとんどカルボニル化合物側にかたよっているからである．実際，水酸化物イオン触媒アルドール反応では，わずかに生成したエノラートイオンによって反応が進行しているのである．そこで，もっと強い塩基を使うことが必要である．

たとえば，リチウムジイソプロピルアミド（LDA）という塩基を使えば，カルボニル化合物を完全にエノラートイオン（厳密にはリチウムエノラート）に変換することができる．LDAは非常に強い塩基であるので，エノラートイオン生成が非常に速く，生成したエノラートイオンが残っているカルボニル化合物とアルドール反応を起こすことなく，ほぼすべてのカルボニル化合物分子をエノラートイオン（リチウムエノラート）に変換することができる．このようにしてつくったリチウムエノラートの溶液に対して，別のカルボニル化合物を反応させると，ほぼ完全に交差アルドール生成物を得ることができる．

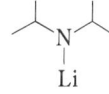

図7.29 リチウムジイソプロピルアミド（LDA）の構造．かさ高い塩基としてもよく用いられる（5.5節b参照）．

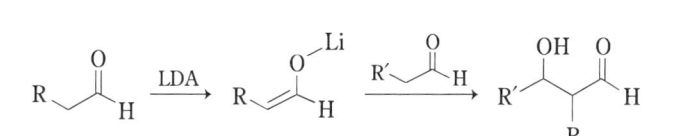

図7.30 リチウムエノラートとカルボニル化合物の反応

また，リチウムエノラートよりももっと安定なエノラートイオン等価体として**エノールシリルエーテル**（enol silyl ether）も用いられている．エノールシリルエーテルは，リチウムエノラートをクロロシランと反応させることによって得られる．このときエノラートイオンが酸素で反応していることに注目してほしい．エノラートが酸素で反応するか炭素で反応するかは，相手つまり求電子剤の性質によっても変わるのである．このようにしてつくられたエノールシリルエーテルは，一般

ケイ素は有機化合物の合成には欠かすことのできない元素となっている．このエノールシリルエーテルも広く合成に用いられている．

に蒸留することも可能なほど安定な化合物である．このエノールシリルエーテルはそのままではカルボニル化合物と反応しないが，ルイス酸を加えてカルボニル化合物を活性化すると容易にアルドール反応を起こす．

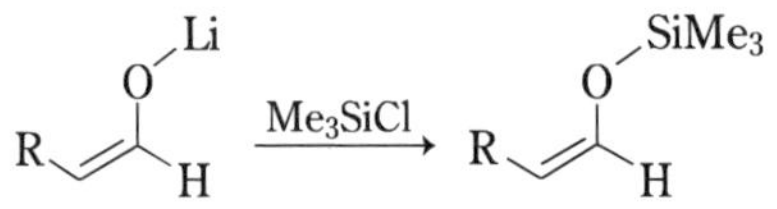

図 7.31　エノールシリルエーテルの生成

7.12　共役付加反応

アルドール反応とそれに続く脱水反応でカルボニル基と炭素-炭素二重結合が隣接した化合物が得られる．このような化合物を一般に**α,β-不飽和カルボニル化合物**（α,β-unsaturated carbonyl compound）とよんでいる（図7.32）．カルボニル炭素からみて，α位（隣）の炭素とβ位（その次）の炭素の間が二重結合で結ばれているからである．また，共役エノンとよぶこともある．アルケンのエン（ene）とケトンのオン（one）が共役していることからできた名前である．このα,β-不飽和カルボニル化合物は興味ある反応性を示すのでここでふれておこう．

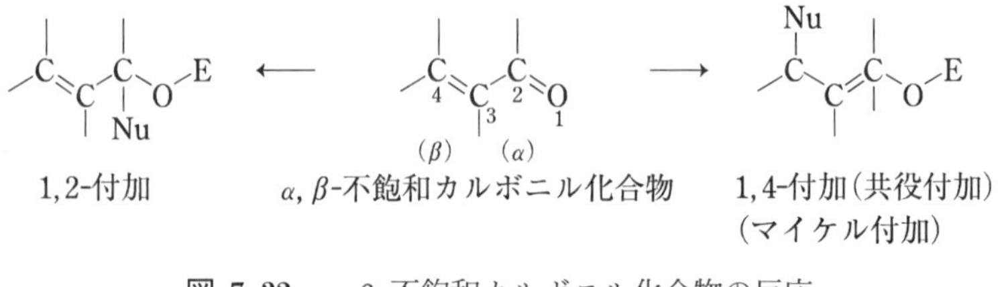

図 7.32　α,β-不飽和カルボニル化合物の反応

　α,β-不飽和カルボニル化合物に有機金属化合物などの求核種が反応するとき，反応点として二つの場所が考えられる．一つはカルボニル炭素である．このとき金属やプロトンなどの求電子種は酸素と結合する．もう一つの可能性としてβ位の炭素がある．このβ位を求核種が攻撃する場合を**共役付加**（conjugate addition）とよんでいる．このとき金属やプロトンはやはり酸素に結合する．酸素を1，カルボニル炭素を2，α炭素を3，β炭素を4と番号づけすると，通常のカルボニル炭素への求核攻撃は1,2-付加とよぶことができ，共役付加は1,4-付加とよぶことができる．また，共役付加のことを**マイケル付加**（Michael addition）（反応）とよぶこともある．

通常の炭素-炭素二重結合は電子豊富種であり，求電子種と反応する．しかし，α,β-不飽和カルボニル化合物の炭素-炭素二重結合はなぜ求核種と反応するのだろうか．これは，α,β-不飽和カルボニル化合物の炭素-炭素二重結合が通常の炭素-炭素二重結合と電子的にかなり異なっているためである．炭素-炭素二重結合のπ電子系は隣接するカルボニル基のπ電子系と相互作用し，一つのπ電子系をつくっている．また，共鳴理論によってもβ位への付加は説明できる．つまり，β位の炭素に正電荷を，酸素原子に負電荷をおく共鳴構造式を描くことができるからである（図7.33）．

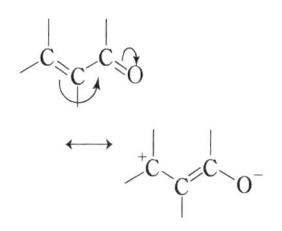

図 7.33 α,β-不飽和カルボニル化合物の共鳴構造式

1,2-付加が起こるか，1,4-付加が起こるかは，α,β-不飽和カルボニル化合物とともに求核種の性質にも依存する．一般に，カルボニル酸素と相互作用しやすい求電子種を伴う求核種は1,2-付加を起こしやすく，そうでないものは1,4-付加を起こしやすい．

7.13 カルボニル化合物の還元

ここで，カルボニル基に対する求核種として**ヒドリドイオン**（水素アニオン）（hydride ion）を考えてみよう．もし，ヒドリドイオンがカルボニル炭素を攻撃し，アルコキシドイオンができ，それが水などのプロトンと反応すれば，アルコールが生成する（図7.34）．つまり，カルボニル化合物のアルコールへの還元である．ヒドリドイオンは単独で存在することはなく，金属に結合していることが多い．実際，水素化ホウ素ナトリウムや水素化アルミニウムリチウムなどの金属ヒドリドがカルボニル基を還元することが知られている．これらの金属ヒドリド反応剤はカルボニル基に対する還元剤としてよく有機合成に使われているので覚えておこう．還元する力は金属ヒドリドの種類によって大きく異なり，目的によって使い分けている．たとえば，水素化アルミニウムリチウムはエステルを還元するのに対して，水素化ホウ素ナトリウムはエステルを還元しない．また，水素化アルミニウムリチウムはハロゲン化アルキルなども還元する．

金属ヒドリド
金属に水素原子が結合した化合物を金属ヒドリドという．次のような金属ヒドリドがよく知られている．
$LiAlH_4$(LAH), $NaBH_4$,
$i\text{-}Bu_2AlH$(DIBAL-H),
R_3SnH, R_3SiH

図 7.34 金属ヒドリドによるカルボニル化合物の還元

カルボニル基に電子を与えることによっても還元を行うことができる．電子を与える反応剤としては，ナトリウムなどの金属やヨウ価サマ

酸素と還元
一般に還元とは電子を受け取ることであり、酸化とは電子を放出することである。水素（H_2）などを用いなくても電子を与えることによって還元を行うことができる。

リウムのような金属塩がある。また、電極反応を用いて還元することもできる。このような電子移動によるカルボニル基の還元では、まず、一電子移動によりラジカルアニオンが生成する（図7.35）。

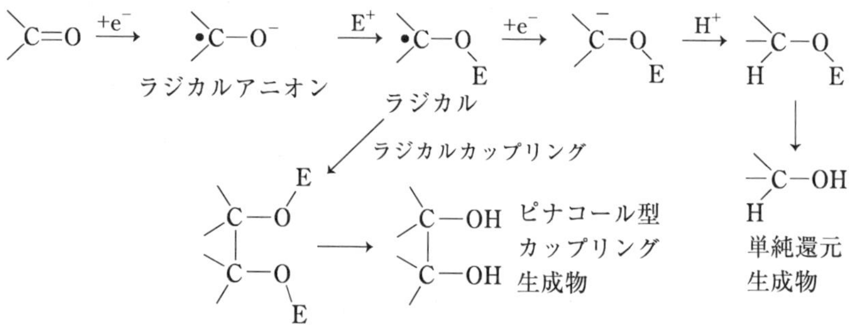

$$\begin{array}{c}\diagdown\\ \diagup\end{array}\!C=O \xrightarrow{+e^-} \begin{array}{c}\diagdown\\ \diagup\end{array}\!\overset{\bullet}{C}-O^- \xrightarrow{E^+} \begin{array}{c}\diagdown\\ \diagup\end{array}\!\underset{E}{\overset{\bullet}{C}}-O^- \xrightarrow{+e^-} \begin{array}{c}\diagdown\\ \diagup\end{array}\!\underset{E}{C}-O^- \xrightarrow{H^+} \begin{array}{c}\diagdown\\ \diagup\end{array}\!\underset{E}{\overset{H}{C}}-O$$

ラジカルアニオン　　　ラジカル

↓ ラジカルカップリング

ピナコール型カップリング生成物

単純還元生成物

図 7.35 電子移動によるカルボニル化合物の還元

ラジカルアニオン
ラジカルアニオンとは負の電荷をもったラジカルで不対電子を持っている。カルボニル化合物のラジカルアニオンは次のような共鳴構造式で表すことができる。

$\overset{\bullet}{C}-O^- \longleftrightarrow \;\;\!\!^-\!\!C-O\!\cdot$

カップリング反応
炭素ラジカルの基本的な反応の一つにカップリング反応がある（図7.35）。炭素ラジカルがお互いに不対電子を出し合って、炭素-炭素共有結合をつくる反応である。この反応は炭素-炭素結合のホモリシスの逆反応である（2.8節参照）。

ラジカルアニオンとは、負電荷をもったラジカルのことで、中性の有機分子が1電子受け取るとラジカルアニオンになる。カルボニル化合物が1電子を受け取るとやはりラジカルアニオンになるが、どちらかというと負電荷（アニオン）が酸素側に、ラジカルが炭素側にある。したがって、酸素でプロトンや金属と反応しやすく、そうすると炭素ラジカルができる（実際にはラジカルアニオン生成と酸素上での求電子剤との反応の二つのプロセスは同時に起こっているかもしれないが）。この炭素ラジカルがさらに2電子目の還元を受け、カルボアニオンとなったあとプロトン化されてアルコールが生成する。しかし、途中のラジカルがお互いにカップリングして二量化生成物を与えることもある（ピナコール型カップリング）。

$$-\overset{|}{\underset{|}{C}}\!\cdot \;+\; \cdot\overset{|}{\underset{|}{C}}- \; \underset{\text{炭素-炭素結合のホモリシス}}{\overset{\text{ラジカルカップリング}}{\rightleftarrows}} \; -\overset{|}{\underset{|}{C}}-\overset{|}{\underset{|}{C}}-$$

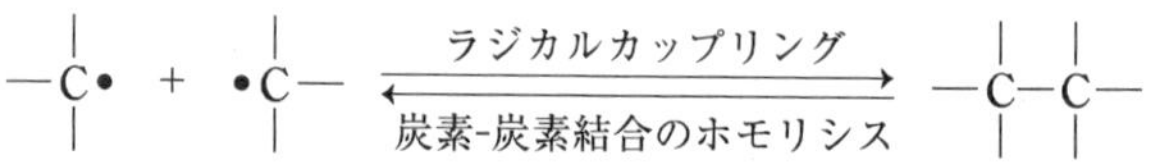

図 7.36 カップリング反応

7章のまとめ

1. アルデヒドやケトンのカルボニル基の炭素には求核種が、酸素には求電子種が反応する。
2. 酸存在下にカルボニル化合物とアルコールを反応させるとアセタールが生成する。
3. 酸存在下にカルボニル化合物とアミンを反応させるとイミンが生成する。
4. グリニヤール反応剤のような有機金属化合物はカルボニル基に対して求核付加をする。
5. カルボニル基の隣の炭素上に水素がある場合には、ケト形とエノール形が存在する。
6. カルボニル基の隣の炭素上に水素がある場合に、塩基を反応させるとエノラートイオンが生成する。
7. エノラートイオンはその元になったカルボニル化合物や別のカルボニル化合物に付加す

8. α,β-不飽和カルボニル基に対する求核付加反応には 1,2-付加と 1,4-付加（共役付加，マイケル付加）の 2 種類がある．
9. カルボニル化合物は金属ヒドリドや電子移動反応によって還元を受ける．

演習問題（7章）

7.1 次の分子変換の中間生成物の A および B の構造式を書きなさい．

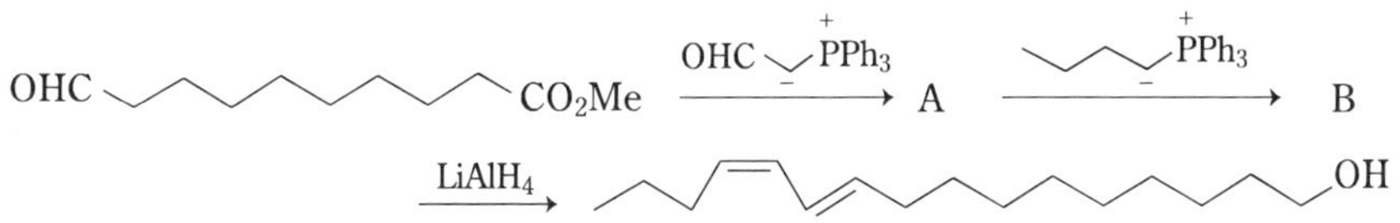

OHC〜〜〜〜CO₂Me →[OHC−CH₂−⁺PPh₃] A →[CH₃CH₂CH₂−⁺PPh₃] B →[LiAlH₄] ～～～～～～OH
ボンビコール（蚕蛾（かいこが）のフェロモン）

7.2 次の反応の機構を書きなさい．

HO〜〜CHO →[CH₃OH / H⁺] （テトラヒドロフラン環）−OCH₃

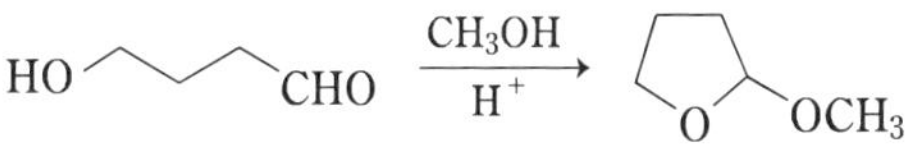

7.3 次の反応の機構を書きなさい．このような形式の分子変換をロビンソン環化（Robinson annelation）とよんでいる．

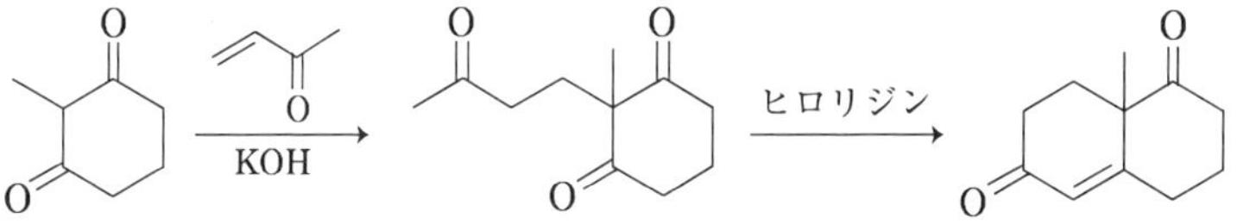

（2-メチルシクロヘキサン-1,3-ジオン）+ メチルビニルケトン →[KOH] （中間体）→[ピロリジン] （二環式エノン生成物）

7.4 次の反応の生成物を書きなさい．

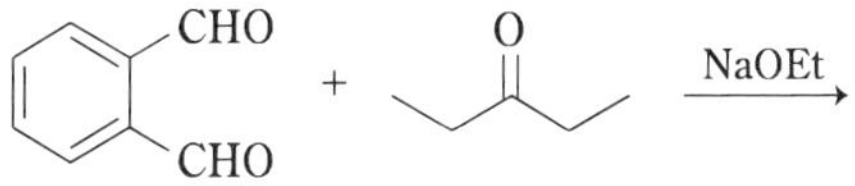

o-フタルアルデヒド（CHO, CHO） + CH₃COCH₂CH₃ →[NaOEt]

7.5 次の反応の機構を書きなさい．このような反応をマンニッヒ（Mannich）反応とよんでいる．

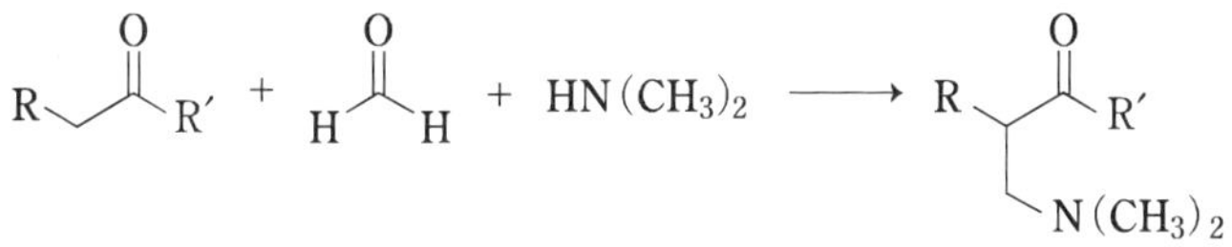

R−CO−CH₂−R′ + HCHO + HN(CH₃)₂ ⟶ R−CO−CR′(H)−CH₂−N(CH₃)₂

8 カルボン酸とその誘導体の反応

　カルボン酸およびその誘導体は自然界に多く見られる．生体の構成材料であるアミノ酸や脂肪酸をはじめとして生理活性を有するものが多い．単純なカルボン酸であるギ酸，酢酸，乳酸，酒石酸なども日常生活でよく耳にする物質である．カルボン酸およびカルボン酸誘導体は反応性に富む化合物であり，アルデヒド，ケトンと同様にカルボニル基に特有の反応性を示す．さらに，アルデヒド，ケトンには見られない特徴として，カルボン酸のプロトンの解離，カルボン酸の水酸基（ヒドロキシ基，OH 基）の置換がある．塩素，アルコキシ酸素，窒素などの求核性基で置換されることにより，酸ハロゲン化物，酸無水物，エステル，アミドなどのカルボン酸誘導体が得られる．本章ではカルボン酸とその誘導体の化学について学ぼう．

8.1 カルボン酸

アシル基
カルボニル基に有機基が一つ結合した官能基をアシル基という．カルボン酸はアシル基に水酸基が結合した化合物である．

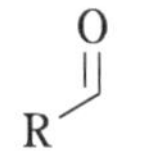

$$\underset{\text{アシル基}}{\overset{\displaystyle O}{\underset{\|}{R-C-}}}$$

　カルボニル炭素に水酸基が結合した基を**カルボキシル基**とよび，カルボキシル基をもつ化合物がカルボン酸である．カルボン酸の水酸基をハロゲン，カルボキシル基，アルコキシ基，アミノ基などで置換することにより，酸ハロゲン化物，酸無水物，エステル，アミドなどの**カルボン酸誘導体**が得られる（図 8.1）．

カルボン酸	酸ハロゲン化物	酸無水物	エステル	アミド
R−C(=O)−OH	R−C(=O)−X	R−C(=O)−O−C(=O)−R	R−C(=O)−OR′	R−C(=O)−NH₂

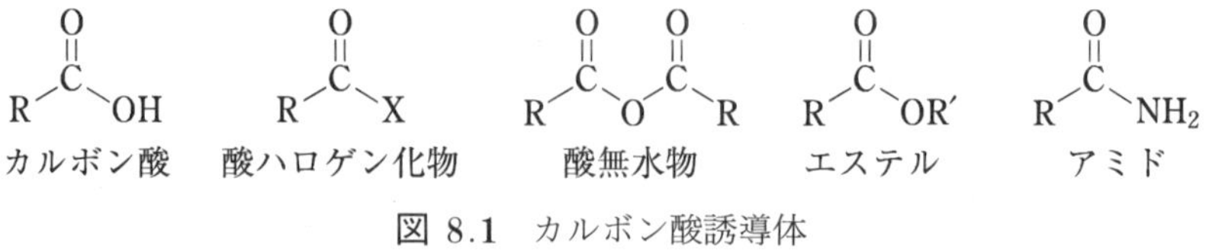

図 8.1　カルボン酸誘導体

a. カルボン酸の酸性度

酸性度定数については 2.9 節ですでに学んだ．

　カルボン酸はプロトン（水素イオン）を放出して**カルボン酸イオン**となる（図 8.2）．この過程は平衡であり，酸としての強さはこの酸性度定数により表され，カルボン酸とカルボン酸イオンの相対的な熱力学的安定性により支配されることになる．つまり，カルボン酸イオンが安定であればあるほど，カルボン酸の酸性は強くなる．カルボン酸イオンは

等価な二つの極限構造(B), (C)の共鳴として表され，二つの酸素原子は等価である．アルコールにもプロトンが解離してアルコキシドが生成する平衡反応式が描けるが，その酸性度定数はカルボン酸と比べて著しく小さい．実際，酢酸 ($K_a=1.8\times10^{-5}$) とメタノール ($K_a=0.63\times10^{-15}$) の酸性度定数には 10^{10} 倍の差がある．プロトンが解離することにより，酸素アニオンが生成するという点は同じであるが，カルボン酸イオンはアルコキシドに比べて，隣接するカルボニル基による共鳴安定化が働いていると考えられる．

> 共鳴についてはすでに 2.6 節で学んだ．

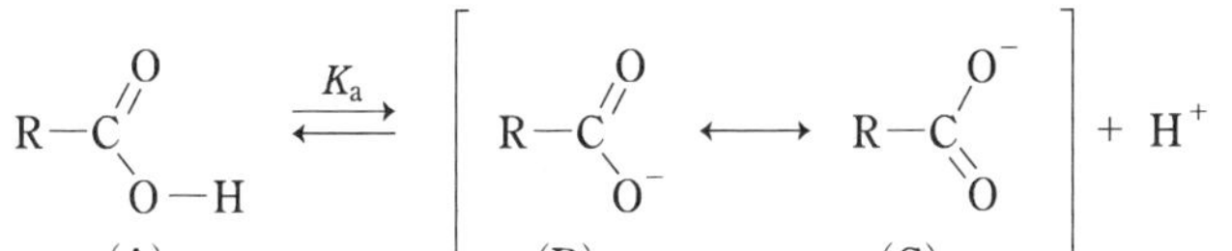

$$R-C\begin{matrix}O\\O-H\end{matrix} \xrightleftharpoons{K_a} \left[R-C\begin{matrix}O\\O^-\end{matrix} \longleftrightarrow R-C\begin{matrix}O^-\\O\end{matrix}\right] + H^+$$

(A)　　　　　　　(B)　　　　　　(C)

$K_a=[RCOO^-][H^+]/[RCOOH]$
 $=1.8\times10^{-4}$ (R=H); 1.8×10^{-5} (R=CH$_3$); 6.3×10^{-5} (R=C$_6$H$_5$);

$R-OH \xrightleftharpoons{K_a} R-O^- + H^+$

$K_a=[RO^-][H^+]/[ROH]$
 $=0.18\times10^{-15}$ (R=H); 0.63×10^{-15} (R=CH$_3$); 1.1×10^{-10} (R=C$_6$H$_5$);

図 8.2　カルボン酸とアルコールの酸性度定数

> 誘起効果とは σ 結合をとおして電子供与あるいは求引作用を及ぼす効果である．10.3 節 a で詳しく学ぶ．

アルコールではアルキル基が OH についているが，アルキル基は電子を供与する力があるので逆の効果となる．このような**誘起効果** (inductive effect) による考え方によると，共役塩基であるカルボン酸イオンがアルコキシドよりも塩基性が低いことも説明できる．

カルボン酸の R を変化させることによっても酸性度は変化する．たとえば，酢酸 (R=CH$_3$)，ギ酸 (R=H)，クロロ酢酸 (R=ClCH$_2$) の順に酸性度定数は大きくなる ($K_a=1.8\times10^{-5}$, 1.8×10^{-4}, 1.4×10^{-3})．この場合の R 基の影響はカルボン酸イオンのカルボニル炭素と R 基との間の σ 結合を通じて引き起こされる (誘起効果)．安息香酸 (R=C$_6$H$_5$) の場合は，安息香酸イオンの酸素の負電荷をベンゼン環へ非局在化させた構造を描くことができないので，酸としての強さは酢酸と比べて大きな差はない ($K_a=6.3\times10^{-5}$)．

> **酸性度定数を求める要因**
> カルボン酸の酸性度については 1986 年に別の説明が提出された．プロトンが解離した後のカルボン酸イオンの安定性に注目するというこれまでの説明に対して，解離する前のカルボン酸の安定性を重視する説明である．この新しい説明では解離する前のカルボン酸において OH に隣接するカルボニル基が電子を求引する力が強いために酸性度が高くなっているとされる．

【例題 8.1】 XCH$_2$CO$_2$H (X=F, Cl, Br, I) の酸性度定数(K_a)の大小を予測しよう．

[解答] 電気陰性度は F>Cl>Br>I であり，この順で電子求引の効果が大きい．したがって，酸性度定数(K_a)も F>Cl>Br>I の順となる．

> **フェノールの酸の強さ**
> フェノキシイオンの酸素の負電荷についてはベンゼン環へ非局在化させた構造を描くことができる．したがって，フェノール ($K_a=1.1\times10^{-10}$) の酸としての強さはメタノールと比べて 10^5 倍も大きい．

【例題 8.2】水中に等モルの安息香酸と酢酸ナトリウムを溶かしたとき，安息香酸と酢酸の濃度はどちらが高いのだろう．

[解答] 安息香酸は酢酸より強い酸であり，酢酸イオンは安息香酸イオンより強い塩基である．したがって，強酸（安息香酸）と強塩基（酢酸イオン）との反応で弱酸（酢酸）と弱塩基（安息香酸イオン）ができるので，酢酸の濃度のほうが高くなる．

b. カルボン酸の合成

カルボン酸は第一級アルコールをクロム酸や過マンガン酸カリウムで酸化すると容易に得られる（図 8.3）．脂肪族炭化水素を酸化するためには，より強力な酸化条件が必要となるが，炭素鎖の末端ではなく内部炭素が酸化されるので反応生成物は極めて複雑な混合物になる．しかしアルキルベンゼン類の酸化は容易に起こる．しかもベンジル炭素（芳香環に直結した炭素）が選択的に反応し，芳香族カルボン酸を与える．これは反応中間体であるベンジルラジカルやベンジルカチオンが安定であるためである．有機ハロゲン化合物を出発物質とすると，グリニヤール反応剤に変換したのち，二酸化炭素と反応させるとカルボン酸が得られる．あるいはシアン化物（NaCN）との求核置換反応で得られるニトリルを加水分解することによってもカルボン酸が得られる．酸化による合成法とは異なり，これらの反応では炭素数が一つ増えたカルボン酸が得られる．

金属触媒
毒性のあるクロムやマンガンなどの重金属を大量に使用することは好ましくない．生体内でエタノールを酢酸に変える酸化酵素では亜鉛イオンが重要な役割を果たしている．このように金属イオンの触媒作用をうまく引き出すことは，環境調和型の酸化反応を開発するための鍵である．近年そのような金属触媒によるクリーンな酸化反応が数多く開発されるようになっている．

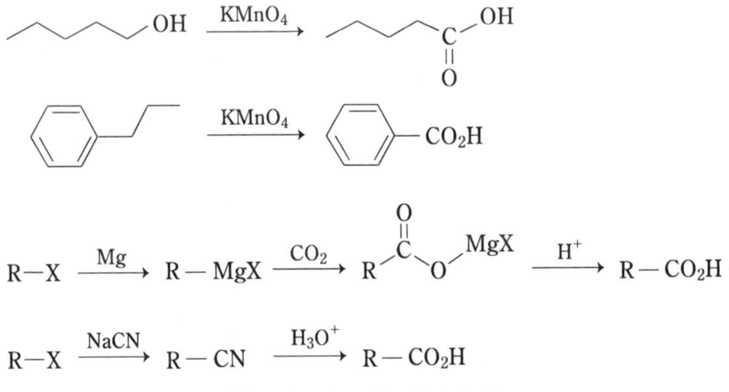

図 8.3 カルボン酸の合成

8.2 酸ハロゲン化物と酸無水物

酸ハロゲン化物（ハロゲン化アシルともいう）と酸無水物は反応性が高いので，エステルやアミドを合成する際に頻繁に利用される．容易に

加水分解を受けるので，保存に際しても注意が必要である．このような高い反応性はカルボニル炭素に結合したハロゲン原子やカルボキシル基の電子求引効果に基づいている．

a. 合　成

酸ハロゲン化物はカルボン酸をホスゲン（COCl$_2$），塩化チオニル（SOCl$_2$）や五塩化リン（PCl$_5$）と反応させると得られる（図8.4）．カルボン酸の水酸基の酸素原子はマイナスに分極しており，塩化チオニルのプラスに分極した硫黄原子を攻撃する．さらに，塩酸が脱離してS＝O結合が生成する．この中間体のカルボニル炭素に対して塩酸の塩化物イオンが付加し，クロロスルフィン酸が脱離することにより，酸ハロゲン化物が生成する．この反応は次節で詳しく説明する付加脱離の典型的な例である．一方，カルボン酸塩に酸ハロゲン化物を作用させると酸無水物が得られる．

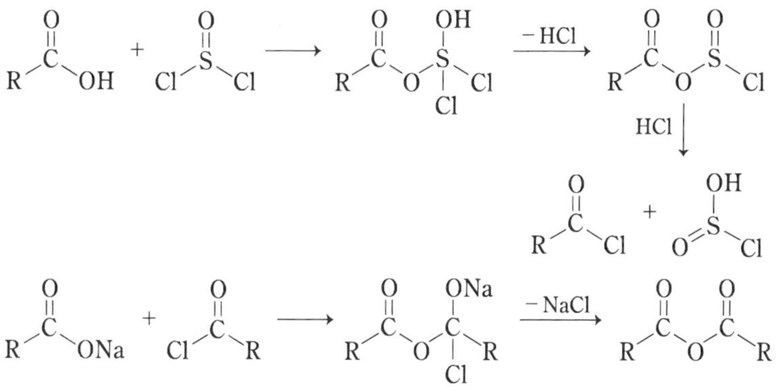

図 8.4　酸ハロゲン化物の合成

b. 反　応

酸ハロゲン化物は塩化アルミニウムなどのルイス酸の作用によりカルボカチオン中間体（**アシリニウムイオン**）を生成し，これに求核剤が反応してカルボニル炭素の位置で置換が起こる．芳香環をアシル化する**フリーデル-クラフツ反応**（Friedel-Crafts reaction）もこの種の反応である．

フリーデル-クラフツ反応については10.2節 e で学ぶ．

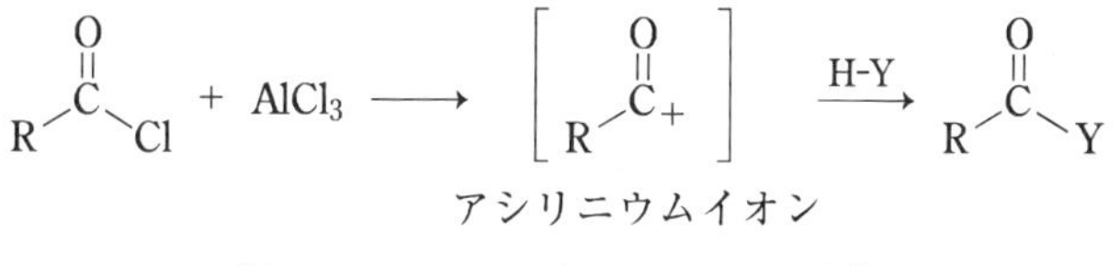

図 8.5　フリーデル-クラフツ反応

一方，塩基性条件下で酸ハロゲン化物はさまざまな求核剤と反応して置換生成物を与える．アルコールやアミンとの反応ではエステルや

アミドが得られる．副生する酸（HX）は通常，反応系に第三級アミンなどの塩基を入れて取り除く．

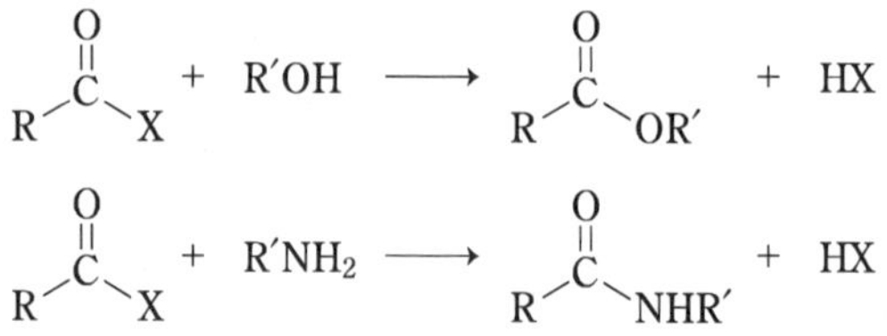

$$R-\underset{X}{\underset{\|}{C}}=O + R'OH \longrightarrow R-\underset{OR'}{\underset{\|}{C}}=O + HX$$

$$R-\underset{X}{\underset{\|}{C}}=O + R'NH_2 \longrightarrow R-\underset{NHR'}{\underset{\|}{C}}=O + HX$$

図 8.6　酸ハロゲン化物のアルコールやアミンとの反応

　有機金属化合物なども同様に酸ハロゲン化物と反応してケトンを与えるが，グリニヤール反応剤のように反応性の高いものはさらに生成物のケトンと反応してしまう．酸ハロゲン化物とは反応するがケトンとは反応しないという適度な反応性をもつ**有機金属反応剤**としては有機銅があり，ケトンの合成に利用できる．この**有機銅反応剤**は有機ハロゲン化合物と金属リチウムから得られる有機リチウムをヨウ化銅と反応させることにより得ることができる．

有機銅反応剤
酸ハロゲン化物の場合と異なり，グリニヤール反応剤はアルキルハライドに対する求核置換反応を起こさないが，有機銅反応剤とアルキルハライドの求核置換反応は進行する．

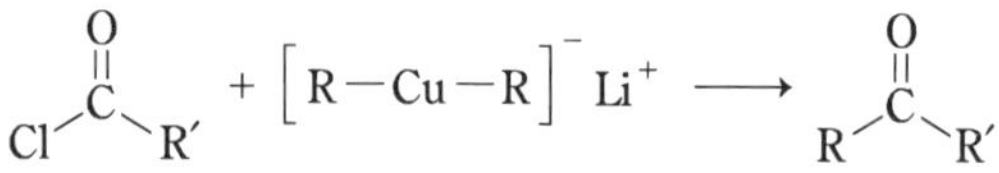

$$\underset{Cl}{\underset{\|}{C}}=O\,R' + [R-Cu-R]^- Li^+ \longrightarrow R-\underset{R'}{\underset{\|}{C}}=O$$

図 8.7　有機銅反応剤

【例題 8.3】ベンゾイルクロリド（C_6H_5COCl）に 2 当量のメチルマグネシウムブロミドを加えたときの反応式を書いてみよう．また，ベンゾイルクロリドからアセトフェノンを合成するための反応剤は何だろうか．

[解答]

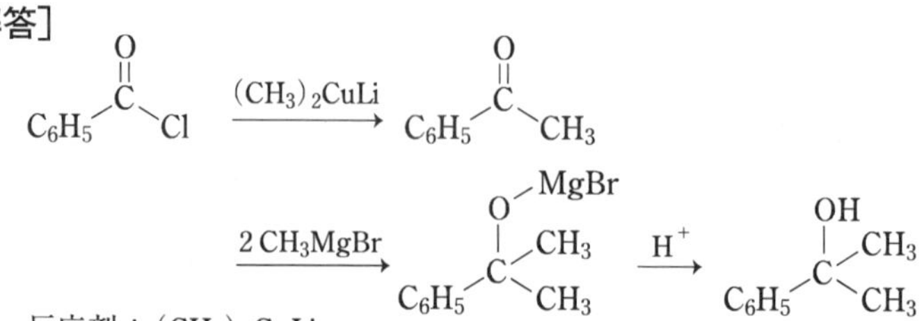

$$C_6H_5-\underset{Cl}{\underset{\|}{C}}=O \xrightarrow{(CH_3)_2CuLi} C_6H_5-\underset{CH_3}{\underset{\|}{C}}=O$$

$$\xrightarrow{2\,CH_3MgBr} C_6H_5-\underset{CH_3}{\overset{OMgBr}{\underset{|}{C}}}-CH_3 \xrightarrow{H^+} C_6H_5-\underset{CH_3}{\overset{OH}{\underset{|}{C}}}-CH_3$$

反応剤：$(CH_3)_2CuLi$

8.3　カルボン酸誘導体の求核置換反応の機構

　5 章でハロゲン化アルキルと求核剤との置換反応について学んだ．ハロゲン化アルキルの構造や溶媒の違いにより，S_N1 型と S_N2 型の反応機

構があった．S_N1 型置換反応では，カルボカチオン中間体が生じる．先に述べたように，ハロゲン化アシルの場合も塩化アルミニウムなどのルイス酸の作用によりカルボカチオン中間体（アシリニウムイオン）が生成し，これに求核剤が反応してカルボニル炭素の位置で置換が起こる．

しかし，カルボン酸誘導体は一般的には，S_N1 機構で進行する例は少なく，図 8.6 や図 8.7 に示す反応は一見，S_N2 機構で進行しているようにも見える．これらの反応機構とハロゲン化アルキルの S_N2 機構との間にはじつは大きな違いがある．

ハロゲン化アルキルの S_N2 型反応は一つの遷移状態を経る 1 段階反応であるのに対して，カルボン酸誘導体の求核置換反応は，図 8.8 のエネルギー図に示すように，二つの遷移状態をもつ 2 段階反応である．つまり，最初にカルボニル炭素に求核剤 Y の付加が起こりアルコキシド中間体を生成する．これはアルデヒドやケトンに対する求核付加の四面体中間体とよく似ている．これに続いて，脱離基 X が脱離する第 2 段階の反応が起こる．このような**付加脱離機構**はエステルやアミドも含めてカルボン酸誘導体の求核置換反応のもっとも重要な特徴である．

カルボニル基に対する求核付加については 7.2 節ですでに学んだ．

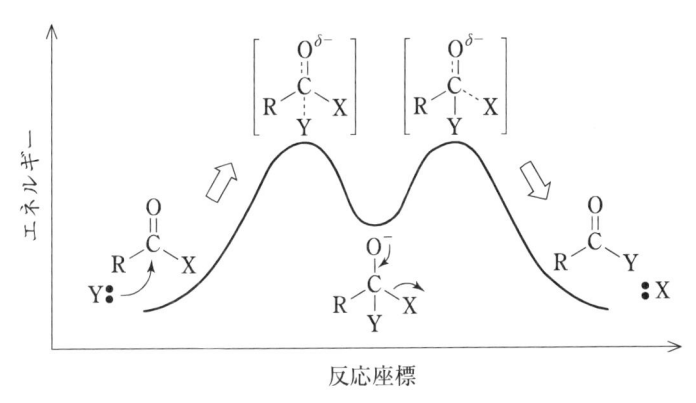

図 8.8　カルボン酸誘導体の求核置換反応のエネルギー概念図

8.4　エステル

エステルをつくることによりカルボン酸とアルコールという二つの化合物をつなぎ合わせることができるので，その点で素材としての価値がきわめて高い．二つの化合物の適当な組合せにより，多様な性質をもつ物質がつくられている．その中でもポリエステルは合成繊維やPET ボトルとして多用されている．果実の香気成分や生理活性をもつ多くの物質がエステル結合を有している．酸ハロゲン化物の場合と比

ラクトンの例

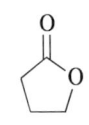

カルボニル基とプロトンとの反応でオキソニウムイオン中間体が生成することはすでに7.3節で学んだ．

べて，エステルの反応性はそれほど高くはないので中性条件であれば加水分解を受けることはない．なお環状のエステルを**ラクトン**（lactone）とよぶ．

a. 合　成

カルボン酸とアルコールからエステルを合成するには，酸触媒が必要となる．カルボニル酸素へのプロトン付加により，オキソニウムイオン中間体ができ，アルコールが付加する．プロトンがアルコール部分からヒドロキシ基へ移動し，水が脱離し，最後にプロトンがはずれるとエステルが生成する．この反応式を逆にたどっていくとエステルの加水分解となる．すなわち，酸性条件下ではエステルとカルボン酸は平衡にあり，アルコール溶液中ではエステル化が進み，水溶液中では加水分解が進む．一方，酸ハロゲン化物や酸無水物を用いると酸触媒を加えることなく，穏和な条件下でアルコールとの反応が進みエステルが生成する．

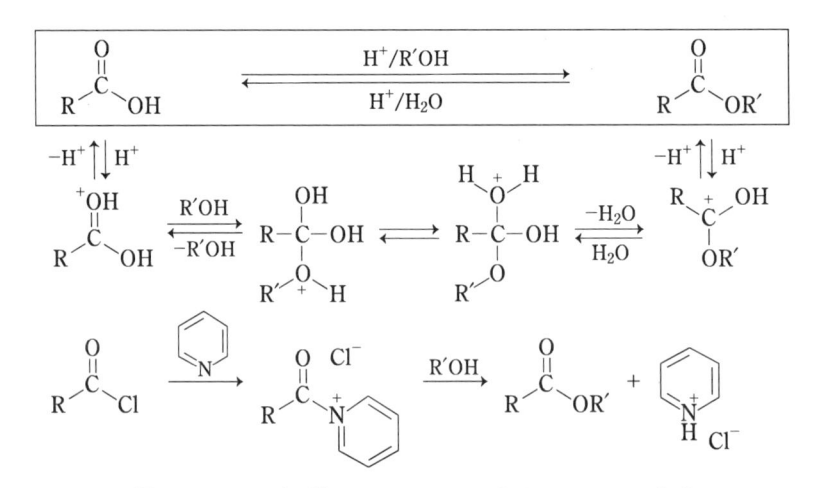

図8.9 カルボン酸とアルコールによるエステルの合成

この場合ピリジンなどの第三級アミンを加えておくと，反応は促進される．副生する塩酸や酢酸ピリジンで捕捉されるとともに，アシルピリジニウム中間体がきわめて反応活性であることが原因である．

b. 反　応

酸性条件下でカルボン酸とアルコールからエステルができる反応は可逆的であり，逆反応であるエステルの**加水分解反応**も同時に起こる．したがって水を除くと平衡はエステル側にかたよる．酸触媒存在下，エステルをほかのアルコールと反応させるとエステル交換反応が起こる．たとえば酸触媒存在下メチルエステルを多量のエタノールと反応させると，エチルエステルに変換される．中性では，エステルのカルボニル

8.4 エステル

基の反応性は高くないので，水が存在していても加水分解を受けることはない．しかし，水酸化ナトリウムのような強い塩基は，エステルのカルボニル炭素を攻撃し，カルボン酸とアルコキシドを与える．この二つの生成物の間での**酸塩基中和反応**が不可逆的に起こりカルボン酸塩とアルコールが最終生成物として得られ，エステルのアルカリ加水分解は逆反応を伴うことなく進行する．したがって，エステルの加水分解にはアルカリ条件がよく用いられる．

エステル結合の切断
ベンジルエステルはPd触媒による水素還元反応によりカルボン酸とトルエンに分解される．この反応は中性条件で進むので，複雑な有機化合物の合成ではカルボン酸をいったんベンジルエステルとして保護することがよく行われる．

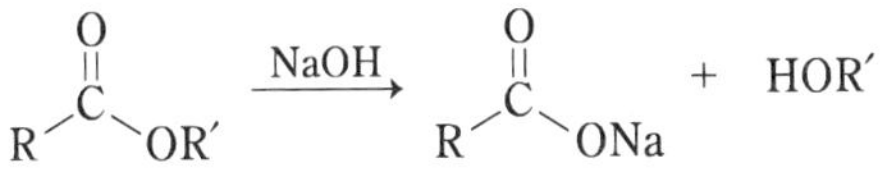

図 8.10 エステルのアルカリ性加水分解

グリニヤール反応剤のような強い求核剤はエステルと反応し，第1段階の付加脱離でケトンを与える．しかし，ケトンのほうがエステルよりも反応性が高いので，さらにグリニヤール反応剤の付加を受ける．生成したアルコキシドはもはや反応可能な基をもたないので，加水分解するとアルコールが生成する．強力な還元剤である水素化アルミニウムリチウム（LiAlH$_4$）を用いると，同様の反応機構でアルデヒドを経てアルコール（RCH$_2$OH）が得られる．

グリニヤール反応剤についてはすでに 7.7 節で学んだ．

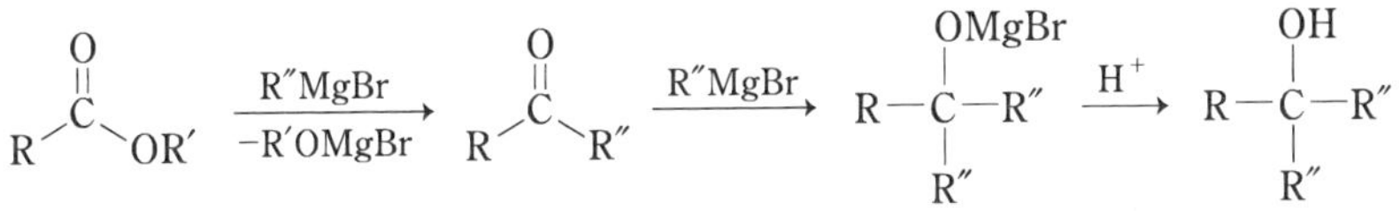

図 8.11 エステルとグリニヤール反応剤の反応

アルデヒドやケトンと同様にエステルも塩基を作用させると，カルボニル基の α 位炭素が脱プロトン化を受けてエノラートイオンになる．このエステルエノラートも有用な反応活性種であり，エステルとの反応は**クライゼン縮合**（Claisen condensation）とよばれている．この

アルデヒドやケトンのエノラートイオンについては 7.10 節で学んだ．

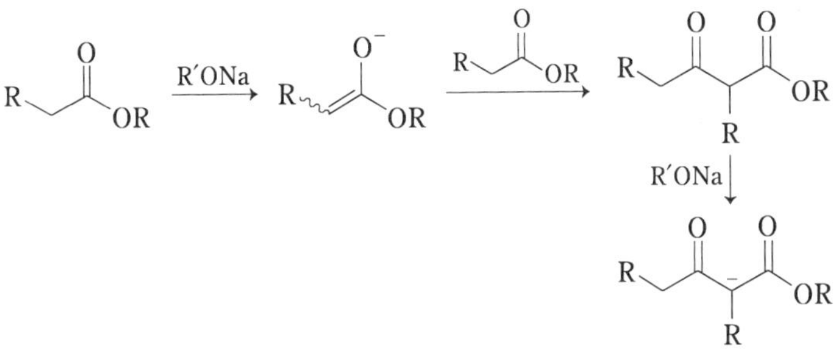

図 8.12 クライゼン縮合

カルボン酸α位炭素の反応

少量のリン(P)が存在すると，カルボン酸のα位炭素は塩素(Cl_2)または臭素(Br_2)によってハロゲン化を受ける．この反応はヘル-フォルハルト-ゼリンスキー(Hell-Volhard-Zelinsky)反応とよばれる．酸性条件下でカルボニル基がエノール化され，α位炭素が求核的に反応する．

クライゼン縮合によりβ-ケトエステルが生成する．このβ-ケトエステルにはケトンのカルボニル基が存在するが，これはなぜエノラートと反応しないのであろうか．一般に二つのカルボニル基にはさまれたCH_2やCHは高い酸性を示し，クライゼン縮合により脱離したアルコキシドにより，β-ケトエステルはただちに脱プロトン化されアニオンとなるからである．この結果，カルボニル基の反応性が低下し，第2のエノラートアニオンの求核付加は起こらない．

【例題8.4】ギ酸エステル(HCOOR)とグリニヤール反応剤 (R'MgX) との反応について考えてみよう（この反応は左右対称ケトンの合成法となる）．

[解答]

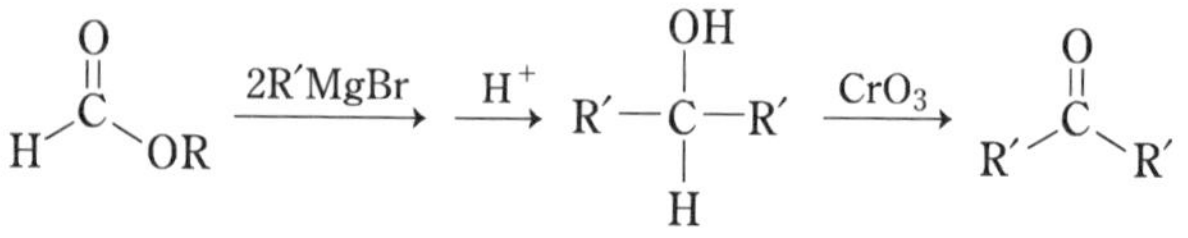

$$\text{HCOOR} \xrightarrow{2R'MgBr} \xrightarrow{H^+} R'-\underset{H}{\underset{|}{C}}(OH)-R' \xrightarrow{CrO_3} R'-CO-R'$$

8.5 アミド

アミドはカルボン酸とアミンが脱水縮合したものである．エステル結合と比べてアミド結合は安定であり，ロープなどの素材として利用されているナイロンも強いアミド結合をもつ．タンパク質もアミド結合をもつ高分子である．アミドのカルボニル炭素は隣の窒素原子の孤立電子対と相互作用する．これは図8.13の共鳴構造式でも表される．つまり，アミドのC=O結合は単結合性を，またC-N結合は二重結合性をもっている．さらに，カルボニル酸素は塩基性が強く，窒素のプロトンはアンモニアのNHと比べると酸性が強い．その結果，アミドは他の分子と水素結合をすることが多い．タンパク質では複数のアミド部分の水素結合ネットワークが見られる．また，C-N結合まわりの回転は阻害されており，窒素上の二つの置換基が異なる場合にはアルケンと同様シス，トランス異性体が存在し，室温でも検出できるほど，両者の変換は遅い．

アミド結合はタンパク質の場合は一般にペプチド結合という．

アミドの幾何異性体については，シス，トランスよりも順位則に従って，Z, Eで表記するのが正確である(3.3節a参照)．

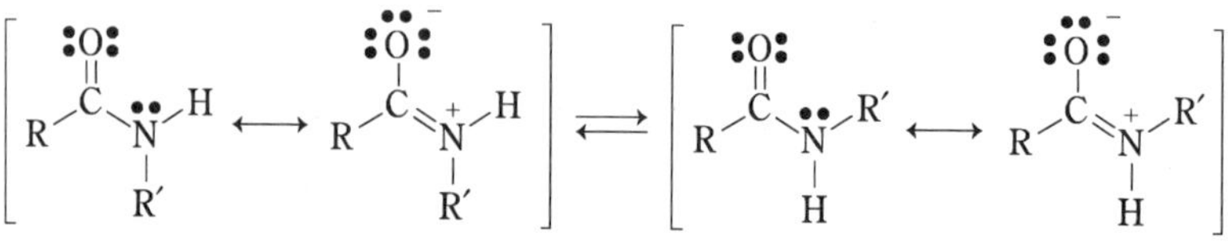

図 8.13 アミドの共鳴構造とシス，トランス異性体

環状アミドをラクタム (lactam) とよぶ．四員環の β-プロピオラクタム (β-propiolactam) は医薬の基本骨格として重要であり，ペニシリン (penicillin) に見られる構造である．七員環の ε-カプロラクタム (ε-caprolactam) はナイロン 6 の原料である．

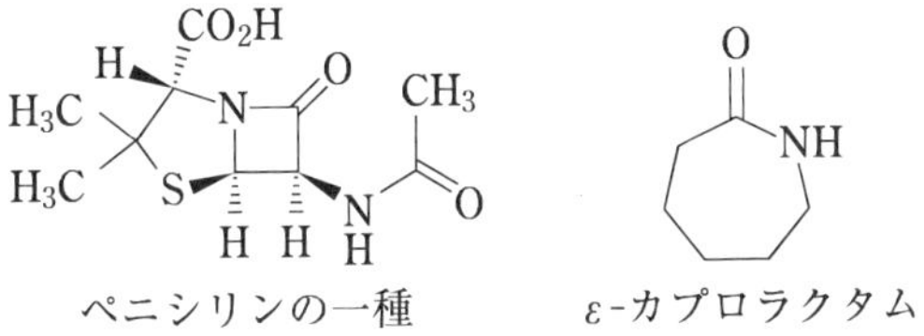

ペニシリンの一種　　ε-カプロラクタム

図 8.14　ラクタム

a. 合　成

カルボン酸とアミンとの反応では，まず酸塩基反応でカルボン酸アンモニウム塩が生成する．この状態でさらに加熱すると脱水反応でアミドが得られるが，酸ハロゲン化物や酸無水物をアミンと反応させるのがアミドの一般的合成法である．

b. 反　応

アミドのカルボニル基はエステルと比べて反応性は乏しい．したがって，加水分解には高温が必要となる．エステルの場合と同様にアルカリ性加水分解と酸性加水分解が可能であるが，後者が好んで用いられる．酸性条件で加水分解を行うと脱離したアミンがプロトン化されるので逆反応が起こらないからである．

アミドは $LiAlH_4$ で還元するとアミンになる．8.3 節で述べたカルボ

■ アミド結合をもつカプサイシン ■

唐辛子の辛味成分であるカプサイシン (capsicin) は炭素 10 個のカルボン酸のアミドであるが，次のような反応によって合成される．反応基質には水酸基とアミノ基が同一分子内にあるが，この場合アミノ基の反応が優先的に起こっていることに注目してほしい．アミノ基のほうがフェノール性水酸基よりも求核性が高いからである．カプサイシンの焼き付くような感覚はカプサイシンが熱による痛みを感じるレセプターに結合するからである．レセプターとの結合にはカプサイシンのアミド部分が重要な分子認識部位となっている．

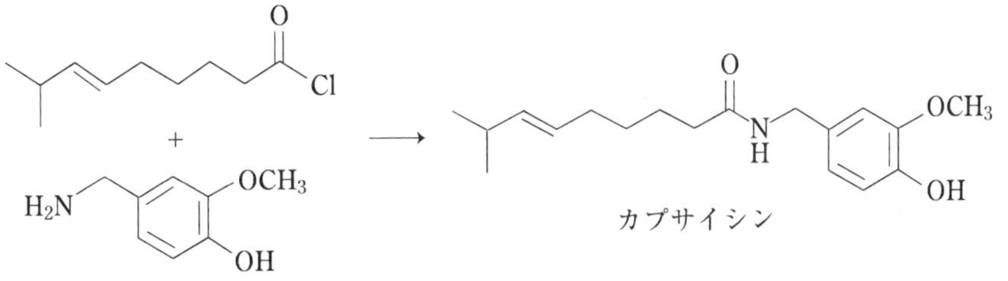

カプサイシン

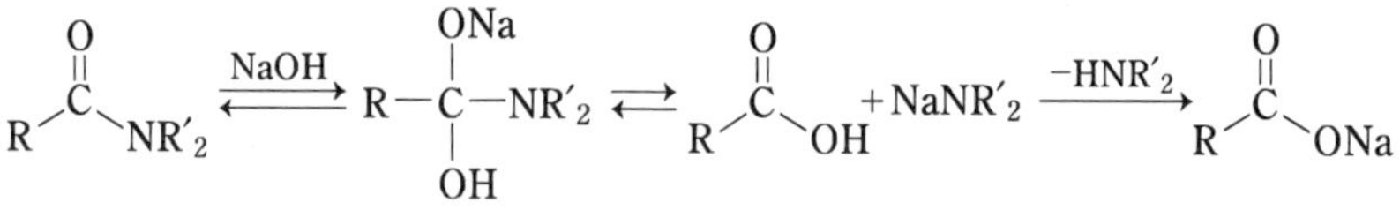

8 カルボン酸とその誘導体の反応

(a) アルカリ性加水分解

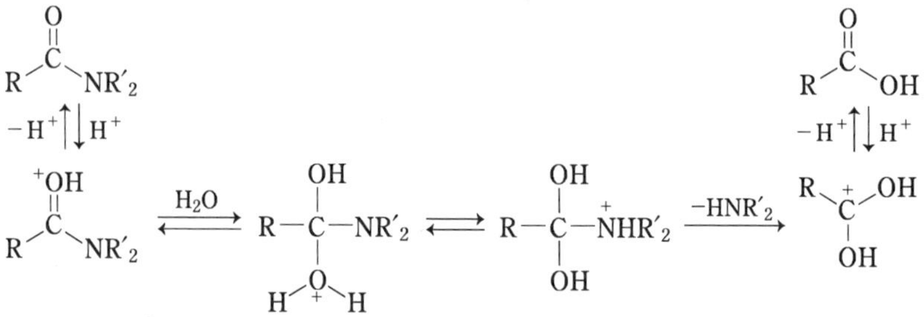

(b) 酸性加水分解

図 8.15 アミドのアルカリ性加水分解と酸性加水分解

pK$_a$ については 2.9 節で学んだ.

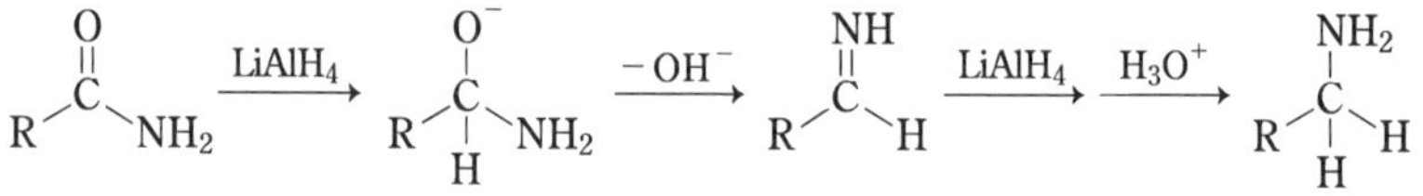

ン酸誘導体の求核置換反応の付加脱離機構からすると，H$^-$ の付加と NH$_2^-$ の脱離が起こるはずであるが，実際には NH$_2^-$ の脱離は極めて起こりにくいので結果的に OH$^-$ が脱離する．NH$_3$ の pK$_a$ は 38 と大きく，NH$_2^-$ ができにくいことがわかる．

図 8.16 アミドの LiAlH$_4$ による還元

イソシアナートの生成
ホフマン転位では臭素の置換したアミド窒素が脱プロトン化される．このアニオン性アミド窒素から臭素アニオンが脱離すると同時に R 基がアニオンとしてアミド窒素に転位してくる．この結果，イソシアナート（R−N=C=O）が生成する．

アミドは次亜臭素酸ナトリウムを作用させるとカルボニル基が脱離してアミンになる．この反応は**ホフマン**（Hofmann）**転位**とよばれているが，上の LiAlH$_4$ 還元の場合とは異なり，アシル基の炭素数の一つ減少したアミンが得られる．この反応ではアミド窒素が臭素化されたあと，R 基が窒素に転位し，イソシアナートを生成する．イソシアナートはカルバミン酸を経由し，脱炭酸して，アミンとなる．

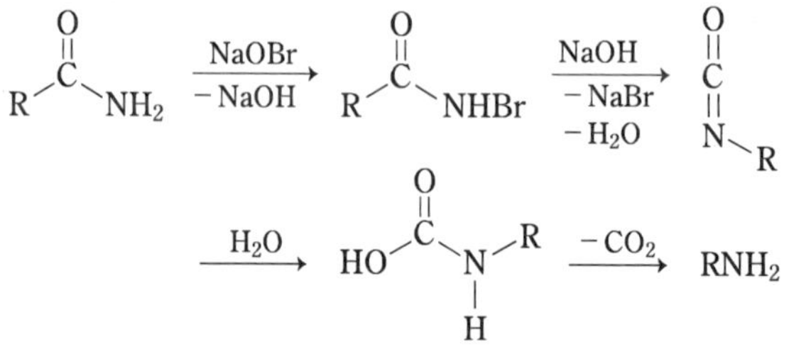

図 8.17 ホフマン転位

【例題 8.5】 イソシアナート（R−N＝C＝O）の加水分解でカルバミン酸（R−NH−COOH）が生成する反応のメカニズムを考えてみよう．

[解答]

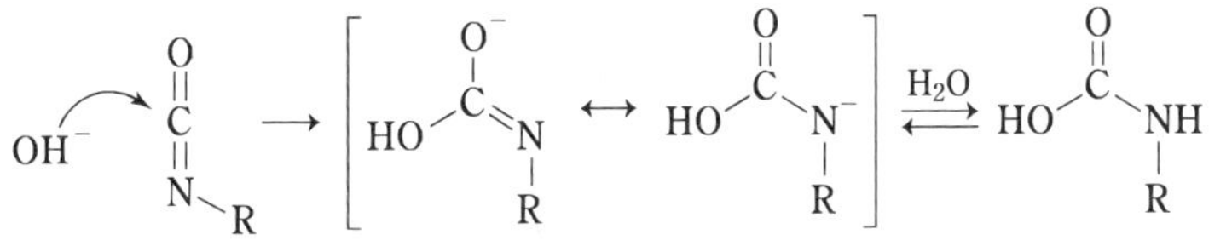

$$OH^- \;\curvearrowright\; \underset{\underset{R}{N}}{\overset{O}{\underset{\|}{C}}} \longrightarrow \left[HO-\underset{\underset{R}{N}}{\overset{O^-}{C}} \longleftrightarrow HO-\underset{\underset{R}{N^-}}{\overset{O}{\underset{\|}{C}}} \right] \xrightleftharpoons{H_2O} HO-\underset{\underset{R}{NH}}{\overset{O}{\underset{\|}{C}}}$$

8.6 ニトリル

ニトリルは炭素-窒素三重結合（シアノ基）をもつ分子であるが，加水分解するとカルボン酸になるので，カルボン酸誘導体とみなすことができる．ニトリルの炭素もカルボニル炭素と同様に電気陰性度の差に由来する分極のため，求核反応剤の攻撃を受ける．ニトリルの窒素原子には孤立電子対があり，カルボニル酸素の場合と同様にプロトン化されることによって，ニトリル基はいっそう活性化される．カルボニル基に比べてニトリルのシアノ基のプロトン化にはやや強い酸を必要とする．

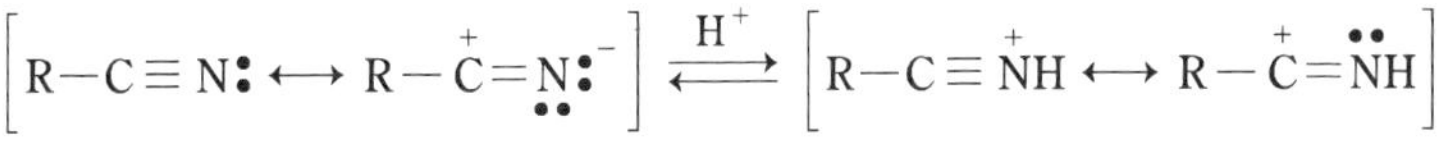

$$\left[R-C\equiv N: \longleftrightarrow R-\overset{+}{C}=\underset{\cdot\cdot}{\overset{\cdot\cdot}{N}}:^- \right] \xrightleftharpoons{H^+} \left[R-C\equiv \overset{+}{N}H \longleftrightarrow R-\overset{+}{C}=\overset{\cdot\cdot}{N}H \right]$$

図 8.18　シアノ基のプロトン化

a. 合 成

ニトリルは加水分解によりカルボン酸を与えるのでシアン化物イオン（CN⁻）を用いてニトリルを合成することはカルボン酸の合成経路として重要である．脂肪族ハロゲン化物はシアン化物イオンによる求核置換反応でニトリルを与えるが，芳香族ハロゲン化物の求核置換は困難である．芳香族化合物の場合はニトロ化，続く還元，およびジアゾ化で得られる芳香族ジアゾニウム塩とシアン化第一銅との置換反応により芳香族ニトリルを合成することになる．

芳香族ジアゾニウム塩については 10.3 節 c で詳しく学ぶ．

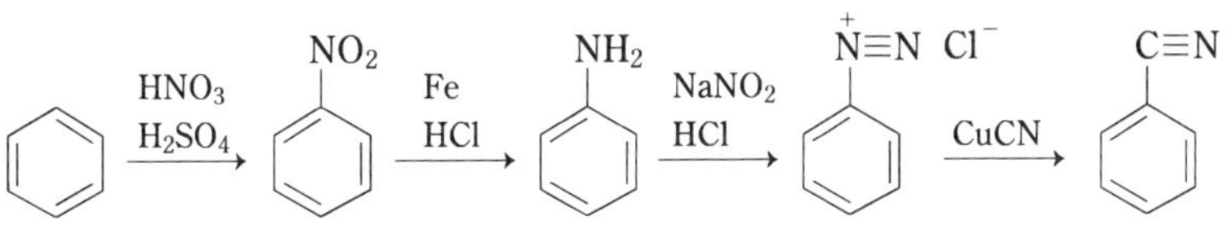

$$\underset{}{\bigcirc} \xrightarrow[H_2SO_4]{HNO_3} \underset{NO_2}{\bigcirc} \xrightarrow[HCl]{Fe} \underset{NH_2}{\bigcirc} \xrightarrow[HCl]{NaNO_2} \underset{\overset{+}{N}\equiv N\;Cl^-}{\bigcirc} \xrightarrow{CuCN} \underset{C\equiv N}{\bigcirc}$$

図 8.19　芳香族ニトリルの合成

b. 反 応

ニトリルはエステルなどと同様に酸性およびアルカリ性加水分解によってカルボン酸に変換される．ニトリルの反応がほかのカルボン酸誘導体の反応と大きく異なる点は脱離する置換基がないことである．したがって，エステルの場合とは異なりニトリルに対するグリニヤール反応剤の反応は1分子で停止する．前述のようにニトリルは有機ハロゲン化物から合成でき，グリニヤール反応剤も有機ハロゲン化物から得られるので，ニトリルとグリニヤール反応剤との反応は左右非対称ケトンの合成法となる．

> グリニヤール反応剤については7.7節で学んだ．

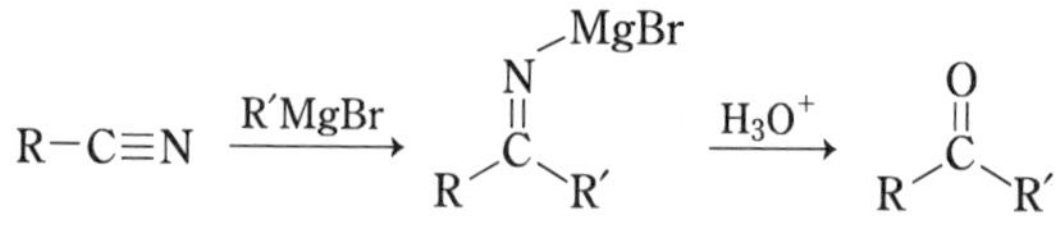

$$R-C\equiv N \xrightarrow{R'MgBr} \underset{R}{\overset{N-MgBr}{C}}R' \xrightarrow{H_3O^+} \underset{R}{\overset{O}{C}}R'$$

図 8.20 ニトリルとグリニヤール反応剤の反応

> LiAlH$_4$ については7.13節で学んだ．

また，ニトリルは強力な還元剤である LiAlH$_4$ によりアミンまで還元される．

$$R-C\equiv N \xrightarrow{LiAlH_4} \xrightarrow{H_3O^+} R-CH_2NH_2$$

図 8.21 ニトリルの LiAlH$_4$ による還元

【例題8.6】酸性，およびアルカリ性でのニトリルの加水分解の機構を考えよう．

[解答]

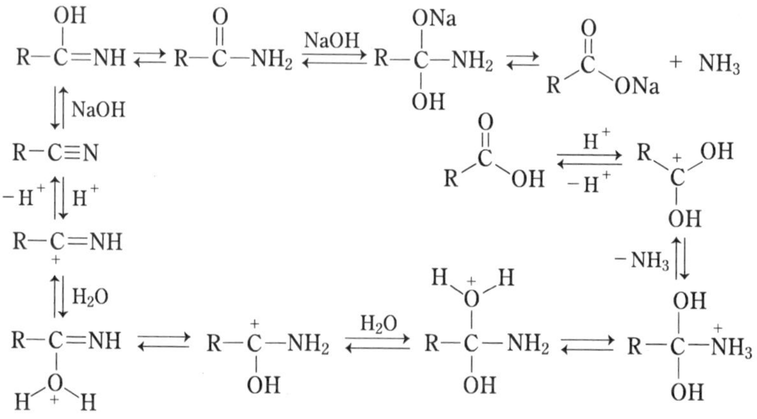

【例題8.7】臭化エチル，臭化メチル，シアン化ナトリウムを用いて 2-ブタノンを合成してみよう．

[解答]

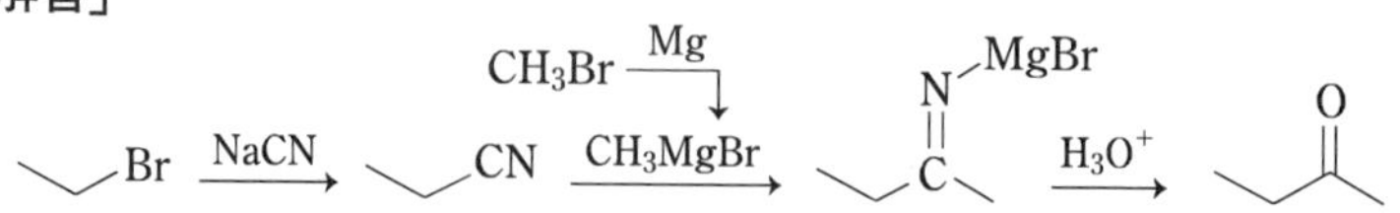

8.7 ジカルボン酸とその誘導体

ジカルボン酸には有機合成に多用されるマロン酸（malonic acid），ナイロン66の原料であるアジピン酸（adipic acid），ポリエステルの原料であるテレフタル酸（terephthalic acid），合成樹脂に使用される可塑剤の原料であるフタル酸（phthalic acid），ワイン樽の中で析出してくる酒石酸（tartaric acid）などのジカルボン酸がよく知られている．酒石酸はパスツール（Louis Pasteur）が右向きと左向きの結晶を得たことで有名であるが，容易に入手できる光学活性化合物として，近年の不斉合成反応に多用されている．

ジカルボン酸とアンモニアまたは第1級アミンが縮合すると，環状のイミド（imide）が生成する．アルキルハライドとアンモニアからアルキルアミンを合成する際にジアルキルアミンやトリアルキルアミンの生成を避けることはできない．しかし，アンモニアをイミドに変換すると，窒素のアルキル化は1回で止まる．これを加水分解すると，モノアルキルアミンが選択的に得られる（9.3節 b 参照）．

シャープレス（Sharpless）酸化
野依良治と共に2001年度のノーベル化学賞を受賞した K.B.Sharpless の開発した触媒的不斉酸化反応（シャープレス酸化）では酒石酸エステルを含むチタン触媒の働きによって，光学活性エポキシドが高い鏡像体過剰率（光学純度）で得られる．

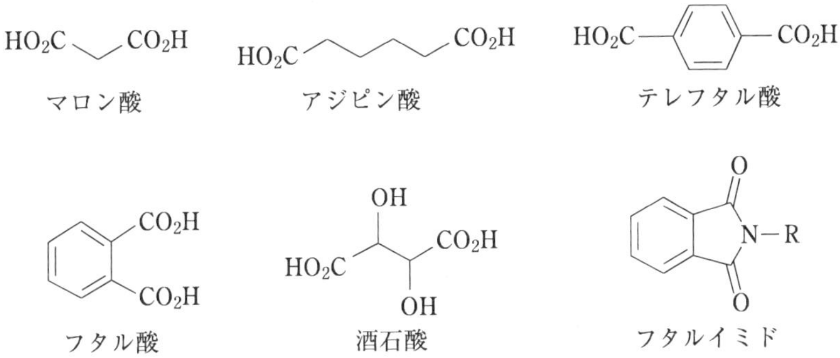

図 8.22 ジカルボン酸とその誘導体

【例題8.8】ナイロン66はアジピン酸と1,6-ジアミノヘキサンの縮合で得られる．この反応式を示しなさい．

［解答］

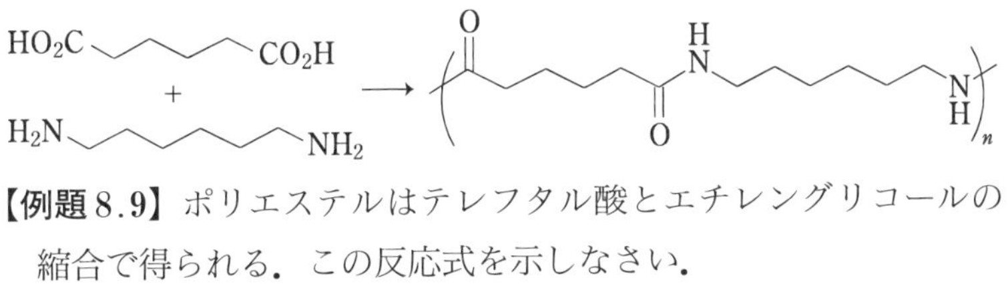

【例題8.9】ポリエステルはテレフタル酸とエチレングリコールの縮合で得られる．この反応式を示しなさい．

[解答]

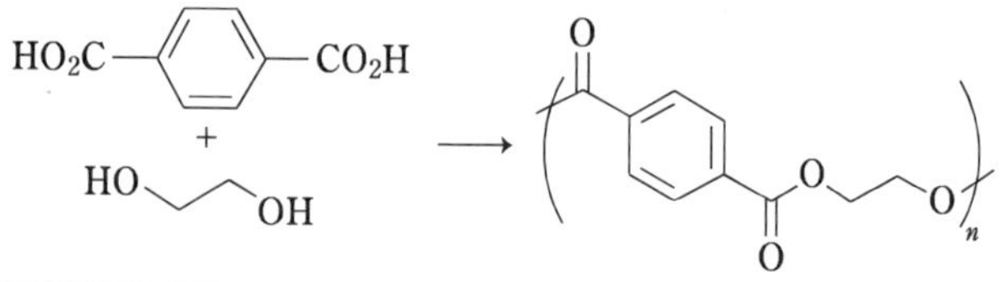

HO₂C–C₆H₄–CO₂H + HOCH₂CH₂OH → ⎡–CO–C₆H₄–CO–O–CH₂CH₂–O–⎤ₙ

8.8 炭酸誘導体

カルボン酸誘導体がさらに酸化されると CO_2 と同じ酸化状態をとる炭酸誘導体となる．ホスゲン (phosgene)，炭酸 (carbonic acid)，カルバミン酸 (carbamic acid)，尿素 (urea) などはその代表例であるが，これらはカルボン酸およびカルボン酸誘導体と類似した性質を示し，その反応挙動も類似している．

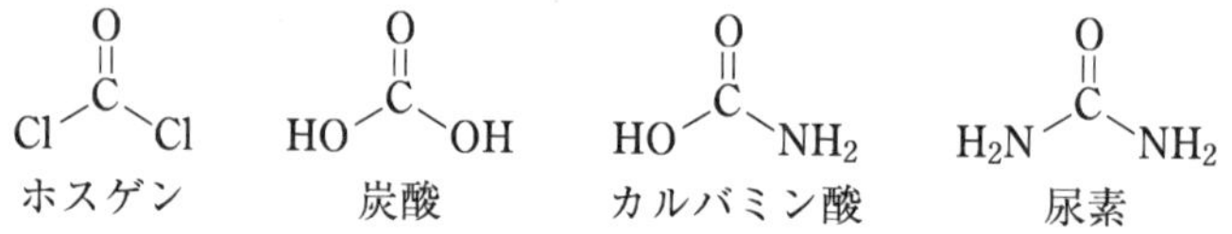

Cl–CO–Cl   HO–CO–OH   HO–CO–NH₂   H₂N–CO–NH₂
ホスゲン   炭酸   カルバミン酸 尿素

図 8.23 炭酸誘導体

8章のまとめ

1. カルボン酸はプロトン（水素イオン）を放出して，カルボン酸イオンとなる．酢酸は弱酸性を示し，その pK_a は約5である．
2. カルボン酸は，(i) アルコールの酸化，(ii) ニトリルの加水分解，(iii) グリニヤール反応剤と二酸化炭素との反応で合成できる．
3. カルボン酸の誘導体には酸ハロゲン化物，酸無水物，エステル，アミドなどがある．
4. 酸ハロゲン化物や酸無水物は反応性が高く，アルコール，アミン，有機銅化合物との反応により，それぞれ，エステル，アミド，ケトンを生成する．
5. カルボン酸誘導体の求核置換反応は2段階で進行する．付加脱離機構である．
6. カルボン酸とアルコールからのエステル合成には酸触媒を必要とする．
7. エステルの加水分解は酸性でもアルカリ性でも起こる．
8. エステルに対するグリニヤール反応剤の付加は2段階で進み，アルコールを与える．
9. アミド結合ではC–N結合が二重結合性を帯び，そのまわりの回転がいくぶん束縛される．
10. アミド結合はエステル結合よりも安定で，加水分解しにくい．
11. アミドのホフマン転位により炭素数の1少ないアミンが得られる．
12. アミド，ニトリルは水素化アルミニウムリチウムによってアミンに還元される．
13. ニトリルに対するグリニヤール反応剤の付加は1段階で止まり，ケトンを与える．
14. 炭酸誘導体は二酸化炭素と同じ酸化状態をとるがカルボン酸誘導体と同様の反応をする．

演習問題（8章）

8.1 アジピン酸ジエチル(a)を塩基と反応させると2-カルボエトキシシクロペンタノン(b)が生成する．この反応機構を考えてみよう．

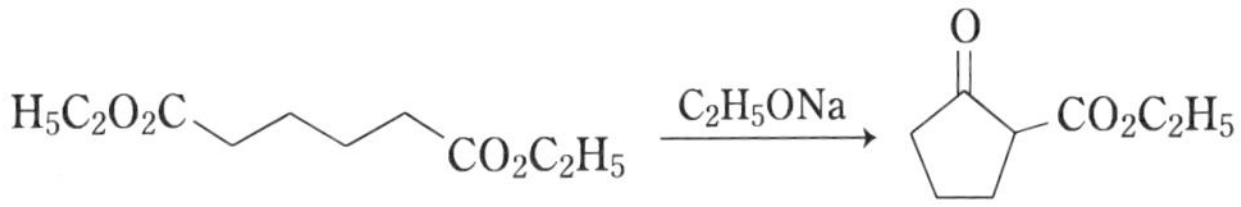

$$H_5C_2O_2C-(CH_2)_4-CO_2C_2H_5 \xrightarrow{C_2H_5ONa} \text{シクロペンタノン-CO}_2C_2H_5$$
(a) → (b)

8.2 酢酸エチル(c)を酢酸ベンジル(d)と N-ベンジルアセトアミド(e)に変換したい．使用可能なベンジルアルコール，ベンジルアミンは酢酸エチルと等モル量しかない．どのようにすれば収率よく生成物を得ることができるだろうか．

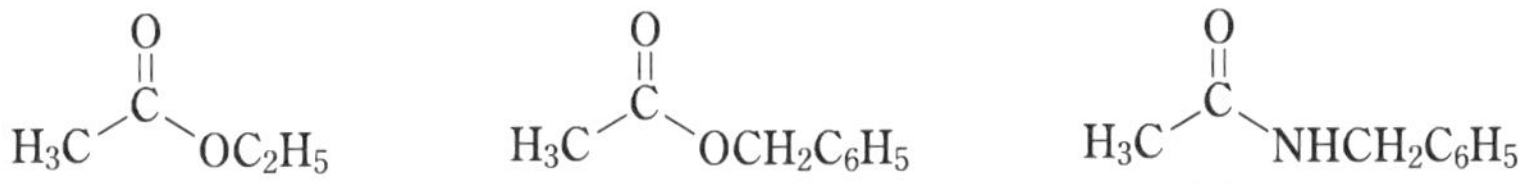

(c) $H_3C-CO-OC_2H_5$
(d) $H_3C-CO-OCH_2C_6H_5$
(e) $H_3C-CO-NHCH_2C_6H_5$

8.3 臭化エチル(f)からプロピオン酸(g)，ジエチルケトン(h)，プロピルアミン(i)，エチルアミン(j)を合成する方法を考えよう．

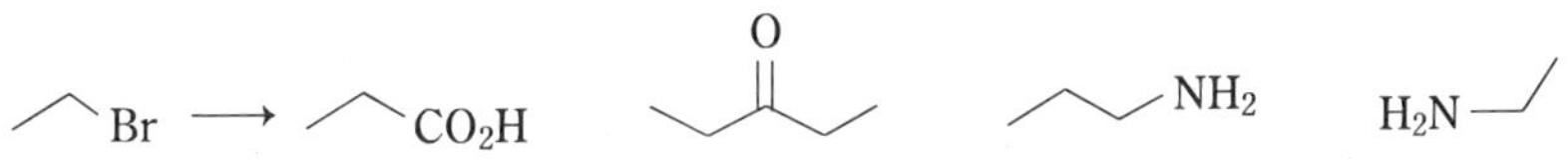

(f) CH₃CH₂Br → (g) CH₃CH₂CO₂H　(h) CH₃CH₂COCH₂CH₃　(i) CH₃CH₂CH₂NH₂　(j) H₂NCH₂CH₃

8.4 トリエチルアミン(n)にはジエチルアミン(m)，エチルアミン(l)が不純物として含まれている．蒸留などによる分離は効果的ではないが，少量のベンゾイルクロリド(k)を加えて蒸留すると純粋なトリエチルアミンが得られる．この理由を考えてみよう．

(k) C₆H₅COCl ＋ (l) H₂NC₂H₅ ＋ (m) HN(C₂H₅)₂ ＋ (n) N(C₂H₅)₃

8.5 ε-カプロラクタムに触媒量の塩基を加えて加熱するとナイロン6が生成する．このときの反応式を考えてみよう．

9 アミン

アンモニアの水素原子をアルキル基で置き換えた化合物をアミンとよぶ．この章では，アミンの特性について学ぶ．これまで学んできた有機化合物の大半は，炭素，水素，酸素原子から成り立っていたが，アミンの特性は窒素原子をもつことにある．窒素原子は三つの共有結合に加えて，**孤立電子対（非共有電子対）**をもつ．この孤立電子対の存在がアミンの特性を支配している．つまり，孤立電子対によってアミンは塩基性を示し，また水素結合を形成する．

アミンの特性は窒素の孤立電子対．

生理活性物質や医薬品にはアミンを部分構造としてもつものが多い．タバコの成分であるニコチンや鎮痛剤として利用されるモルヒネなどの**アルカロイド**，さらに神経興奮作用を示すアドレナリン，アレルギーに関与するヒスタミンなどは代表的なアミンとしてあげられる(図9.1)．アミンはまた，ナイロンやジアゾ色素の原料としても用いられている．このように，生理活性の面からも，また工業的用途の面からも重要な化合物である．

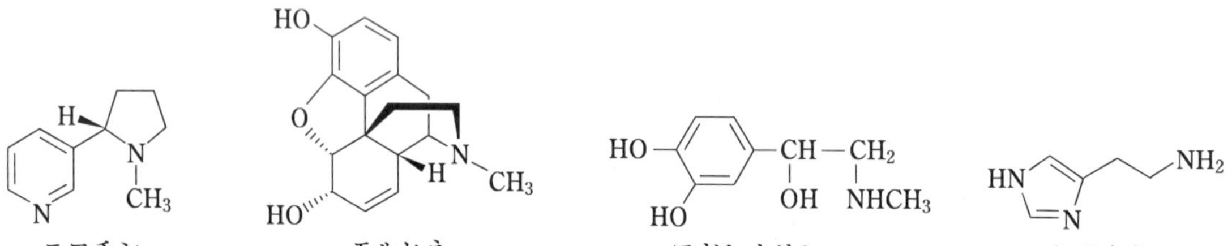

ニコチン　　モルヒネ　　アドレナリン　　ヒスタミン

図 9.1　生理活性物質

9.1　アミンの分類，構造，物理的性質

a. アミンの分類

アンモニアは三つの水素原子と共有結合をしている．この水素原子がアルキル基で置き換えられたものを**アミン**と総称する．一つのアルキル基で置き換えられたものは**第一級アミン**とよばれ，水の一つの水素原子がアルキル基で置き換わったアルコールに対応する（図9.2）．

アミンにおいては，第一級，第二級，第三級の分類の仕方がアルコールやハロゲン化物の場合と異なっていることに注意しよう．

9.1 アミンの分類，構造，物理的性質

また，アンモニアの二つの水素原子，さらに三つの水素原子がアルキル基で置き換えられたものは，それぞれ**第二級アミン**，**第三級アミン**と分類される．このときアルキル基は，一般的な鎖状や環状アルキル基でもベンゼン環でもよい．第二級や第三級アミンでは，アルキル基は同一のものでも異なったものでもよい．

さらに，四つのアルキル基が窒素原子に結合している化合物も知られており，この化合物では窒素が正電荷をもった塩となっている．このような化合物は**第四級アンモニウム塩**とよばれる（図9.2）．

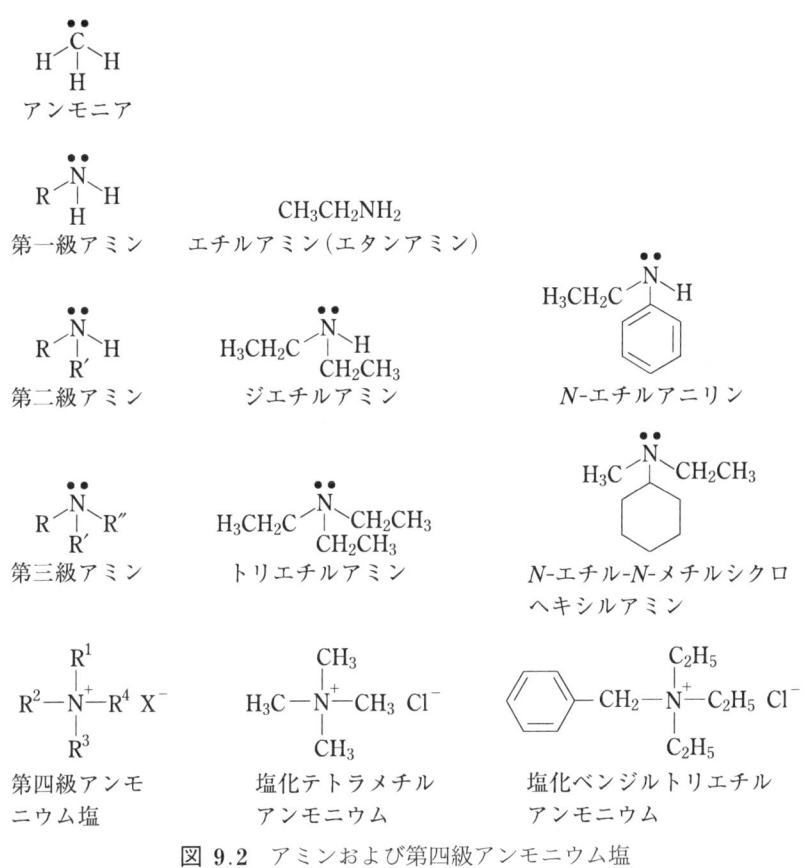

図 9.2 アミンおよび第四級アンモニウム塩

【例題9.1】次の化合物を第一級，第二級，第三級アミンおよび第四級アンモニウム塩に分類しなさい．

(a) シクロペンチル-NH_2　　(b) [$(CH_3)_2CH$]$_2NCH_2CH_3$　　(c) ピペリジン

(d) ジシクロヘキシルアミン　　(e) $(C_4H_9)_4N^+I^-$

[解答] (a) 第一級アミン，(b) 第三級アミン，(c)(d) 第二級アミン，(e) 第四級アンモニウム塩

b. アミンの構造

アミンの窒素原子はアンモニアの場合と同様に，孤立電子対と三つの等価な共有結合から成立っている．窒素原子は正四面体の中央に位置し，三つの置換基が各頂点を占め，孤立電子対が四つ目の頂点を占めている．

窒素原子についた置換基がすべて異なっている場合，たとえば第二級アミン（R^1R^2NH）で$R^1=CH_3$，$R^2=CH_2CH_3$の場合，孤立電子対を第4の置換基と見なすと，このアミンは炭素原子の場合にならってキラルな分子となりエナンチオマーが存在するはずである．この考え方は原理的に正しいが，実際には，二つの鏡像異性体はきわめて素速い反転による相互変換を行うため，このようなアミンは光学活性を示さない．

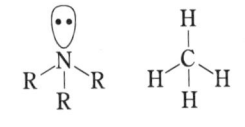

図 9.3 アミンとメタンの立体構造の比較

図 9.4 アミンにおけるエナンチオマーの相互変換

c. アミンの物理的性質

アミンの沸点は，表9.1からわかるように，アルカンより高くアルコールより低い．アミンはアルコールと同様に水素結合を形成するが，その強さはアルコールほどではない．アルコールと第一級アミンの水素結合の強さのこのような違いは，**窒素原子の電気陰性度**が酸素原子のそれより小さく，N−H結合の分極が小さいためである．

表 9.1 アミンの沸点

化合物	構造式	沸点(℃)
メチルアミン	CH_3NH_2	−6.3
（メタノール）	CH_3OH	65.0
（エタン）	CH_3CH_3	−88.6
エチルアミン	$CH_3CH_2NH_2$	16.6
ジエチルアミン	$(CH_3CH_2)_2NH$	56.5
トリエチルアミン	$(CH_3CH_2)_3N$	89.3

【例題9.2】3-N,N-ジメチルアミノプロパノールは分子内で水素結合を形成する．その様子を構造式で示しなさい．

［解答］分子内水素結合

d. アミンの塩基性

アミンの化学的性質は，おもに窒素原子上の孤立電子対に起因している．この孤立電子対のためにアミンはアンモニア同様に**塩基性**であり，また求核性をもつ．

アミンを水に溶かすと水がアミンにプロトンを与え，アミンは**アンモニウムイオン**に，水は**水酸化物イオン**になる．言い換えると，アミンの窒素原子は，水分子の水素を求核的に攻撃して水酸化物イオンを生成し，自身はアンモニウムイオンになると表現できる．このように，アミンはアルコールや水より強い塩基であり，酸と反応し塩を形成する．

酸・塩基については2.8節で学んだ．

図 9.5 アミンは塩基性

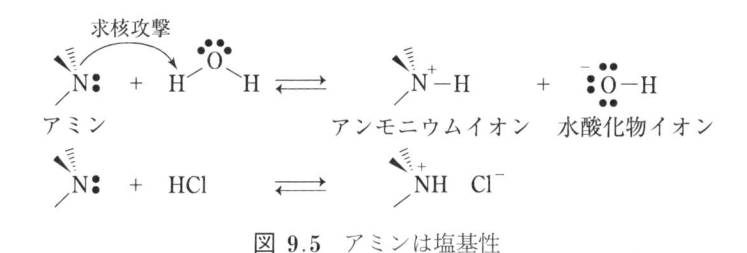

【例題 9.3】 エーテルを合成する反応に，N,N-ジイソプロピルエチルアミンを溶媒として用いた．このアミンを除きたい．どのような操作が必要か説明しなさい．

[解答] アミンは塩基性なので，反応混合物を有機溶媒で希釈したあと，希塩酸で洗浄するとよい．

アミンの塩基性の強さは，相当するアンモニウムイオンの安定性によって決められる．すなわち，アミンから生成するアンモニウムイオンのプロトンがいかに強固に保持されているかが問題となる．さらに言い換えると，アミンの塩基性の強さをみるときは，**共役酸**であるアンモニウムイオンがどれだけプロトンを放出しやすいかというアンモニウムイオンの酸性度 (pK_a) を比較すればよい．

[アンモニウムイオンの pK_a]

$$RN^+H_3 + H_2O \rightleftharpoons RNH_2 + H_3O^+$$

アンモニウムイオン

$$K_a = \frac{[RNH_2][H_3O^+]}{[RN^+H_3]}, \quad pK_a = -\log K_a$$

表9.2に代表的なアミンから誘導されるアンモニウムイオンの pK_a 値を示す．アンモニウムイオンの pK_a 値が大きいほど，元のアミンの塩基性は強い．また，メチル，ジエチル，トリエチル，シクロヘキシルアミンなどのアルキルアミンは，アンモニアより約10倍塩基性が強い．

電子供与基については，10.3節aに記述されている．

これはアルキル基が**電子供与性**であり，アンモニウムイオン（R_3N^+H）を安定化させているためである．

表 9.2 代表的なアミンから誘導されるアンモニウムイオンのpK_a値

アミン	アンモニウムイオン（共役酸）	アンモニウムイオンのpK_a値
アンモニア	$\overset{+}{N}H_4$	9.26
メチルアミン	$CH_3\overset{+}{N}H_3$	10.64
エチルアミン	$CH_3CH_2\overset{+}{N}H_3$	10.75
ジエチルアミン	$(CH_3CH_2)_2\overset{+}{N}H_2$	10.94
トリエチルアミン	$(CH_3CH_2)_3\overset{+}{N}H$	10.75
シクロヘキシルアミン	C$_6$H$_{11}$–$\overset{+}{N}H_3$	10.66
アニリン	C$_6$H$_5$–$\overset{+}{N}H_3$	4.62
N-メチルアニリン	C$_6$H$_5$–$\overset{+}{N}H_2CH_3$	4.85

一方，エチルアミンとトリエチルアミンのpK_a値を比較してみよう．この場合は，アンモニアとアルキルアミンの場合にみられたアルキル基による置換基効果に反して，トリエチルアミンの塩基性はエチルアミンと同程度であり，ジエチルアミンより低い．この現象は立体的な要因によるものとして説明される．すなわち，第三級アミンのアンモニウムイオンでは，アルキル基の電子供与性による安定化効果が，立体的に混み合うための立体障害の効果により相殺されている．

立体障害については，4.8および4.9節で説明されている．

アニリン誘導体に代表される**芳香族アミン**は，脂肪族アミンやアンモニアに比べはるかに弱い塩基である．たとえば，表9.2からわかるように，**アニリン**はシクロヘキシルアミンより100万分の1弱い塩基性しか示さない．この原因は，アニリンでは，窒素原子上の孤立電子対がベンゼン環のπ電子と相互作用し非局在化による安定化（共鳴安定化）を受けるが，シクロヘキシルアミンではこのような効果がないためである．

共鳴安定化については，2.6節で学んだ．

e. アミドの場合

アミンとカルボン酸から生成する**アミド**（$-NR-CO-$）には，やはり孤立電子対をもつ窒素原子が存在する．しかし，アミドは酸で処理しても塩を形成せず塩基性を示さない．その理由を考察するときに，アミドは極限構造式で書くと図9.6に示す**共鳴構造**として表されることを思い出そう．このように，窒素原子上の孤立電子対はカルボニル基と相互作用することによって非局在化されている．一方，アミンの窒素上の

アミドについてはすでに8.5節で学んだ．

孤立電子対には，このような非局在化相互作用はない．

このように窒素原子上の孤立電子対の局在化と非局在化の違いが，アミンとアミドの塩基性および求核性における顕著な違いとして現れる．

$$R-\overset{..}{\underset{H}{N}}-\overset{O}{\underset{\|}{C}}-R' \longleftrightarrow R-\overset{+}{\underset{H}{N}}=\overset{\overset{-}{O}}{\underset{}{C}}-R'$$

図 9.6 アミドの孤立電子対の非局在化

【例題 9.4】次の化合物を塩基性の大きい順に並べて，その理由を説明しなさい．

(a) $CH_3CH_2CONH_2$ (b) 〔環〕NH

(c) $CH_3CH_2CH_2NH_2$ (d) $CH_3CF_2CH_2NH_2$

［解答］(b) > (c) > (d) > (a) となる．すなわち，第二級アミンは，アルキル基による電子供与効果で高い塩基性を示す．第一級アミンでは，置換基の電子供与効果の順に塩基性が大きく，アミドの窒素はカルボニル基との非局在化相互作用のため中性である．

9.2 アミンの合成法

アミンの合成法には，他のアミンのアルキル化による方法，還元的にアミンを形成する方法，転位反応を用いる方法がある．実験室的には，還元的アミンの形成法が一般的であり，よく用いられる．

a. アミンのアルキル化

アンモニアやアルキルアミンは優れた求核剤であり，脱離基をもった炭素上でS_N2反応を起こす．これは，アミンの塩基性のところで述べたように，窒素原子上にある孤立電子対の求核性に基づいている．したがって，もっとも簡単なアミンの合成法は，アンモニアやアルキルアミンとハロゲン化アルキルとのS_N2型反応である．

すなわち，図 9.7 に示したように，第 1 段階では第一級アミンの塩が生成し，これは過剰のアンモニアがあると第一級アミンと平衡になる．このようにして生じた第一級アミンは，さらに RX と反応して第二級アミンの塩となり，これはアンモニア存在下で第二級アミンと平衡になる．このようにして第三級アミン，さらに第四級アンモニウム塩が生成する．ここで，第一級，第二級および第三級アミンともに反応性がよ

ペプチド結合

アミド結合は図 9.6 の共鳴からわかるように，平面に近い構造をしている．タンパク質では，一般にアミド結合をペプチド結合というが，この平面性がタンパク質の α-らせん構造や，β-シート構造形成に重要な役割を果たしている．アミド結合についてはすでに 8.5 節で学んだ．

転位反応によるアミンの合成法としてホフマン転位がある．これについてはすでに 8.5 節 b で学んだ．

く似ているため，このような反応では，最初に生じる第一級アミンに加えて第二級，さらにアルキル化された化合物の混合物ができる．このため，望む第一級や第二級アミンを得るためには何らかの工夫が必要となり，アミンのアルキル化による方法は合成法としてあまり好ましくない．

$$NH_3 + RX \longrightarrow RN^+H_3X^- \xrightleftharpoons{NH_3} RNH_2 + N^+H_4X^-$$
$$RNH_2 + RX \longrightarrow R_2N^+H_2X^- \xrightleftharpoons{NH_3} R_2NH + N^+H_4X^-$$
$$R_2NH + RX \longrightarrow R_3N^+HX^- \xrightleftharpoons{NH_3} R_3N + N^+H_4X^-$$
$$R_3N + RX \longrightarrow R_4N^+X^-$$

図 9.7 アミンのアルキル化

b. ガブリエル合成

第一級アミンの合成法である．

第一級アミンを選択的に得る方法として**ガブリエル**（Gabriel）**合成**が知られている．これはフタルイミドを原料とし，その窒素原子をアルキル化の後に加水分解して第一級アミンを合成するものである（図9.8）．すなわち，フタルイミドのN-Hは隣のカルボニル基により活性化されているため，塩基によって容易に脱プロトン化される．そして，生じた窒素アニオンがRXによりアルキル化されアルキルフタルイミドを与え，これを加水分解すると第一級アミンができる．この場合は，当然のことながら窒素原子上のジアルキル化は起こらない．

DMFはジメチルホルムアミドの略称である．

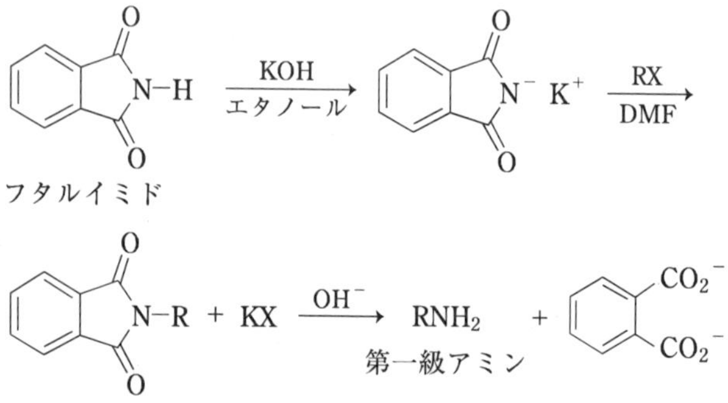

図 9.8 ガブリエル反応による第一級アミンの生成

c. 還元によるアミンの合成

アミンの一般的な合成法である．

望むアミンを実験室内で得るには，アミド，イミン，アジド，ニトリルの還元による方法が一般的である．

（1）アミド，イミンの還元 すでにカルボン酸のところで学んだように，カルボン酸および酸無水物や酸塩化物をアンモニアまたはアミンと反応させるとアミドが得られ，アミドは水素化アルミニウムリ

9.2 アミンの合成法

チウム（LiAlH$_4$）で還元するとアミンになる．

カルボン酸のかわりにアルデヒドやケトンではイミンが生成し，これは**シアノ水素化ホウ素ナトリウム**（NaBH$_3$CN）によって還元されアミンになる．NaBH$_3$CN を用いたアルデヒドまたはケトンからアミンの生成は，**還元的アミノ化**とよばれる．NaBH$_3$CN は，カルボニル基よりもイミンの二重結合とより速く反応するのが特徴である．

> LiAlH$_4$ によるアミドの還元については 8.5 節 b で学んだ．

> アルデヒドやケトンからのイミンの生成については 7.5 節で学んだ．

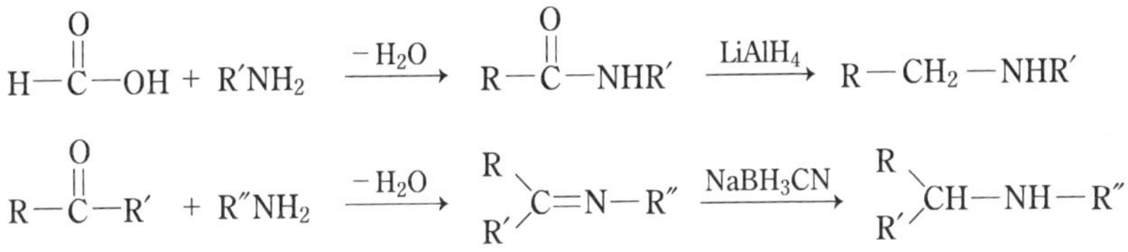

$$H-\overset{O}{\overset{\|}{C}}-OH + R'NH_2 \xrightarrow{-H_2O} R-\overset{O}{\overset{\|}{C}}-NHR' \xrightarrow{LiAlH_4} R-CH_2-NHR'$$

$$R-\overset{O}{\overset{\|}{C}}-R' + R''NH_2 \xrightarrow{-H_2O} \overset{R}{\underset{R'}{}}C=N-R'' \xrightarrow{NaBH_3CN} \overset{R}{\underset{R'}{}}CH-NH-R''$$

図 9.9 アミド，イミンの還元によるアミンの生成

【例題 9.5】シクロヘキサノンを原料として，N-プロピルシクロヘキシルアミンの合成法を示しなさい．

[解答] ⬡=O $\xrightarrow{H_2NCH_2CH_2CH_3}$ ⬡=NCH$_2$CH$_2$CH$_3$

$\xrightarrow{NaBH_3CN}$ ⬡−NHCH$_2$CH$_2$CH$_3$

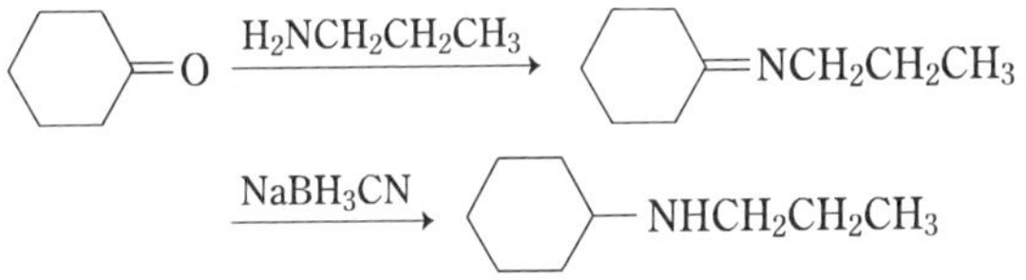

（2）アジド，ニトリルの還元 アミンの合成法としてハロゲン化アルキルを原料とした場合には，まずアジドの合成，続いてその還元がもっとも一般的に用いられる．アジドの生成は S$_N$2 置換反応であり，生じたアルキルアジドの窒素原子は分極しているため容易に還元が起こる．さらに，ハロゲン化アルキルから炭素を一つ伸ばしたアミンは，シアン化ナトリウムと反応させてニトリルを得，続いて LiAlH$_4$ により還元することによって合成できる．

> ハロゲン化アルキルの S$_N$2 型置換反応については 5.3 節で学んだ．

> ニトリルの還元については 8.6 節で学んだ．

$$R-X + NaN_3 \longrightarrow R-N=\overset{+}{N}=\bar{N} \xrightarrow{LiAlH_4} R-NH_2$$

$$R-X + NaCN \longrightarrow R-C\equiv N \xrightarrow{LiAlH_4} R-CH_2-NH_2$$

図 9.10 アジド，ニトリルの還元によるアミンの生成

【例題 9.6】1-ブタノールから誘導した化合物を共通の中間体として用い，その中間体からそれぞれ 3 段階で，ブタンアミンと炭素の一つ伸びたペンタンアミンを合成したい．それぞれの方法を反応式で示しなさい．

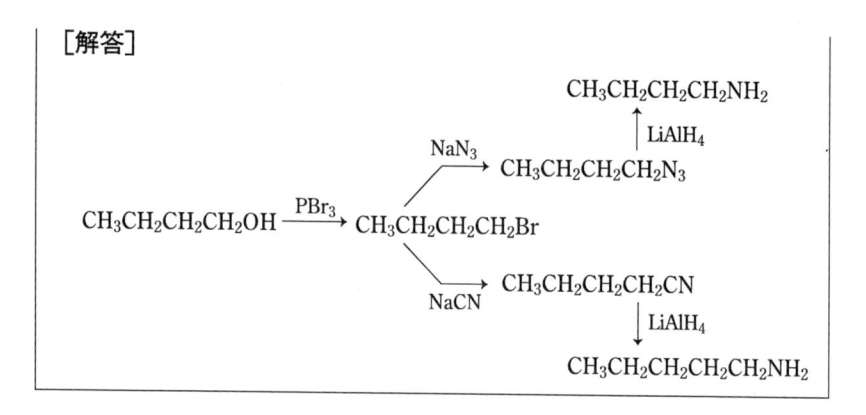

[解答]

$$CH_3CH_2CH_2CH_2OH \xrightarrow{PBr_3} CH_3CH_2CH_2CH_2Br \begin{array}{c} \xrightarrow{NaN_3} CH_3CH_2CH_2CH_2N_3 \xrightarrow{LiAlH_4} CH_3CH_2CH_2CH_2NH_2 \\ \xrightarrow{NaCN} CH_3CH_2CH_2CH_2CN \xrightarrow{LiAlH_4} CH_3CH_2CH_2CH_2CH_2NH_2 \end{array}$$

9.3 アミンの反応

古くから知られているアミンの反応として,**ホフマン(Hofmann)脱離反応**と**ヒンスベルグ(Hinsberg)試験**がある.両方とも,天然に存在する複雑なアミン化合物の構造決定に使われてきた.また,ケトンのアミノメチル化反応である**マンニッヒ(Mannich)反応**および芳香族アミンに亜硝酸を反応させ形成される**芳香族ジアゾニウムイオン**($Ar-N_2^+$)は,有機合成に利用されるため重要である.

a. アルケンをつくる:ホフマン脱離反応

アミンの第四級アンモニウム塩は,酸化銀とともに加熱すると脱離反応を起こしアルケンになる.これはホフマン脱離反応とよばれ,よりアルキル置換基の少ないアルケンが主生成物となる特徴をもつ.これに対し,ハロゲン化アルキルから脱HXにより二重結合を形成する場合は,立体的にかさ高い塩基を用いる場合以外は,一般により置換基の多いより安定なアルケンが主成分物となる(**ザイツェフ則**).

5.5節で学んだザイツェフ則とホフマン則との関連でホフマン脱離反応を整理しておこう.

$$H_3CH_2CH_2C-\underset{H}{\overset{N(CH_3)_2}{\underset{|}{C}}}-CH_3 \xrightarrow{CH_3I} H_3CH_2CH_2C-\underset{H}{\overset{\overset{+}{N}(CH_3)_3}{\underset{|}{C}}}-CH_3$$

第四級アンモニウム塩

$$\xrightarrow[\text{加熱}]{Ag_2O, H_2O} CH_3CH_2CH_2CH=CH_2 + CH_3CH_2CH=CHCH_3 + N(CH_3)_3$$
$$(96:6)$$

図 9.11 ホフマン脱離反応の反応例

b. アミンを区別する:ヒンスベルグ試験

第一級および第二級アミン(R_2NH)は,スルホン酸の酸塩化物である塩化スルホニル $R'SO_2Cl$ と反応して,スルホンアミド $R'SO_2NR_2$ を生成する.これは,アミンとカルボン酸塩化物との反応と同様である.第一級アミンから生成するスルホンアミドには,酸性のN-Hプロト

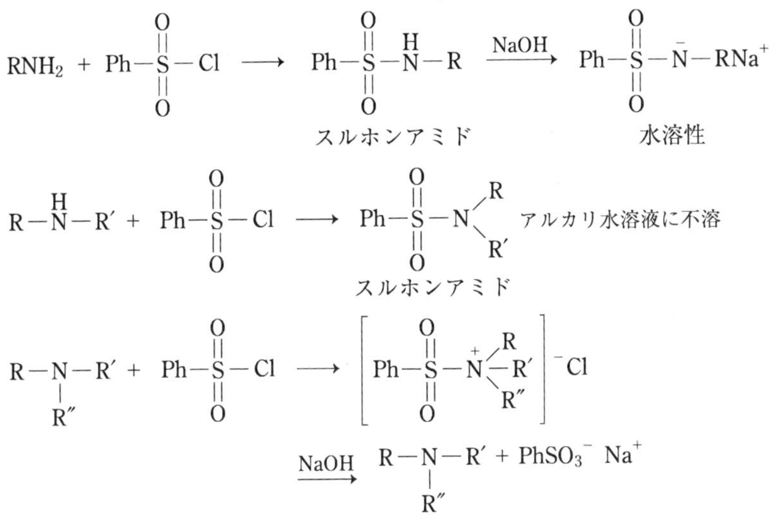

$$RNH_2 + Ph-SO_2-Cl \longrightarrow Ph-SO_2-N(H)-R \xrightarrow{NaOH} Ph-SO_2-N(Na^+)-R$$
スルホンアミド　　　　　　水溶性

$$R-N(H)-R' + Ph-SO_2-Cl \longrightarrow Ph-SO_2-NRR' \quad \text{アルカリ水溶液に不溶}$$
スルホンアミド

$$R-NR'R'' + Ph-SO_2-Cl \longrightarrow [Ph-SO_2-N^+RR'R'']Cl^-$$

$$\xrightarrow{NaOH} R-NR'R'' + PhSO_3^- \ Na^+$$

図 9.12　ヒンスベルグ試験は第一級, 第二級, 第三級アミンを区別することができる

ンがあるのでアルカリ水溶液に溶ける．第二級アミンから生成するスルホンアミドにはこれが存在しないので，アルカリ水溶液に溶けない．

　一方，第三級アミンの場合は，中間に生成する塩がアルカリ水溶液で加水分解され，元の第三級アミンに戻るので結果として変化しない．このような性質の差を利用して，第一級，第二級，第三級アミンを区別することができ，これを**ヒンスベルグ試験**という．

c. ケトンやアルデヒドから炭素が一つ伸びたアミンの合成法： マンニッヒ反応

　ホルムアルデヒドとアルキルアミンを塩酸存在下で反応させると，第二級アミンのイミニウムイオンが生成する．一方，ケトンやアルデヒドは塩酸中で一部エノールになっているが，これらがイミニウムイオンに付加して炭素の一つ伸びたアルキルアミンが生成する．このように，イミニウムイオンにケトンやアルデヒドのエノールが付加する反応は**マンニッヒ (Mannich) 反応**とよばれる．

エノールについてはすでに 7.9 節で学んでいる．

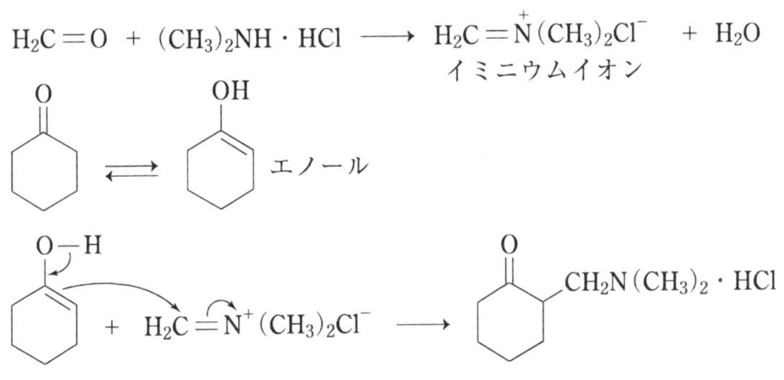

$$H_2C=O + (CH_3)_2NH \cdot HCl \longrightarrow H_2C=\overset{+}{N}(CH_3)_2 Cl^- + H_2O$$
イミニウムイオン

シクロヘキサノン ⇌ エノール (OH)

エノール + $H_2C=\overset{+}{N}(CH_3)_2 Cl^-$ ⟶ 2-(ジメチルアミノメチル)シクロヘキサノン $CH_2N(CH_3)_2 \cdot HCl$

図 9.13　マンニッヒ反応の例

d. ジアゾニウムイオンの生成と反応

アニリンに代表される芳香族第一級アミンと亜硝酸との反応は，**芳香族ジアゾニウム塩**の生成反応としてよく知られている．芳香族ジアゾニウム塩はさまざまな官能基へ変換でき，合成化学的に有用であるばかりでなく，他の活性化された芳香族化合物（フェノールや芳香族アミンなど）と反応してアゾ化合物を与える（ジアゾカップリング）．アゾ化合物は，繊維用染料やカラー写真用色素など，有機機能性材料として大いに注目されている．一方，芳香族以外の第一級アミンと亜硝酸から生成するジアゾニウム塩は不安定なため，合成的に利用されることはほとんどない．

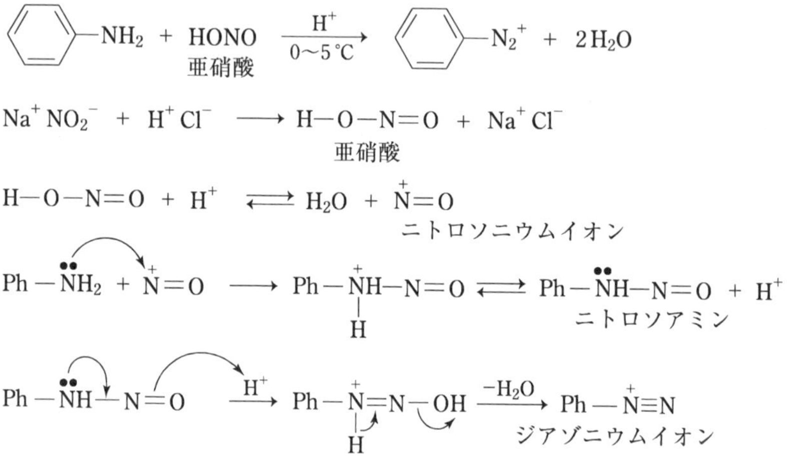

図 9.14 ジアゾニウムイオンの生成

このようにして生成した**ベンゼンジアゾニウムイオン**からの官能基変換の例を図9.15に示す．芳香族ジアゾニウムイオンの反応については10章で述べる．

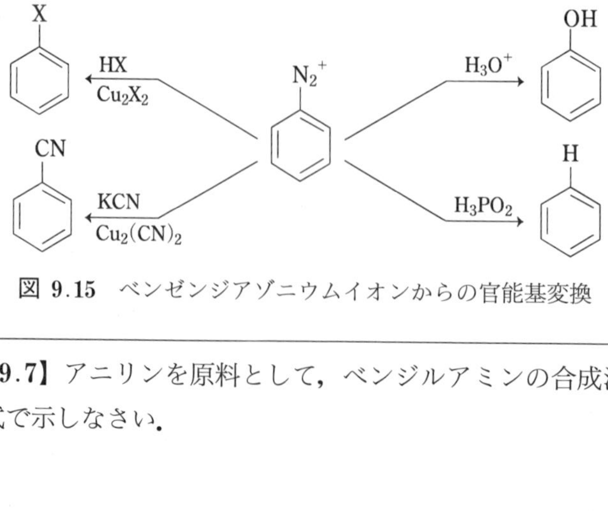

図 9.15 ベンゼンジアゾニウムイオンからの官能基変換

【例題9.7】アニリンを原料として，ベンジルアミンの合成法を反応式で示しなさい．

［解答］

$$\text{C}_6\text{H}_5\text{NH}_2 \xrightarrow[\text{HCl}]{\text{NaNO}_2} \text{C}_6\text{H}_5\text{N}_2^+ \xrightarrow[\text{Cu(CN)}_2]{\text{KCN}} \text{C}_6\text{H}_5\text{CN} \xrightarrow{\text{LiAlH}_4} \text{C}_6\text{H}_5\text{CH}_2\text{NH}_2$$

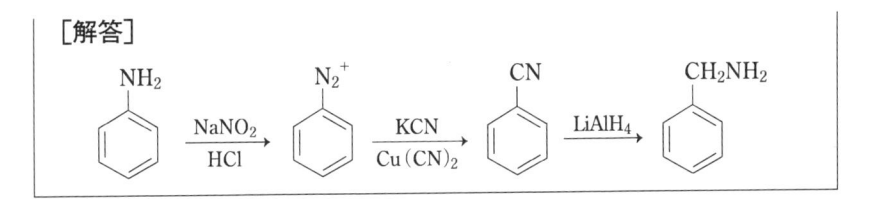

また，アニリンから合成されるジアゾニウムイオンに代表される芳香族ジアゾニウムイオンは正電荷をもつので，求電子剤の一種である．これらは，電子供与性基をもつ芳香族環とパラ位で反応してアゾ化合物を与える．生成物では，二つの芳香環がアゾ基（－N＝N－）で結合しているので，この反応は**ジアゾカップリング**とよばれる．

$$\text{C}_6\text{H}_5\text{–N}{\equiv}\text{N}^+ + \text{C}_6\text{H}_5\text{–OH} \xrightarrow{\text{OH}^-} \text{C}_6\text{H}_5\text{–N}{=}\text{N–C}_6\text{H}_4\text{–OH}$$

図 9.16　ジアゾカップリングの例

■ アルカロイド ■

窒素原子をもつ複素環化合物は，植物の塩基性成分であるアルカロイドの部分構造としてよく見られる．アルカロイドの多くは生物に対し特徴ある作用を示すことから，これまで多くの有機化学者の研究対象となり，また現在でもその合成法の開発が行われている．アミンの最初のところで紹介したモルヒネは，アヘンの成分としてアルカロイドの中でもっとも古くに分離され，鎮痛剤として用いられてきた．また，タバコの成分として身近なニコチンは，〰〰〰のところで切断してみると，ピリジン環とピロリジン環から成り立っていることがわかる．

ニコチン　　ピリジン　　N-メチルピロリジン　　キニーネ

ここでは，マラリアの特効薬として有名なキニーネ（quinine）について簡単に紹介しよう．古くからキナノキの樹皮中には，伝染病であるマラリヤに有効な成分が含まれているといわれていたが，1820 年にキニーネが単離された．その後 1908 年に化学構造が決定され，人工的合成法が盛んに研究された．1856 年，Perkin により紫色の合成染料として開発されたモーブは，このキニーネを合成するもくろみから生まれたものであることは，あまりにも有名である．キニーネの最初の人工合成は 1944 年になされたといわれているが，これには不確かな要素があることも指摘されている．その後，立体化学が制御されていない合成の報告を経て，2001 年に初めて立体選択的な合成が報告された．

【例題 9.8】 メチルオレンジは pH 指示薬として広く使われており，pH 4.5 以上では黄橙色，pH 3 以下では赤色を示す．これを p-アミノベンゼンスルホン酸ナトリウムと，N,N-ジメチルアニリンから合成する方法を示しなさい．

$^+Na\ ^-O_3S-\text{C}_6\text{H}_4-N=N-\text{C}_6\text{H}_4-N(CH_3)_2$
メチルオレンジ

$^+Na\ ^-O_3S-\text{C}_6\text{H}_4-NH_2$
p-アミノベンゼンスルホン酸ナトリウム

[解答]

$^+Na\ ^-O_3S-\text{C}_6\text{H}_4-NH_2 \xrightarrow{\text{NaNO}_2/\text{HCl}} [^+Na\ ^-O_3S-\text{C}_6\text{H}_4-N\equiv N]^+ Cl^-$

$\xrightarrow{\text{C}_6\text{H}_5-N(CH_3)_2}\ ^+Na\ ^-O_3S-\text{C}_6\text{H}_4-N=N-\text{C}_6\text{H}_4-N(CH_3)_2$

9章のまとめ

1. アルカロイドに代表される生理活性物質や医薬品にはアミノ基をもつものが多い．
2. アミンの特性は窒素の孤立電子対にある．
3. アミンは孤立電子対も含め正四面体構造をしている．
4. アミンの塩基性は孤立電子対の局在化および立体障害の度合いによる．
5. アミンの合成法としては，アミド，イミン，アジド，ニトリルの還元が一般的である．とくにイミンのシアノ水素化ホウ素ナトリウムによる還元的アミノ化は重要である．
6. 第4級アンモニウム塩の脱離はホフマン脱離とよばれ，オレフィンを形成する．
7. スルホンアミドを形成させるヒンスベルグ試験は第一級，第二級，第三級アミンを区別することができる．
8. 第二級アミンとホルムアルデヒドから発生させたイミニウム塩へのエノールの付加はマンニッヒ反応とよばれ，アルデヒドやケトンのアミノメチル化反応である．
9. アニリルと亜硝酸との反応から生成するジアゾニウム塩は様々な官能基へ変換でき，合成化学的に有用である．また，機能性材料として有用なアゾ化合物を与える．

演習問題（9章）

9.1 次の化合物を塩基性の強い順に並べ，その理由を説明しなさい．
 (a) $CH_3CH_2CH_2NHCH_2CH_2CH_3$, (b) アンモニア, (c) アニリン,
 (d) $CH_3CH_2NHCOCH_3$

演習問題（9章）

9.2 ピロールの塩基性（K_b；約 2.5×10^{-14}）は，脂肪族アミン（K_b；$10^{-3} \sim 10^{-4}$）よりはるかに弱く，アニリン（K_b；10^{-10}）より弱い．この理由を説明しなさい．ただし，K_b は塩基性の強さの度合いを示す．

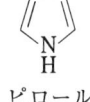

9.3 化合物 **A** は，2回のホフマン脱離反応の後オゾン分解を行い，続いて酸化することによってコハク酸（$HO_2CCH_2CH_2CO_2H$）に導かれ，構造決定された．その過程を順次，反応式を用いて説明しなさい．

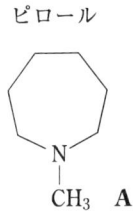

9.4 1-ペンタノールを出発物質として，次の化合物の合成法を示しなさい．
(a) ペンタンアミン，(b) ジペンタンアミン，(c) ヘキサンアミン，(d) N,N-ジメチル-1-ペンタンアミン

9.5 アニリンを原料として，N-アセチルベンジルアミンの合成法を示しなさい．

9.6 脂肪族ジアゾニウム塩は不安定で，室温では窒素ガスの発生を伴いながら分解する．しかし，芳香族ジアゾニウム塩は比較的安定で，さまざまな官能基へ変換できる．この違いを説明しなさい．

10 ■芳香族化合物の反応

ベンゼンに代表される芳香族化合物は、洗剤、衣料、発泡スチロール、プラスチック、さらには医薬品や農薬など現代の快適な暮らしを支える多くの製品に利用されている。不飽和結合をもっているにもかかわらず、アルケンなどに比べて簡単に変化せず比較的安定であるからである。この芳香族化合物の安定性はどこからくるのだろうか。また、芳香族化合物は活性化された求電子剤とは反応するが、アルケンのような付加反応が起こるのではなく、置換反応が起きる。ここでは、芳香族性とよばれるベンゼン環の特異な性質と芳香族化合物の反応、さらにその反応性および選択性を制御する置換基の効果を学ぶことにしよう。

芳香族化合物
多くのベンゼン環を含む化合物は、強い芳香がするので芳香族化合物とよばれた。しかし、ベンゼンそのものはよい香りがするわけではない。

10.1 ベンゼンの反応性と芳香族性

アルケンと臭素は低温で速やかに反応して臭素付加体を与えることを3.3節で学んだ。しかし、同じく炭素-炭素不飽和結合をもつベンゼンと臭素の反応は、そのままでは起こらない。臭化鉄（$FeBr_3$）のようなルイス酸によって臭素を活性化することが必要である。これはベンゼンの炭素-炭素二重結合がアルケンのものに比べて反応性が低いことを示している。ベンゼンの分子式はC_6H_6であり、その構造から複数の二重結合が存在することが推定される。しかし、通常の炭素-炭素二重結合は臭素と速やかに反応して付加体を与えたり、過マンガン酸カリウム（$KMnO_4$）で容易に酸化されたりするのに対して、ベンゼンはこのような反応性を示さない（図10.1）。このようなベンゼンの異常な安

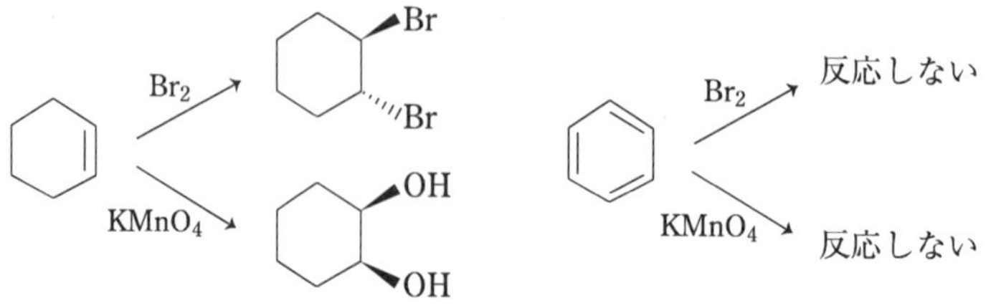

図 10.1 ベンゼンの炭素-炭素二重結合

定性は有機化学者にとって大きな謎であった．

2.6節で，ベンゼンは二重結合と単結合が交互につながった構造をしているのではなく，どの炭素-炭素結合も同じ長さであることを学んだ．この構造上の特徴も，ベンゼンには通常の炭素-炭素二重結合が存在しないことを示している．このベンゼンの構造を表すために共鳴という概念が用いられている．つまり，ベンゼンは二つの共鳴構造式で表される（図10.2）．この共鳴構造式から，炭素-炭素結合は二重結合と単結合の間の性質をもつことが示される．このことがベンゼンの特異な反応性と関係している．

しかし，四員環や八員環の類縁体では，すべての炭素-炭素結合は同じ長さではなく，二重結合と単結合が交互につながった構造をしていることが示されている．六員環であるベンゼンと明らかに異なっている．詳しい研究から環の大きさが $4n+2$（ n は整数）のときベンゼンのような特異な性質をもつことが明らかとなっている．このような特異な性質を**芳香族性**（aromaticity）とよび，芳香族性をもつ化合物を芳香族化合物，その環を**芳香環**（aromatic ring）とよんでいる．

10.2 芳香族置換反応

ルイス酸があると，臭素がベンゼン環と反応することを前に述べた．しかし，アルケンの場合とは異なり付加反応は起こらず，ベンゼン環の水素原子と臭素原子とが置き換わったブロモベンゼンが生成する．このような反応を**芳香族求電子置換反応**（aromatic electrophilic substitution reaction）とよんでいる．では，ベンゼンの求電子置換反応はどのように起こるのだろうか．

一般には，図10.3のように2段階で進行すると考えられている．ま

共　鳴
2.6節でも述べたように，共鳴は本来存在する現象ではないことに注意してほしい．したがって，分子が共鳴によって安定化されるという表現も，一般によく用いられているが，これは説明であって，文字どおりの意味ではない．

図 10.2　ベンゼン

ヒュッケル（Hückel）則
より一般的には，π電子の数が $4n+2$ の環状共役π電子系が芳香族性を示す．この規則をヒュッケル則とよぶ．シクロペンタジエニルアニオンやシクロヘプタトリエニルカチオンも6π電子系で芳香族である．

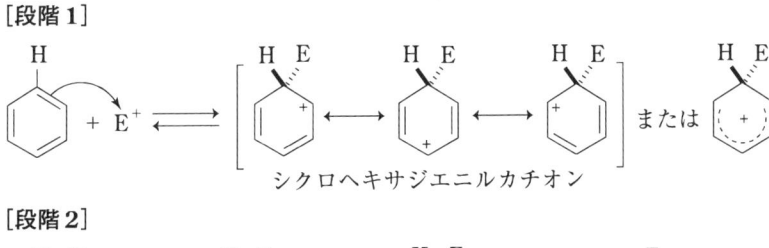

シクロペンタジエニルアニオン

シクロヘプタトリエニルカチオン

[段階1]

[段階2]

図 10.3　ベンゼンの求電子置換反応の機構

ず，求電子剤 (E^+) がベンゼン環の一つの二重結合に付加し，**シクロヘキサジエニルカチオン**中間体が生成する．次に求電子剤の付加した炭素上の水素が脱離して，芳香環が再生し，置換生成物が得られる．

　求電子剤が付加する第一段階が反応の律速段階である．カチオンの生成によってベンゼンの芳香族性がなくなるので，熱力学的に不利である．しかし，第二段階でのプロトンの脱離は，芳香環が再生する発熱反応であり，第一段階よりずっと速く起こる．反応全体として発熱的であり，このことが反応を促進させる力となっている．もし，第二段階で，求電子剤の対アニオン（臭素との反応の場合は Br^-）によってカチオン中間体が捕捉されるとアルケンと同様に付加生成物が得られる．この場合は芳香環が再生されず全体として吸熱反応となるのでこのような付加反応は実際には起こらない．次に多様なベンゼンの求電子置換反応を見てみよう．

> **律速段階**
> 3.3節cで述べたように，いくつかの反応段階の中で，反応速度を決める段階のことを示す．

a. ベンゼンのハロゲン化

　ベンゼンのハロゲン化には，分子状ハロゲン (X_2) と活性化剤を用いる．フッ素化は危険なほど発熱的で爆発的に起こるが，塩素化，臭素化は次に述べるニトロ化よりも遅く，ハロゲンを活性化するために触媒量のルイス酸（ハロゲン化鉄(III)など）を必要とする．ルイス酸がハロゲン分子の一方のハロゲン原子と相互作用し，もう一方のハロゲン原子を正に分極させることによって活性化が起こっているものと推定される（図10.4）．ヨウ素化は，吸熱反応のために通常進行しない．

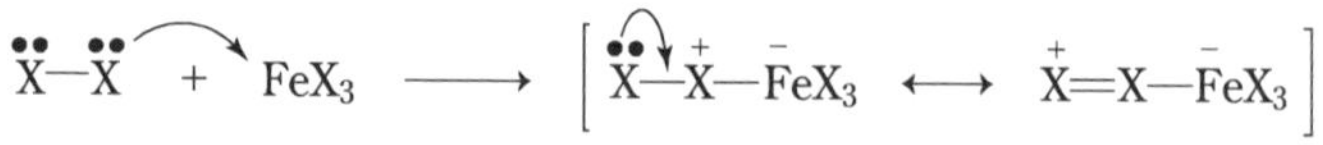

図 10.4 ルイス酸 (FeX_3) によるハロゲンの活性化

b. ベンゼンのニトロ化

　ベンゼンのニトロ化には，濃硝酸と濃硫酸を用いる．硫酸により硝酸がプロトン化され，次に脱水により強力な求電子性を示す**ニトロニウムイオン**が生じる（図10.5）．このニトロニウムイオンの求電子置換反応により，ニトロベンゼンが生成する．

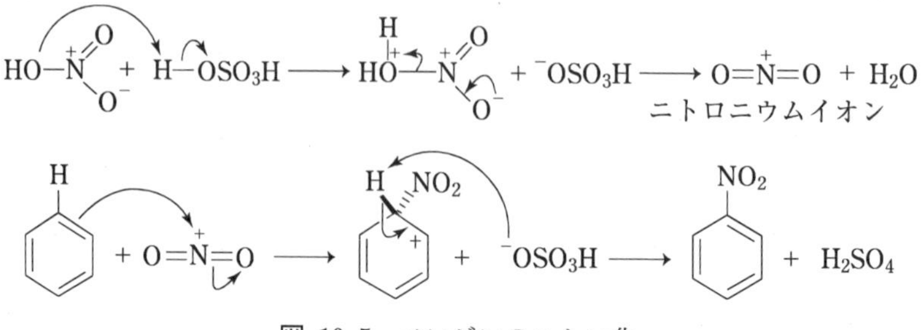

図 10.5 ベンゼンのニトロ化

c. ベンゼンのスルホン化

ベンゼンのスルホン化には，過剰の三酸化硫黄（SO_3）を含む濃硫酸（発煙硫酸）を用いる．電気陰性度の大きい酸素原子に囲まれた硫黄原子は，求電子性が高いので反応が起こる（図10.6）．反応中間体から，反応物にもどる過程と生成物に進む過程の互いの活性化エネルギーに大きな違いがないため，反応は可逆的である．

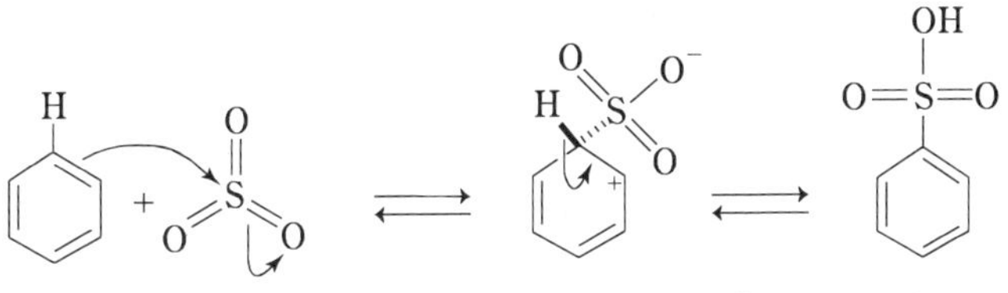

図 10.6 ベンゼンのスルホン化

d. ベンゼンのアルキル化

求電子性をもつ炭素化合物（たとえばカルボカチオン）とベンゼンとの反応では，芳香環-炭素結合が生じる．まず，ベンゼンのアルキル化反応として知られる**フリーデル-クラフツ（Friedel-Crafts）アルキル化反応**を見てみよう．この場合は，通常ハロアルカンと塩化アルミニウムから発生させた**アルキルカチオン**が求電子剤として働く．塩化アルミニウム以外にも，BF_3，$SbCl_5$，$FeCl_3$，$AlBr_3$ のルイス酸や H_3PO_4，H_2SO_4，HF の強酸も用いることができる．アルコールやアルケンと酸触媒からアルキルカチオンが発生できるので，図 10.7 のようにこれらの組合せもアルキル化反応に使える．

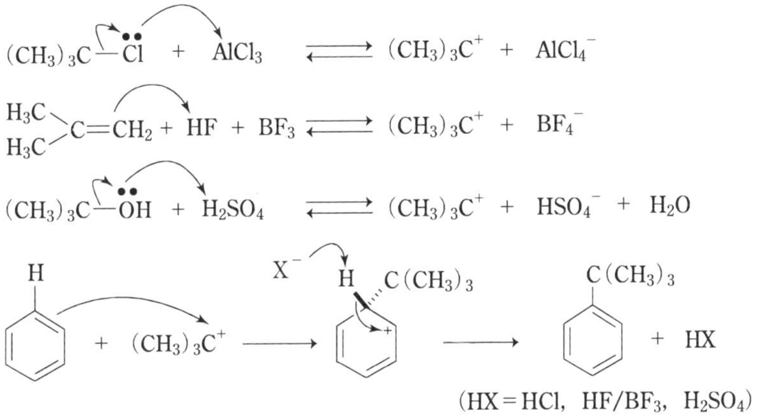

図 10.7 フリーデル-クラフツアルキル化による t-ブチルベンゼンの合成

フリーデル-クラフツアルキル化には次のような好ましくない制約が二つあり，後述のフリーデル-クラフツアシル化より利用価値は低いとされている．

合成洗剤の成分

合成洗剤の成分である長鎖アルキルベンゼンスルホン酸ナトリウムは，フリーデル-クラフツ反応（下記参照）により合成されたアルキルベンゼンをスルホン化し，次にナトリウム塩に変換して製造されている．スルホン酸塩は水溶性を示すので，洗剤以外にも染料にも応用されている．

フリーデル-クラフツアルキル化反応

1877 年に Chales Friedel と James M. Crafts により初めて見いだされたベンゼンの求電子アルキル化およびアシル化反応は，フリーデル-クラフツ反応とよばれ，芳香環に炭素鎖を導入する重要な方法である．

(1) アルキル基は芳香族求電子置換反応の活性化基（10.3節a参照）であるので，最初のアルキル化で得られた生成物のほうが出発物質よりも反応性が高く，生成物がさらにアルキル化を受ける（図10.8）．つまり複数のアルキル基がベンゼンに導入されることが避けられない．この問題を防ぐ手段は，大過剰の出発物質（たとえばベンゼン）を用いて，常に出発物質の濃度が生成物の濃度よりも高くなるようにすることである．

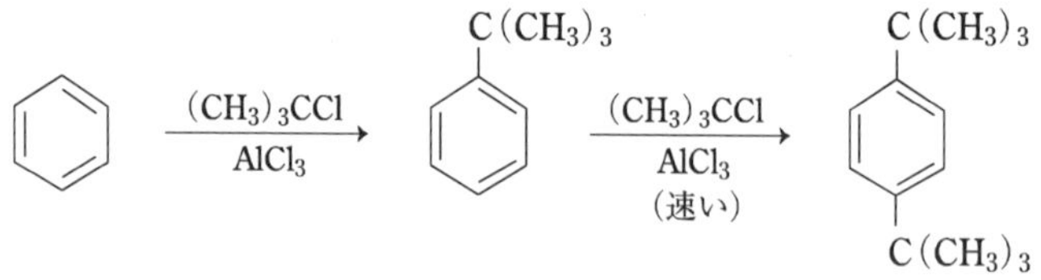

図 10.8 フリーデル-クラフツ反応の多アルキル化

カルボカチオンの安定性
第三級カチオン＞第二級カチオン＞第一級カチオン

(2) フリーデル-クラフツアルキル化のもう一つの制約は，カルボカチオンの転位である．5.7節で学んだように，第一級カチオンはより安定なカチオンに容易に転位する．したがって，第一級ハロゲン化アルキルでは望む直鎖アルキルベンゼンが得られない．たとえば，1-クロロプロパンと $AlCl_3$ によるプロピル化では，イソプロピルベンゼンが生成する（図10.9）．

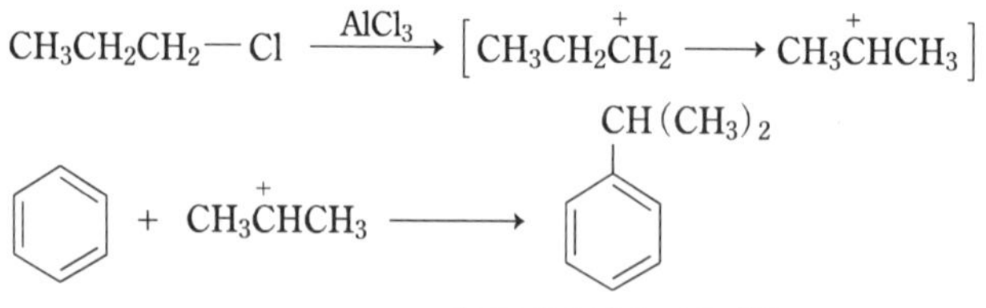

図 10.9 フリーデル-クラフツ反応におけるカチオン転位

アシリウムイオン
酸無水物からも塩化アルミニウムにより同様の機構でアシリウムイオンが発生する．

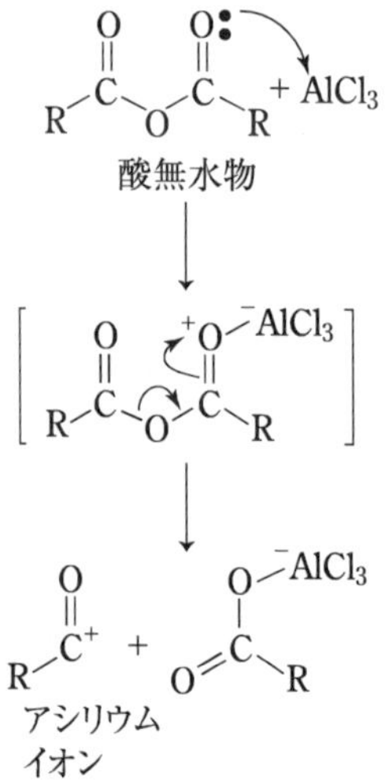

酸無水物
↓
↓
アシリウムイオン

e. ベンゼンのアシル化

次に**フリーデル-クラフツアシル化反応**を見てみよう．この反応では，ハロゲン化アシルと塩化アルミニウムから発生する**アシリウムイオン**が求電子剤として働き（8.2節参照），芳香族ケトンが生成する（図10.10）．アシル基（RC(O)-）は芳香族求電子置換反応の不活性基なので（10.3節a参照），アシル化生成物がさらにアシル化を受けることはない．生成物ケトンのカルボニル基と塩化アルミニウムとが錯体を形成するので，反応を完結するためには塩化アルミニウムは等量必要となる．希塩酸で処理してこの錯体を分解することにより，芳香族ケトンが得られる．このケトンのカルボニル基は，**ウォルフ-キッシュナー**（Wolff-Kishner）**還元**や**クレメンゼン**（Clemmensen）**還元**を用いて容

易にメチレンに還元することができる．したがってフリーデル-クラフツアシル化反応は，ベンゼンに間接的に直鎖アルキル基を導入する優れた方法となる．ウォルフ-キッシュナー還元では，ケトンとヒドラジン（H_2N-NH_2）によりヒドラゾンに変換し，次に強塩基と反応させる．クレメンゼン還元では濃塩酸中亜鉛アマルガム（Zn(Hg)）を用いる．

ウォルフ-キッシュナー還元とクレメンゼン還元は，それぞれ強塩基性条件下および強酸性条件下で行われるので，分子内の他の置換基がどちらかの条件下で不安定な場合は，もう一方の還元反応を用いるとよい．

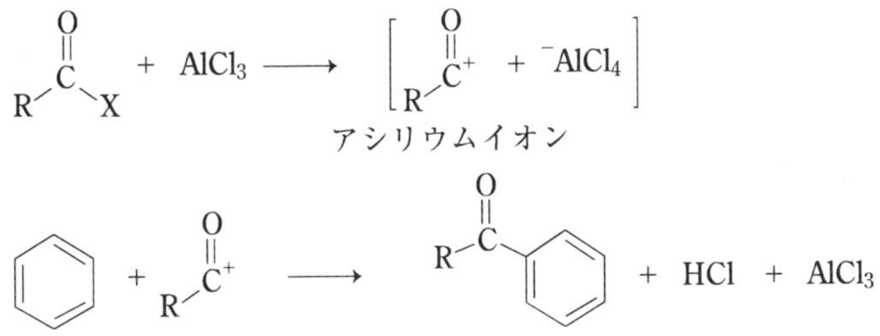

図 10.10 フリーデル-クラフツアシル化反応

【**例題 10.1**】次の反応の化合物 A〜D の構造を示しなさい．

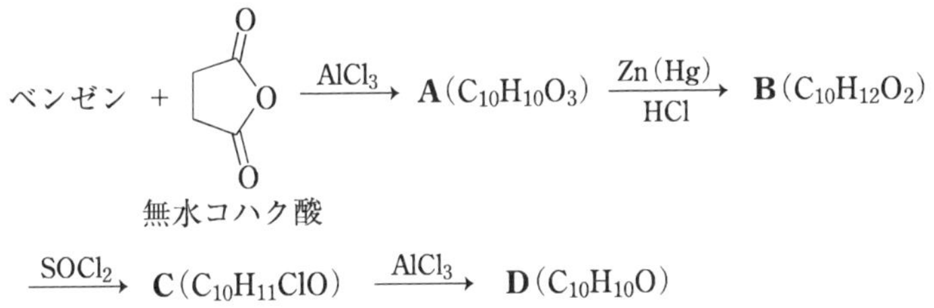

ベンゼン + 無水コハク酸 $\xrightarrow{AlCl_3}$ A($C_{10}H_{10}O_3$) $\xrightarrow[HCl]{Zn(Hg)}$ B($C_{10}H_{12}O_2$)

$\xrightarrow{SOCl_2}$ C($C_{10}H_{11}ClO$) $\xrightarrow{AlCl_3}$ D($C_{10}H_{10}O$)

[解答] 第一段階は，酸無水物を用いるフリーデル-クラフツアシル化である．次にクレメンゼン還元によりカルボニル基をメチレンに還元し，さらにカルボン酸を酸塩化物に変換後，再度分子内のフリーデル-クラフツアシル化で閉環して，テトラロン D が得られる．

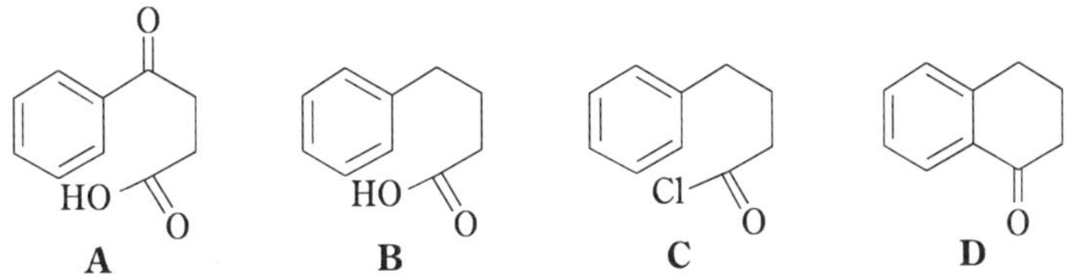

10.3 置換ベンゼンの求電子置換反応

前節では，求電子置換反応により一置換ベンゼンがどのようにできるかを見てきた．では，すでに置換基をもつベンゼンの求電子置換反応はどうなるのだろうか．つまり，求電子置換反応は起こりやすくなるのか起こりにくくなるのか，また，どの位置に新たな求電子剤が入るのだろうか．本節では，すでに導入されている置換基によって，求電子置換

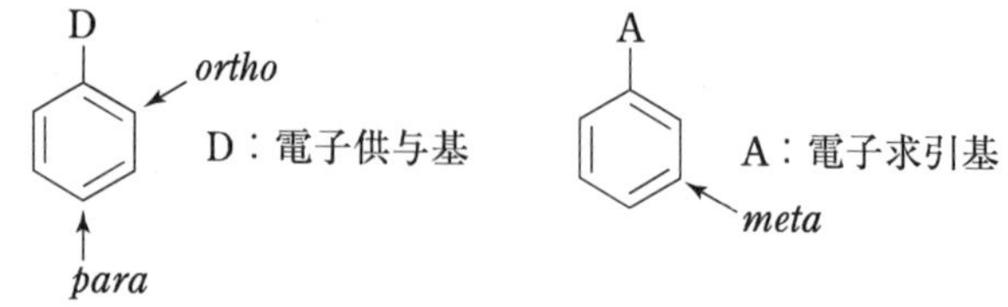

図 10.11 置換ベンゼンの求電子置換反応

ortho, meta, para
二置換ベンゼンの二つの置換基が，互いに隣合わせの位置にある場合を *ortho*（オルト），1 炭素離れた位置にある場合を *meta*（メタ），対角的な位置にある場合を *para*（パラ）とよぶ．

反応の反応性や位置選択性（配向性）が決まっていること，つまりこの置換基の効果について学んでいこう．一般には，"電子供与基 (electron donating group) が置換している場合，芳香環は活性化され，求電子剤は *ortho*, *para* 位に入り，電子求引基 (electron withdrawing group) が置換している場合は，芳香環は不活性化され，求電子剤は *meta* 位に入る"とされている．

a. ベンゼン環上の置換基による活性化と不活性化：誘起効果と共鳴効果

ベンゼン環に電子供与基が置換すると，ベンゼン環の電子密度が高くなるので，求電子剤に対する反応性は上がる．言い換えると，電子供与基が求電子置換反応に対してベンゼン環を活性化していることになる．逆に電子求引基が置換すると，ベンゼン環の電子密度が減少し，求電子剤に対する反応性は低下する．この場合は，電子求引基は求電子置換反応に対してベンゼン環を不活性化している．このような置換基の電子的な効果には，**誘起効果** (inductive effect) と**共鳴効果** (resonance effect) があり，互いに影響し合って全体の置換基効果となる．

誘起効果
電子供与基：
 $-CH_3$，アルキル基
電子吸引基：
 $-CF_3, -NR_2, -OR,$
 $-X(F, Cl, Br, I)$

原子の電気陰性度により誘起される結合の分極が σ 結合を通して伝わり，電子を供与したり求引する効果を誘起効果とよんでいる（8.1 節 a 参照）．この効果は，電気陰性原子から離れるとともに急速に減少し，4 原子以上離れると重要ではなくなる．誘起効果を及ぼす電子供与基としては，メチル基やアルキル基がある．メチル基の水素をフッ素に換えたトリフルオロメチル基では，フッ素の高い電気陰性度のために電子求引基となるので注意しよう．同様に電気陰性度の高い原子，たとえば窒素，酸素，ハロゲンのようなヘテロ原子を含む置換基も電子求引基である．また，カルボニル基，シアノ基，ニトロ基およびスルホニル基などの正に分極した原子を含む置換基も，誘起効果により電子求引基となる．

置換基の p 軌道と芳香環の p 軌道との重なりにより，π 結合を通して電子を供与したり求引したりする効果を共鳴効果とよんでいる．この効果は，共役二重結合が続く場合には遠くまで及ぶ．共鳴効果を示す置換基には，ベンゼン環に非局在化できる電子対や二重結合あるいは

三重結合を含むものがある．NR$_2$基，OR基およびハロゲンでは，その孤立電子対の電子を部分的にベンゼン環に供与する（図10.12）．これらの置換基は誘起効果の点からは見れば，電子求引基である．互いに相反する誘起と共鳴効果のどちらが優先するかは，電気陰性度の大きさと，芳香環π電子系と置換基p軌道との重なりの度合によって決まる．NR$_2$基とOR基は，共鳴効果が誘起効果より大きく，電子供与基としてベンゼン環を活性化して置換反応の反応性を高める．ハロゲンでは二つの効果がほとんどつり合っているが，わずかに誘起効果が大きく弱い不活性化基となる．

孤立電子対
2.5節に述べたように，共有結合をつくっていない電子対で，二つの点で表す．

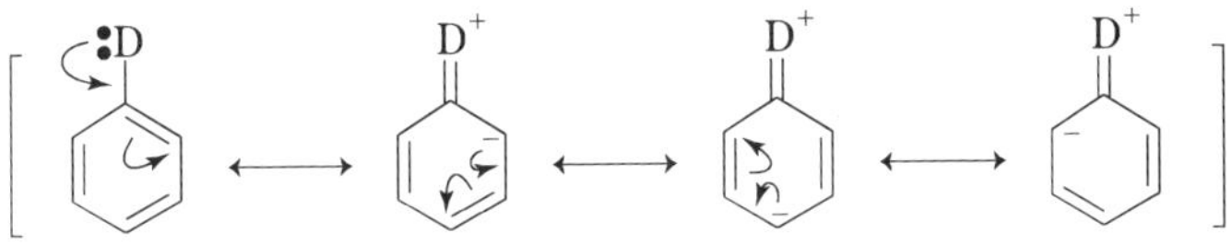

図 10.12 共鳴効果によるベンゼン環への電子供与

二重結合あるいは三重結合を含むカルボニル基，シアノ基，ニトロ基およびスルホニル基などは，共鳴効果によっても電子求引性を示すので，求電子置換反応の反応性を著しく低下させる（図10.13）．

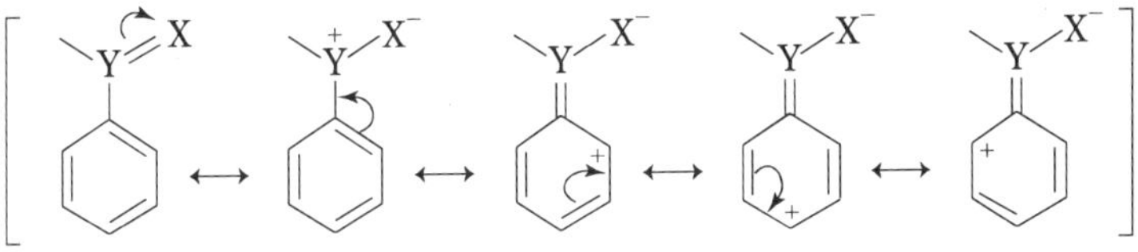

図 10.13 共鳴効果によるベンゼン環からの電子求引

【例題10.2】次の化合物をニトロ化する場合，その反応性が高い順に並べなさい．

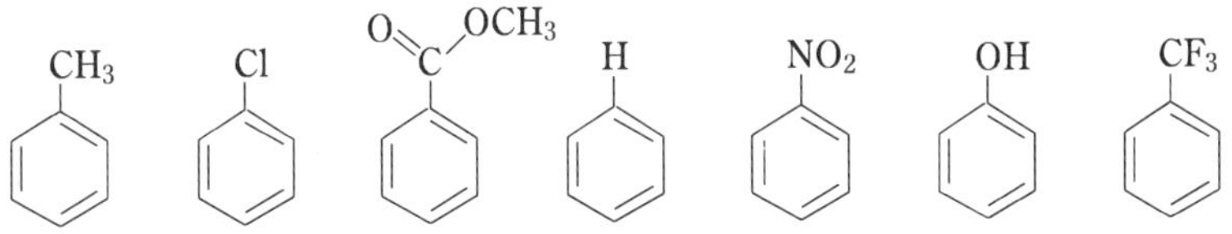

CH$_3$　Cl　$\overset{O}{\underset{}{C}}OCH_3$　H　NO$_2$　OH　CF$_3$

[解答] C$_6$H$_5$-R のニトロ化の相対速度

R= OH > CH$_3$ > H > Cl > CO$_2$CH$_3$ > CF$_3$ > NO$_2$
　　1000　　25　　1　0.033　0.0037　　2.6×10^{-5}　6×10^{-8}

b. ベンゼン環上の置換基による配向性

置換ベンゼンの求電子置換反応では，*ortho*，*meta*，*para* 体の3種類の二置換ベンゼンが混合物として生成する．しかし，実際には，3種類の割合は，置換基（Z）により大きく違ってくる．どうして異なるのだろ

う．これは，生成物は同じ出発物質からできるので，その違いは，各反応の相対的な活性化エネルギーに依存していると考えてよい．各反応の律速段階で発生するシクロヘキサジエニルカチオンの共鳴構造を比べると違いがわかる（図10.14）．

> シクロヘキサジエニルカチオンは遷移状態そのものではないが，遷移状態に近いと考えられる．そのためシクロヘキサジエニルカチオンの安定性を比べることにより各反応の活性化エネルギーを見積ることができ，*ortho*, *meta*, *para* 置換のどの反応が有利かを判断することができる．

> 遷移状態と活性化エネルギーについては2.10節で学んだ．

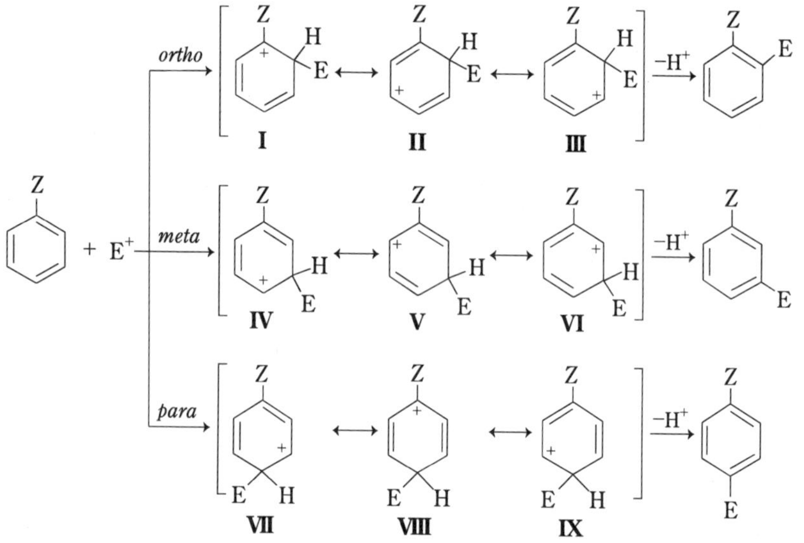

図 10.14 一置換ベンゼンの求電子置換反応

ortho, *para* 置換の場合，置換基（Z）の根元にカチオンがある共鳴構造が一つ存在する（構造 I および VIII）．構造 I および VIII において，置換基（Z）が電子供与性であれば，そのカチオン中間体を安定化することができる．その結果，活性化エネルギーの低下につながって反応が速く進行する．つまり，*ortho*, *para* 置換生成物を優先的に与えることになる．そのような置換基（Z）は *ortho*, *para* 配向基とよばれる．一方，置換基（Z）が電子求引性の場合，対照的に構造 I，VIII のカチオン中間体がより不安定になる．したがって，*ortho*, *para* 置換体を与える経路の反応は遅くなる．結果的に，このような影響を受けない *meta* 置換体を与える反応経路が優先する．言い換えれば，電子求引基は *meta* 配向基である．まとめると，置換基が電子供与性の場合は *ortho* および *para* の位置で反応しやすく，電子求引性の場合には *meta* の位置で反応しやすい．また，立体的に大きな置換基の隣の位置では，立体障害により反応が起こりにくい．いくつかの例を示そう．

> *meta* 配向性を示す電子求引基はベンゼン環を不活性化しているので，その化合物の求電子置換反応は，ベンゼンの場合に比べ遅い．

電子供与基の CH_3 基が置換したメチルベンゼン（トルエン）の臭素化では，おもに *ortho*, *para*-ブロモトルエンが得られ，*meta* 体はほとんど生成しない（図10.15）．一方，電子求引基の CF_3 基が置換したトリフルオロメチルベンゼンのニトロ化では，*meta* 置換体しか得られない．

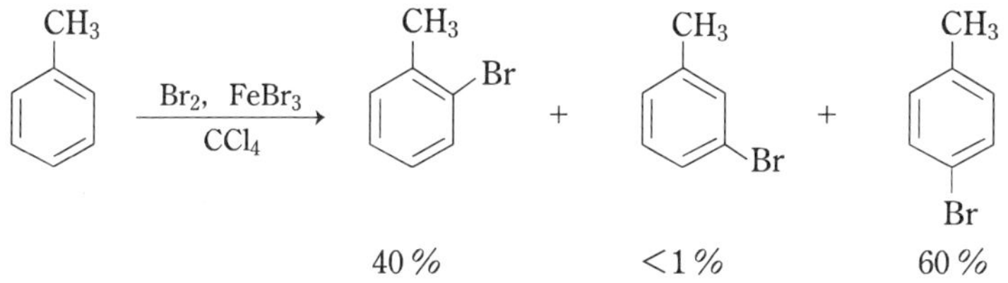

10.3 置換ベンゼンの求電子置換反応

図 10.15 トルエンの臭素化

共鳴効果により電子供与性の寄与が大きいアミノ基を有するアニリンでは，そのベンゼン環は強力に活性化されている．たとえば，臭素化を行うと，ルイス酸を用いなくても臭素化は進み，しかも *ortho*, *para* 位がすべて臭素化されたトリブロモアニリンが得られる．*para*-ブロモアニリンのみをつくるためには，まずアミノ基の一つの水素をアセチル基に置換してアセトアニリドに変える．次に臭素化を行うと，アセチル基の電子求引性のためにアミノ基の電子供与能が低下し，*para*-ブロモ体が生成する．この際に *ortho* 体がほとんど生成しないのは，$CH_3C(O)NH$ 基と接近する求電子剤との立体的な反発が原因と推定される．最後に加水分解すると，*para*-ブロモアニリンが得られる（図10.16）．

水酸基を有するフェノールもベンゼン環が強力に活性化されており，アニリンと同様にトリブロモフェノールが得られる．水酸基の水素をメチル基で置換したアニソールでは，選択的に *para* 置換体を与える．

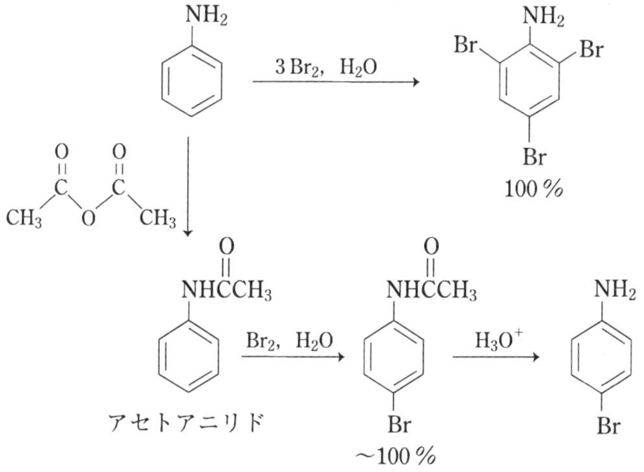

図 10.16 アニリンおよびアセトアニリドの臭素化

誘起効果および共鳴効果でともに電子求引性を示すカルボニル基，シアノ基，ニトロ基，スルホニル基などの置換基は，芳香族求電子置換

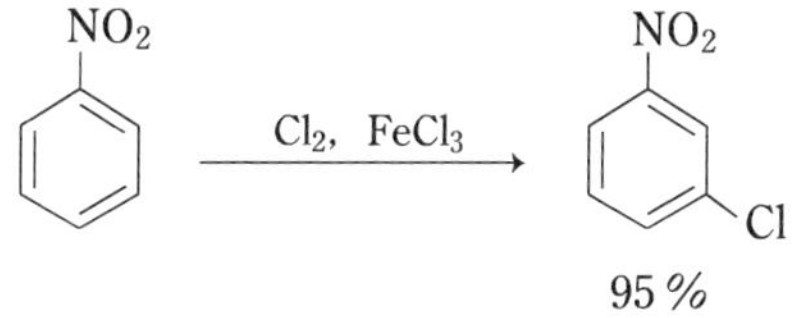

図 10.17 ニトロベンゼンの塩素化

反応における不活性基であり，*meta* 配向を示す．たとえば，ニトロベンゼンの塩素化では，*meta*-クロロニトロベンゼンが 95 % の収率で生成し，*ortho*, *para* 体はほとんど得られない（図 10.17）．

弱い不活性基のハロゲンは，*ortho*, *para* 配向性となる．たとえば，ブロモベンゼンをさらに臭素化すると，*ortho*- および *para*-ジブロモベンゼンが得られる．共鳴効果では電子供与性を示すからである（図 10.18）．

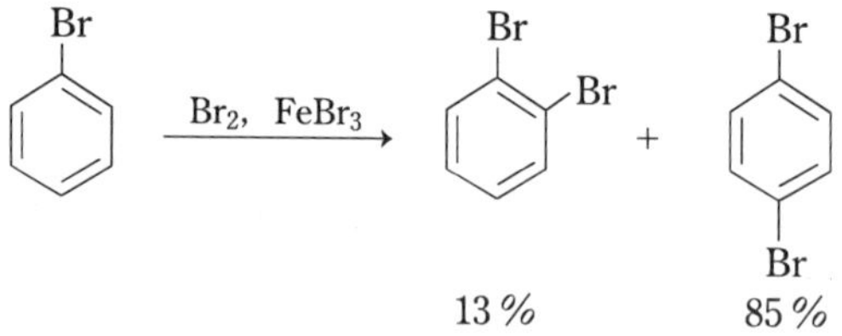

図 10.18 ブロモベンゼンの臭素化

芳香族求電子置換反応における置換基効果をまとめると表 10.1 のようになる．これまで述べていないが，酸素原子上に負の電荷をもつフェノラートイオン（10.7 節 b 参照）は，強く芳香環を活性化する．窒素上に正の電荷をもつアンモニウムイオン（$^{+}NR_3$）は，アミンやアミド誘導体とは逆に不活性化基で，*meta* 配向性を示すので注意しよう．

ニトロ基とアミノ基の相互交換

meta 配向性のニトロ基は，簡単に還元されてアミノ基に変わる．また，*orhto*, *para* 配向性のアミノ基は，簡単にニトロ基に酸化できる．この相互変換を使うことにより，多置換ベンゼンを選択的につくることができる．

表 10.1 芳香族求電子置換反応における置換基効果

置換基	ベンゼン環の活性化	配向性
$-O^{-}$, $-NR_2$, $-OH$	強く活性化	*ortho*, *para*
$-NRCR'$(=O), $-OR$,	活性化	*ortho*, *para*
アルキル，フェニル	弱く活性化	*ortho*, *para*
$-F$, $-Cl$, $-Br$, $-I$, $-CH_2X$	弱く不活性化	*ortho*, *para*
$-CF_3$, $-CR$(=O), $-COH$(=O), $-COH$(=O), $-C{\equiv}N$, $-NO_2$, $-SO_3H$, $-{}^{+}NR_3$	強く不活性化	*meta*

10.4 多環式芳香族化合物の求電子置換反応

多環式芳香族化合物には発がん性を示すものが多い．

複数のベンゼン環が縮合した化合物は多環式芳香族化合物とよばれる（図 10.19）．ベンゼンと同じように多環式芳香族化合物でも求電子置換反応が起こる．しかし，ベンゼンの場合とは異なり，求電子剤の導入される位置が等価でないために，無置換の多環式芳香族化合物にお

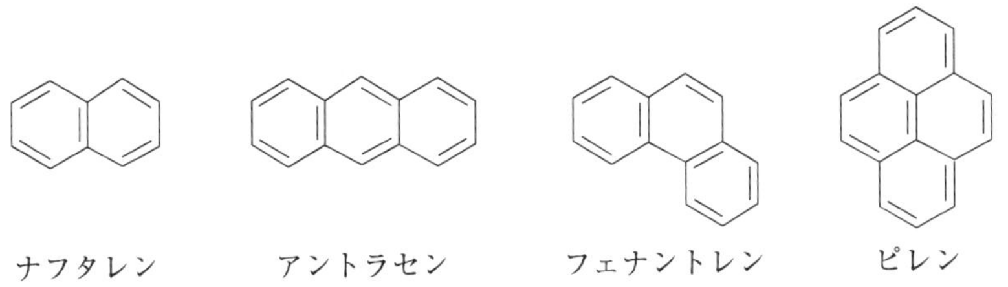

10.4 多環式芳香族化合物の求電子置換反応

ナフタレン　アントラセン　フェナントレン　ピレン

図 10.19　多環式芳香族化合物

いても配向性が見られる．また，置換基をもつ多環式芳香族化合物の求電子置換反応では，ベンゼンの場合の置換基効果をあてはめれば，反応性や配向性がわかる．

ナフタレンの求電子置換反応

ナフタレンの求電子置換反応では，求電子剤が導入される位置が1位と2位では違った生成物となる．この点がベンゼンとは異なっている．実際にニトロ化を行うと，1-および2-ニトロナフタレンが得られる．しかし，1-ニトロナフタレンが多く生成する．他の臭素化やフリーデル–クラフツアシル化などの反応においても1-置換体がおもに得られる（図10.20）．

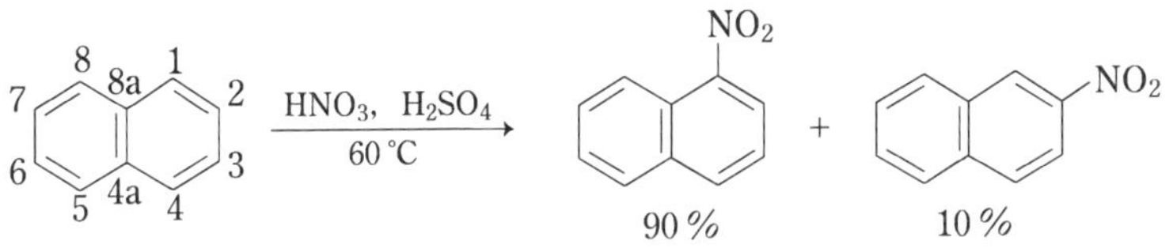

図 10.20　ナフタレンのニトロ化

ナフタレンをスルホン化すると興味ある現象が見られる．低い温度では速度論支配により1-ナフタレンスルホン酸が得られる（図10.21）．しかし，温度を上げて反応を行うと2-置換体が生成する．1-置換体では，かさ高いスルホン酸基と8位の水素が同一平面内に位置することから立体反発が大きく，2-置換体に比べて不安定である．スルホン化は可逆反応なので（10.2節c参照），高い温度では熱力学支配により，より安定な2-置換体が生じることになる．

速度論支配
生成物を与える反応の速度が生成物の分布に反映され，速く生成する生成物がもっとも多く得られる．

熱力学支配
生成物の熱力学的な安定性が生成物の分布に反映され，もっとも安定な生成物がもっとも多く得られる．

1-ナフタレンスルホン酸　　　　2-ナフタレンスルホン酸

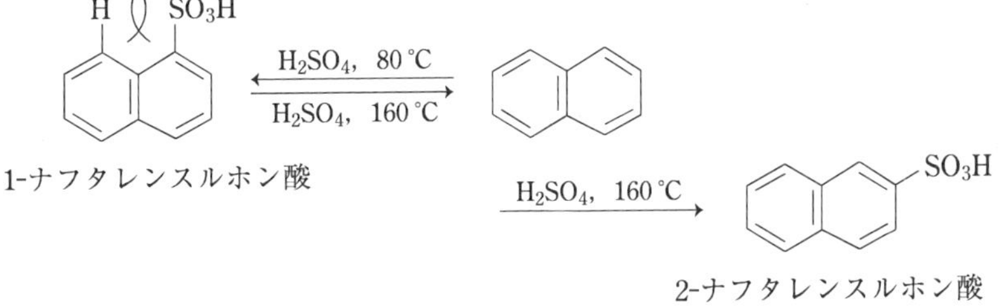

図 10.21　ナフタレンのスルホン化

10.5 芳香族化合物の求核置換反応

イプソ置換
芳香環上の水素以外の置換基が置換される場合をよぶ.

これまで述べてきたように，一般に芳香族化合物は求電子置換反応を起こす．しかし，強い電子求引基がついている場合や，激しい条件下で求核剤を反応させると，求核置換反応を起こすことがある．たとえば，フェノールやアニリンは，クロロベンゼンやベンゼンスルホン酸ナトリウムを，水酸化ナトリウムもしくはアンモニアと高温条件下で反応させて製造されていた．このような求核置換反応は，5.3節で学んだ求核剤が背面から攻撃するS_N2機構では説明できない．芳香環が，求核剤の背面からの攻撃を妨げているからである．芳香族求核置換反応では，①まず求核剤が芳香環に付加し，続いて脱離基が外れる経路（付加-脱離機構），②まず水素と脱離基が1,2-脱離し，次に求核剤が付加する経路（脱離-付加機構）と，③芳香族カチオンを経由する経路がある．順に見てみよう．

a. 付加-脱離機構の求核置換反応

クロロベンゼンの*para*位にニトロ基を導入すると，もっと温和な条件で水酸化ナトリウムと反応して*para*-ニトロフェノールが得られる（図10.22）．明らかにニトロ基が求核置換反応に対するベンゼン環の反応性を高めている．ほかにもカルボニル基などの強力な電子求引基が*ortho*位や*para*位に置換していると求核置換反応が起こりやすい．

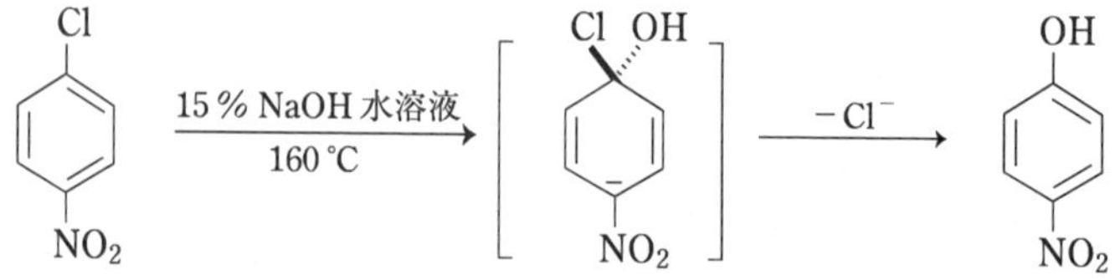

シクロヘキサジエニルアニオン

図 10.22 *para*-クロロニトロベンゼンの求核置換反応

10.3節bのように反応機構を考えてみよう．まず，求核剤のOH⁻がClのイプソ位に付加して**シクロヘキサジエニルアニオン**中間体が生じる（図10.22）．次に，Cl⁻が脱離して芳香環が再生され，置換生成物を与える．電子求引基のニトロ基がこのアニオン中間体の安定化に働き，活性化エネルギーが低下して反応が速くなるのである．

b. 脱離-付加機構の求核置換反応

クロロベンゼンと水酸化ナトリウムとの反応よって求核置換生成物のフェノールが得られる（図10.23）．しかし*para*-クロロトルエンの同様条件での反応では，*para*-メチルフェノールだけでなく位置異性体の

meta-メチルフェノールも生成する．この事実から，この反応はCl^-イオンのOH$^-$イオンによる単純な置換反応でないことがわかる．では，どのようにしてmeta置換体が生成するのだろうか．

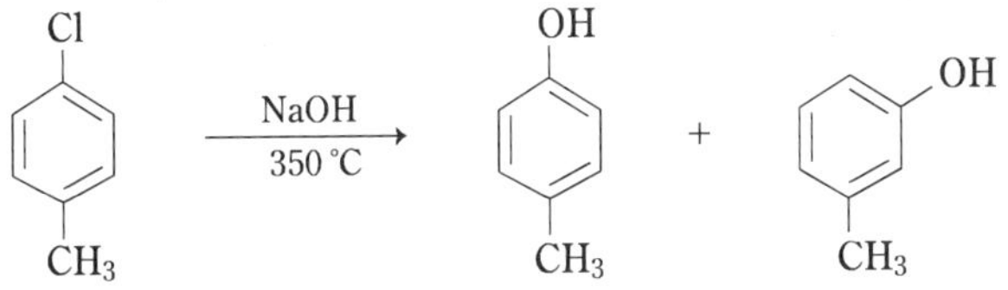

図10.23 クロロトルエンの求核置換反応

この反応では，塩基によってHClが脱離し，1,2-デヒドロベンゼンあるいは**ベンザイン**とよばれる不安定な中間体が含まれ関与していると推定されている．ベンゼン環水素の酸性度（pK_a 43）は，アルカンの水素（pK_a～50）より高い．さらに，ハロゲンの電子求引効果で隣に生じる**フェニルアニオン**が安定化される．つまり，OH$^-$で引き抜けるほどortho位の水素の酸性度が高まる．このアニオンから，ハロゲンが脱離してベンザインが生成する（段階1）．次に反応性に富む三重結合の両端に求核剤が容易に付加し，meta- およびpara-メチルフェノールが得られる（段階2）（図10.24）．

ベンザインの三重結合
アセチレンは直線構造をとることはすでに3.4節で学んだ．しかし，ベンザインの三重結合は直線構造をとれず無理に曲げられているので，非常に反応性に富んでいる．このベンザインは分光学的に検出されているだけで単離はできない．

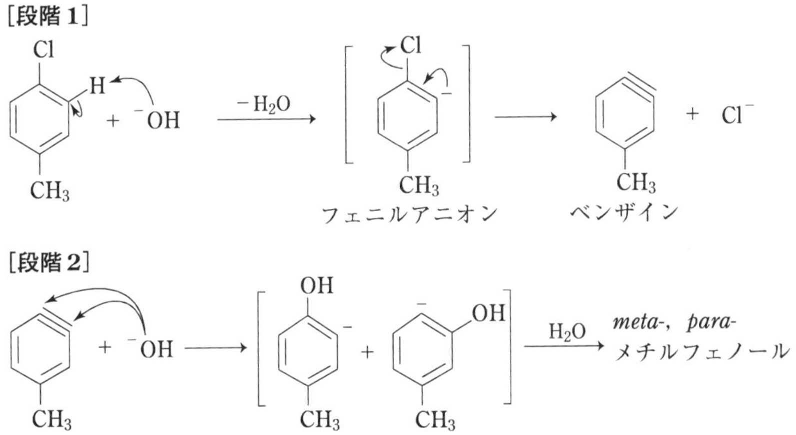

[段階1]

[段階2]

図10.24 クロロベンゼンの求核置換反応の脱離-付加機構

c．芳香族カチオンを経る求核置換反応

すでに9.4節で学んだように，アニリンを亜硝酸ナトリウムおよび冷鉱酸で処理するとジアゾニウム塩が生成する．このジアゾニウム塩を水中で加熱するとN_2が発生してフェノールが得られる．結果的にはジアゾニウム基の求核剤（水）による置換とみなせる．反応の中間体として**フェニルカチオン**が生成すると考えてよい．このカチオンの空のp軌道はベンゼン環と同一平面にあり，ベンゼン環のπ電子系とは共役

ジアゾカップリング
ジアゾニウム塩は，活性化されたベンゼン環と反応し，ジアゾ化合物を与える．染料の合成に用いられる．

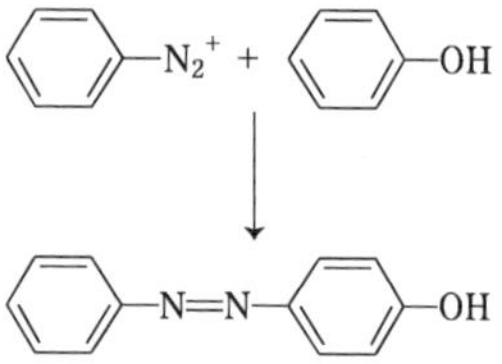

できない．つまり，フェニルカチオンはビニルカチオンと同様にエネルギー的に不安定である．ではどうして反応が起こるのだろうか．この反応では，非常に安定な窒素（N_2）が同時に発生することが反応を促進させる力となっている（図10.25）．

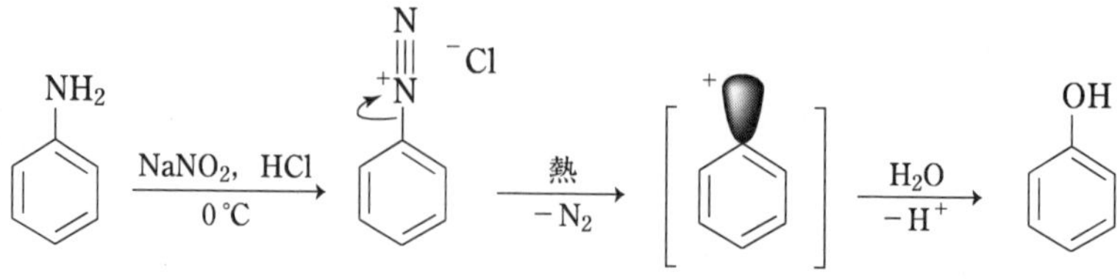

図 10.25 ジアゾニウム塩の加水分解

水以外の求核剤として，塩化，臭化またはシアン化銅（I）が利用できる．**ザントマイヤー**（Sandmeyer）**反応**として知られているこの置換反応は，それぞれクロロ基，ブロモ基またはシアノ基が置換して対応する置換ベンゼンを与える（図10.26）．第一級アミノ基の元の位置に選択的に求核剤が導入されるので，この手法は，位置選択的な芳香族化合物の合成法として優れている．銅（I）塩のかわりに銅粉とハロゲン化水素を用いる**ガッターマン**（Gattermann）**反応**もある．

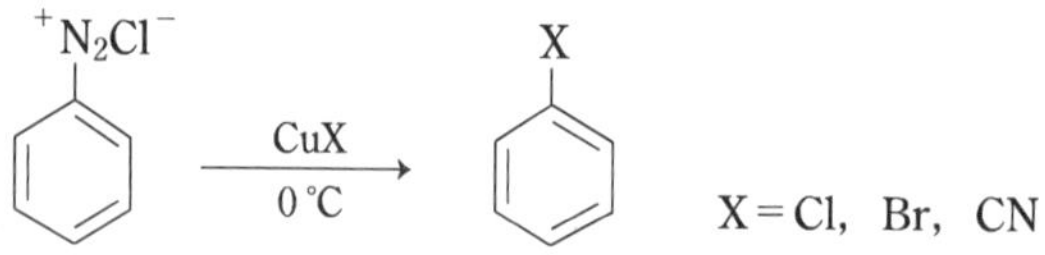

X = Cl, Br, CN

図 10.26 ザントマイヤー反応

フッ素の導入は，ザントマイヤー反応ではできない．しかし，亜硝酸ナトリウムとテトラフルオロホウ酸からジアゾニウムテトラフルオロホウ酸塩を単離し，次にテトラヒドロフラン（THF）などの溶媒中で加熱するとフルオロベンゼン誘導体が生成するシーマン（Schiemann）反応，図10.27）．また，このホウ酸塩を，亜硝酸ナトリウム水溶液と銅粉で

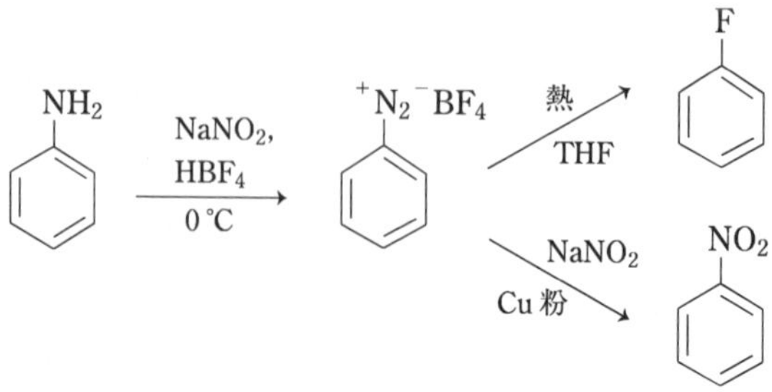

図 10.27 ジアゾニウムテトラフルオロホウ酸塩の求核置換反応

処理すると，ニトロ化合物が得られる．ジアゾニウム基を水素で置換することも可能である．この反応には次亜リン酸（H_3PO_2）が用いられる．

10.6　芳香族化合物の酸化と還元

ベンゼン環の酸化と還元は一般的には起こりにくい．しかし，アルキル置換基を酸化することは可能で，安息香酸あるいはその誘導体を与える．たとえば，para-ジアルキルベンゼンを熱 $KMnO_4$ と反応させると，1,4-ベンゼンジカルボン酸のテレフタル酸が生成する（図10.28）．なお，第三級のアルキル基は酸化されない．

ポリエステル
テレフタル酸とジオールとの縮合でできるポリエステルとよばれる高分子は，プラスチック製品やPETボトルに使われている．PETは，polyethylene terephthalateの略称．

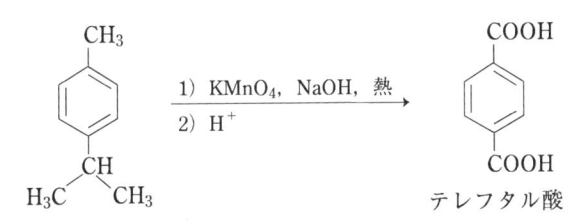

図 10.28　アルキルベンゼンの酸化

ベンゼンの還元は，触媒的水素化で行うことができるが，高温高圧が必要である．途中のシクロヘキサジエンあるいはシクロヘキセンで反応を止めることができず，シクロヘキサンまで還元される．しかし，ナトリウムあるいはリチウム金属を用い，液体アンモニア中アルコールを水素源として反応を行うと，非共役二重結合をもつシクロヘキサジエンが得られる（図10.29）．この反応は，**バーチ**（Birch）**還元**とよばれている．

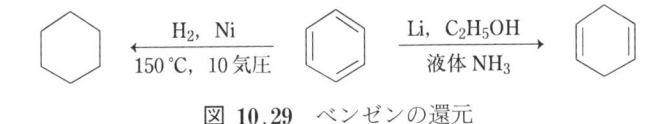

図 10.29　ベンゼンの還元

10.7　芳香環-炭素結合生成反応

フリーデル-クラフツ反応やザントマイヤーシアノ化以外にも，芳香環と炭素を結合させることができる．最近盛んに研究が行われている芳香族-金属化合物を経る反応とフェノールを用いる反応を見てみよう．

a．有機金属化合物を経る炭素-炭素結合生成反応

ブロモベンゼンは，マグネシウムと反応してグリニヤール反応剤

有機金属化合物については7.7節で学んだ．

(PhMgBr) に変わる．炭素-金属結合の電子は，金属に比べて電気陰性度の大きい炭素側にかたよっている．つまりこの炭素は求核性を有する．生成した PhMgBr は，アルデヒド，ケトンなどのカルボニル化合物や CO_2 の電子不足炭素に求核付加し，芳香環-炭素結合生成物を与える．ブロモベンゼンと金属リチウムからはフェニルリチウム（PhLi）が生成し，グリニヤール反応剤と同様の反応性を示す．

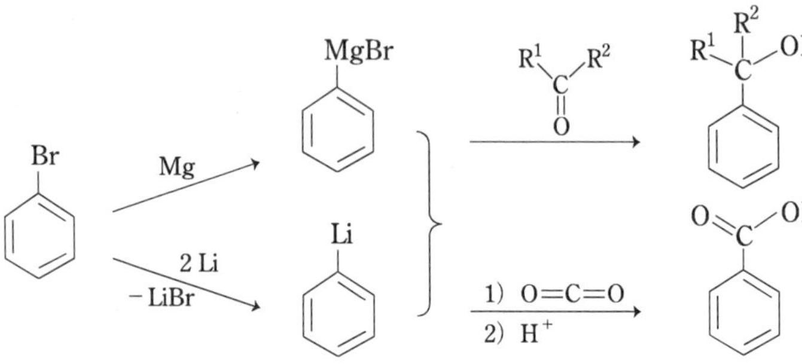

アスピリン
サルチル酸の酢酸エステルはアスピリンとしてよく知られている．100年以上前から頭痛薬，解熱剤として処方され，現在も広く用いられている．

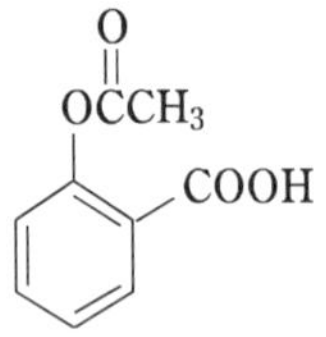

アスピリン

図 10.30 C_6H_5MgBr および C_6H_5Li の生成と反応

b. フェノールからの炭素結合生成反応

フェノールを塩基性条件下でホルムアルデヒドと反応させると，*ortho* および *para* 位にヒドロキシメチル化が起こる．この反応は，アルドール反応（7.11 節参照）と同様にエノラートの縮合反応と見なせる．ホルムアルデヒドの代わりに，CO_2 を用いて加圧下で反応すると，*ortho*-ヒドロキシ安息香酸（サルチル酸）の塩が得られる**コルベ**（Kolbe）**反応**，図 10.31）．

■ **溝呂木-ヘック反応** ■

1971年に，パラジウム触媒を用いる芳香族化合物の驚くべき反応が開発された．この反応では芳香族ハロゲン化物が温和な条件でアルケンと反応し，芳香族ビニル化合物を与える．これが溝呂木-ヘック（Heck）反応である．溝呂木-ヘック反応は，多種多様な化合物の合成に利用され，その有用性は計り知れない．複雑な天然物や生理活性化合物の合成化学，コンビナトリアル化学，材料化学の発展に寄与していることは言うまでもない．

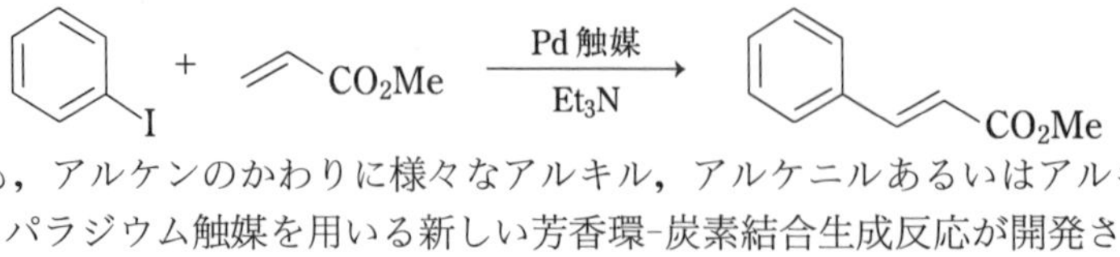

そのほかにも，アルケンのかわりに様々なアルキル，アルケニルあるいはアルキニル金属化合物が使用でき，パラジウム触媒を用いる新しい芳香環-炭素結合生成反応が開発されている．芳香族ハロゲン化物と銅アセチリドとの萩原-薗頭反応，有機スズ化合物との右田-小杉-スチレ（Stille）反応，有機ホウ素化合物を用いる鈴木-宮浦反応，有機マグネシウム化合物を用いる熊田-コリュー（Corriu）反応などがある．このような化学の進展にわが国の研究者が果たした役割は大きく，わが国がこの分野を先導しているといっても過言ではない．

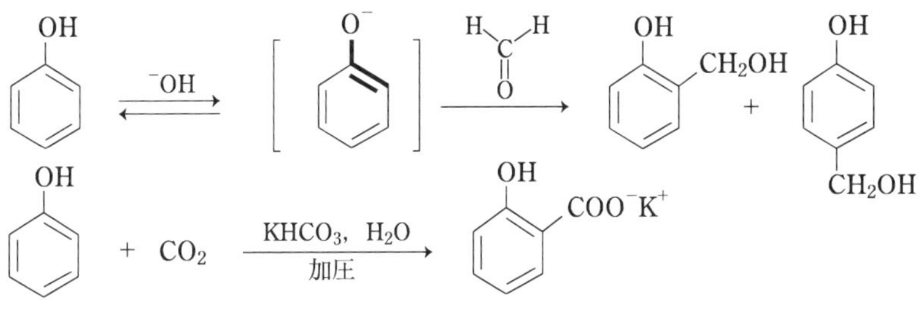

図10.31 フェノールのヒドロキシメチル化とコルベ反応

10章のまとめ

1. 環状共役系化合物で $(4n+2)$ 個の π 電子をもつものは，芳香族性を示す．
2. 芳香族化合物は，アルケンよりも安定である．求電子付加は起こらず，求電子置換が起こる．
3. ベンゼンの求電子置換反応は，シクロヘキサジエニルカチオンを経る付加-脱離機構で進む．
4. 求電子剤として，ルイス酸により活性化されたハロゲンや，ニトロニウムイオン，三酸化硫黄などが用いられ，それぞれハロゲン，ニトロ，スルホン酸置換ベンゼンが得られる．
5. フリーデル-クラフツ反応では，アルキルカチオンやアシルカチオンが求電子剤として働き，アルキルベンゼンや芳香族ケトンが得られる．
6. 置換ベンゼンの求電子置換反応では，電子供与基は，芳香環を活性化し，求電子剤は選択的に ortho, para 位に入る．一方，電子求引基は，芳香環を不活性化し，求電子剤は選択的に meta 位に入る．
7. 置換基の電子的な効果には，誘起効果と共鳴効果があり，互いに影響し合って全体の置換基効果となる．
8. 多環芳式香族化合物でも，ベンゼンと同様に求電子置換反応が起こる．
9. 芳香族求核置換反応には，付加-脱離機構（シクロヘキサジエニルアニオン経由），脱離-付加機構（ベンザイン経由），および芳香族カチオン経由で進む機構，の三つの機構がある．
10. 芳香族化合物の芳香環の酸化と還元は起こりにくい．
11. 有機金属化合物やフェノールを用いて，芳香環と炭素の結合ができる．

演習問題（10章）

10.1 次の各組の化合物を，求電子置換反応の反応性の高い順に並べなさい．

(a) $C_6H_5CH_3$, $C_6H_5CF_3$, $C_6H_5CH_2Cl$, $C_6H_5CHCl_2$

(b) C_6H_5OH, $C_6H_5O^-Na^+$, C_6H_5Br, $C_6H_5CH_2CH_3$

(c) $C_6H_5NH_3^+Cl^-$, $C_6H_5NH_2$, $C_6H_5NHCOCH_3$

10.2 次の求電子置換反応で得られると予想される生成物（複数の場合もある）を示しなさい．

(a) エチルフェニルエーテル（$C_6H_5-O-C_2H_5$）の臭素化

(b) *t*-ブチルベンゼンのスルホン化

(c) メチルアニリンのニトロ化

(d) 安息香酸の塩素化

(e) ベンゾニトリル（C_6H_5-CN）の臭素化

10.3 ベンゼンに塩化亜鉛，ホルムアルデヒド，塩化水素を反応させると塩化ベンジルが得られる．この反応機構を示しなさい．

10.4 脂肪族求核置換反応では，反応性の順序は，R－I＞R－Br＞R－Cl＞R－F であるのに対し，ニトロハロベンゼン（Ar－X）の求核置換の反応性は，Ar－F ≫ Ar－Cl ＞ Ar－Br ＞ Ar－I と逆になっている．この理由を説明しなさい．

10.5 次の多置換ベンゼンをベンゼンから合成する方法を考えなさい．

(a) 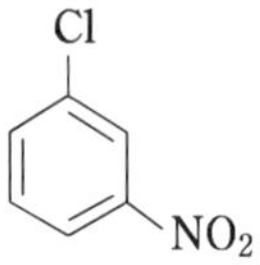 3-クロロニトロベンゼン　(b) 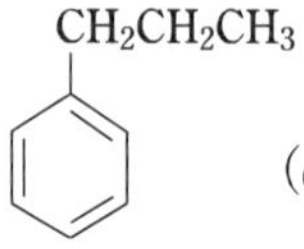 プロピルベンゼン　(c) 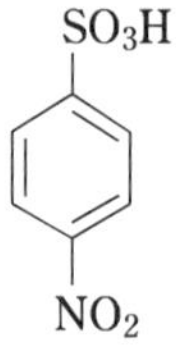 4-ニトロベンゼンスルホン酸　(d) 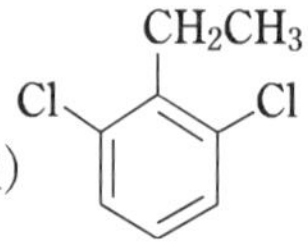 2,6-ジクロロエチルベンゼン

10.6 *ortho*-クロロアニソールに2当量のブチルリチウムとホルムアルデヒドを加え，塩酸で処理すると得られる生成物を示しなさい．

付　録

付録1　量子力学に基づく結合論

a．量子力学と電子配置

　原子価理論では二つの原子が二電子を共有して結びつきあっているものとして共有結合を考えた．しかし，その結合がどのようにできているかを本質的に理解するためには原子の構造に踏み込んで考えなければならない．原子は原子核と電子から成り立っているが，化学結合を担っているのは電子であり，電子を理解するためには量子力学（quantum mechanics）を取り入れることが必要である．電子の大きさは非常に小さいので粒子としての性質だけでなく波（波動，wave）としての性質をあわせもつ．量子力学では電子状態は波動関数（wave function）で記述される．波動関数からは，(a) 電子のエネルギー，(b) 電子の存在確率に関する情報が得られる．

　量子力学によると原子中の電子はある広がりをもった空間に高い確率で存在している．電子の存在確率は波動関数の二乗で表され，水素原子の場合は球対称の広がりをもっている．このような電子の確率分布の空間的広がりを軌道（原子軌道，atomic orbital；AO）とよんでいる．水素の場合には通常1s軌道とよばれる球対称の軌道に電子が存在している．炭素のような第2周期の元素の場合には1s軌道のほかに2s軌道と三つの2p軌道とよばれる軌道がある．1s軌道も2s軌道も球対称であるが，2p軌道は球対称ではない．p軌道では原子核付近の電子の存在確率が0であり（ノード node），原子核から離れたところに存在確率の最大がある．波動関数の符号（位相）はノードの上下で正負反対になっている．また，軌道はそれぞれ固有のエネルギーをもっている．2p軌道は三つあり，同じエネルギーをもっているので，縮退（degenerate）しているといわれる．

　軌道は電子の確率分布を表現するものであるが，逆に，特定の広がりとエネルギーをもつ軌

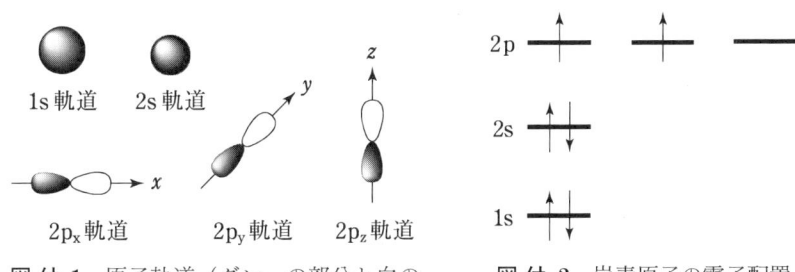

図付.1　原子軌道（グレーの部分と白の部分は位相の違いを表す）

図付.2　炭素原子の電子配置

道が先にあって，その軌道に電子を入れるという考え方をすることもできる．その場合には次の三つの法則が成り立つ．

(1) 軌道はエネルギーの低いものから順に電子で満たされる．(Aufbau 原理)
(2) 一つの軌道にはスピンの異なる二つの電子しか入れない．(パウリ (Pauli) の排他原理)
(3) エネルギーの同じ（縮退した）軌道があるとき，電子はまずそれぞれに一つずつ入り，しかもスピンは同じである．すべての縮退した軌道に電子1つずつ入ったのちは，スピンの逆の電子がそれぞれの軌道に入っていく．(フント (Hund) 則)

b．分子軌道と共有結合

二つの原子がお互いに電子を共有しあって結合をつくるのが共有結合であった．では，どのように原子が電子を共有するのだろうか．原子軌道を組み合わせて**分子軌道** (molecular orbital；MO) をつくり，この分子軌道によって共有結合を考えるのが**分子軌道法** (molecular orbital theory) である．分子軌道は原子軌道の**線形結合** (linear combination of atomic orbitals；LCAO) で表される．分子軌道の数はそのもとになった原子軌道の数に等しい．

たとえば，水素原子二つから水素分子 H_2 をつくることを考えよう．水素原子は1s軌道をもっている．この1s軌道二つから水素分子の分子軌道をつくることになる．線形結合には二つあって二つの1s軌道を＋で結合させたものと－で結合させたものとがある（図付.3）．

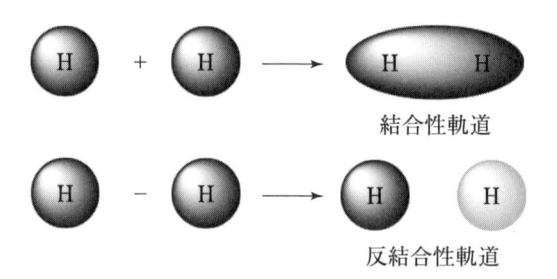

図付.3　水素の原子軌道から分子軌道をつくる

＋で結合させてできる分子軌道を**結合性分子軌道** (bonding orbital) とよび，－で結合させてできるものを**反結合性分子軌道** (antibonding orbital) とよぶ．前者のエネルギーは元の1s原子軌道よりも低くなり，後者のエネルギーは高くなる（図付.4）．電子は水素原子の1s軌道にそれぞれ1個ずつあったので，合計2個ある．この2個の電子は先の Aufbau 原理とパウリ

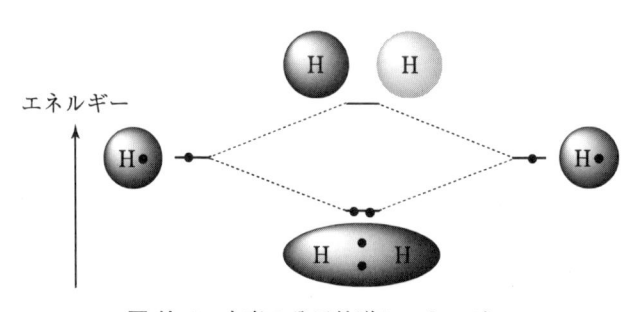

図付.4　水素の分子軌道とエネルギー

の排他原理に従って，結合性軌道に2個入る．このとき，2個の電子はそれぞれエネルギー的に安定になる．つまり，水素原子二つが単独にいるときに比べて，2個結合して水素分子をつくった方がエネルギー的に有利になるので分子をつくる．

　ヘリウムの場合にも同じように分子軌道をつくることができるが，ヘリウム原子にはもともと2個の電子があり，分子をつくったときには，結合性分子軌道に2個電子が入るだけでなく，反結合性分子軌道にも2個の電子が入ることになる．したがって，二つのヘリウム原子が結合して分子をつくってもエネルギー的には有利にならない．だから，ヘリウムは1原子で単独に存在し，二原子分子をつくらないのである．

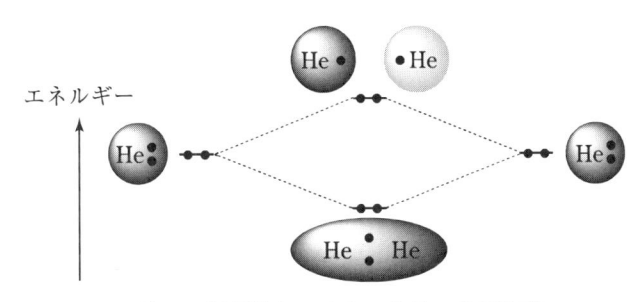

図付.5 仮想的なヘリウム分子の分子軌道

c. メタンの構造と sp³ 混成

　一つの炭素と四つの水素からなるメタンの分子軌道は炭素の一つの2s軌道，三つの2p軌道，および四つの水素1s軌道の線形結合によって表現される．しかし，これらの線形結合で得られる分子軌道の形は複雑で，なかなか有機化学者が直感的に理解しにくい（f項参照）．そこで，Paulingによって考案されたのが，混成（hybridization）という考え方である．

　混成は共鳴と同じく現象ではないことに注意する必要がある．混成を用いなくても化学の現象を説明することができるが，混成という概念は広く有機化学で用いられているので，ここで学習しておこう．

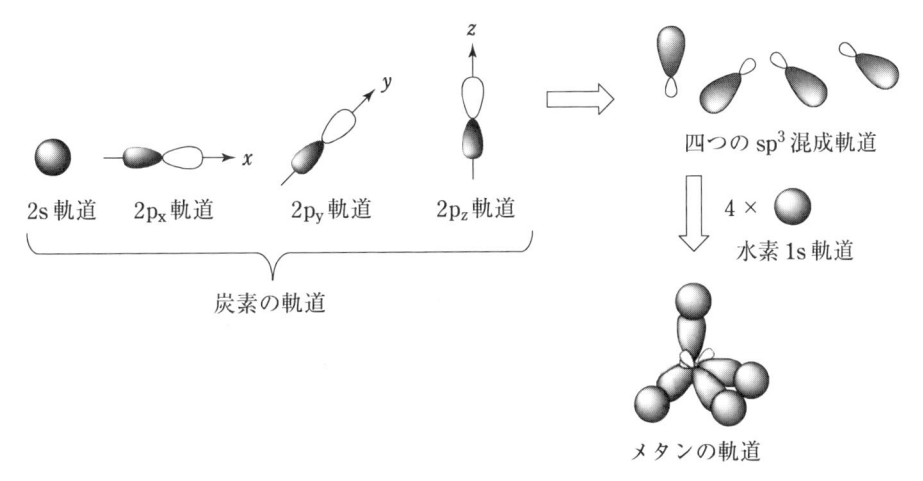

図付.6 炭素の sp³ 混成軌道をつかってメタンをつくる

混成は結合一つに対して一つの軌道を対応させようとして考えられた概念である．そこで，炭素の一つの2s軌道と三つの2p軌道から結合に対応する四つの軌道を数学的につくった（図付.6）．これがsp³混成軌道である．四つのsp³混成軌道はそれぞれ正四面体の頂点の方向に広がっている．もともと炭素は最外殻に四つの電子があるので，sp³混成軌道それぞれに一つの電子が入っていることになる．この四つのsp³混成軌道それぞれが，水素の1s軌道と重なりあってC−H結合をつくると考える．つまり，原子軌道そのものから分子軌道をつくるのではなく，原子軌道を数学的に混ぜ合わせて混成軌道をつくり，それらと水素の原子軌道の線形結合で結合を表現するものである．このようなsp³混成という考え方によってメタンが正四面体構造をしていることが直感的に理解できる．

　一つのsp³混成軌道と水素の1s軌道の線形結合（結合性軌道と反結合性軌道ができる）つくることによって，C−H結合が説明できる．sp³混成軌道には1個の電子，水素の1s軌道にも1個の電子が入っているので，結合性軌道に2個の電子が入って安定化するのはH_2分子の場合と同じである．結合性軌道はC−H結合軸に対して回転対称である．このような軌道をσ軌道とよぶ．反結合性軌道もC−H結合軸に対して回転対称であり，σ^*軌道とよぶ（*は反結合性を表す）．この軌道には電子は入っていない．メタンではσ軌道が四つ，σ^*軌道が四つあり，それぞれ一つのC−H結合に対応しているので，化学者にとって理解しやすい．

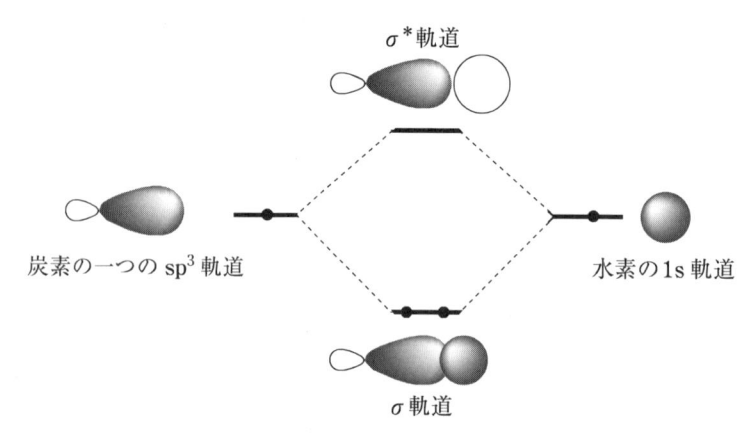

図付.7 一つのC−H結合に対応した軌道

　σ軌道からできている結合をσ結合とよぶ．単結合はσ結合であり，σ結合は結合軸のまわりに回転させても軌道の重なりが変化しないので，自由に回転できる（自由回転；free rotation）．エタンのC−C結合は二つの炭素原子のsp³混成軌道の重なりによってできていると考えられ，σ結合であり，自由回転できる（図付.8）．

図付.8 σ結合は結合軸に対して回転対象である．メタンのC−H結合も結合軸に対して回転対称である

d．エチレンの構造とsp²混成

　エチレンの炭素は四面体構造ではなく，エチレンは平面構造をしている．このような構造を説明するために，化学者はまた別の混成を考えた．今度は2s軌道一つと2p軌道二つが混成

し，一つの 2p 軌道は混成しないとする（図付.9）．混成してできた軌道，つまり sp² 混成軌道は四面体の頂点に広がるのではなく，平面内の三つの方法に広がっている．sp² 混成軌道にはそれぞれ 1 個の電子が入っている．この sp² 混成軌道を組み合わせてエチレンの平面構造を説明するわけである．まず，二つの炭素原子の sp² 混成軌道を結合させて C−C 結合をつくる．このとき C−C 結合に対応する σ 軌道と σ^* 軌道ができる．残った sp² 軌道と水素の 1s 軌道を相互作用させて C−H 結合をつくる．

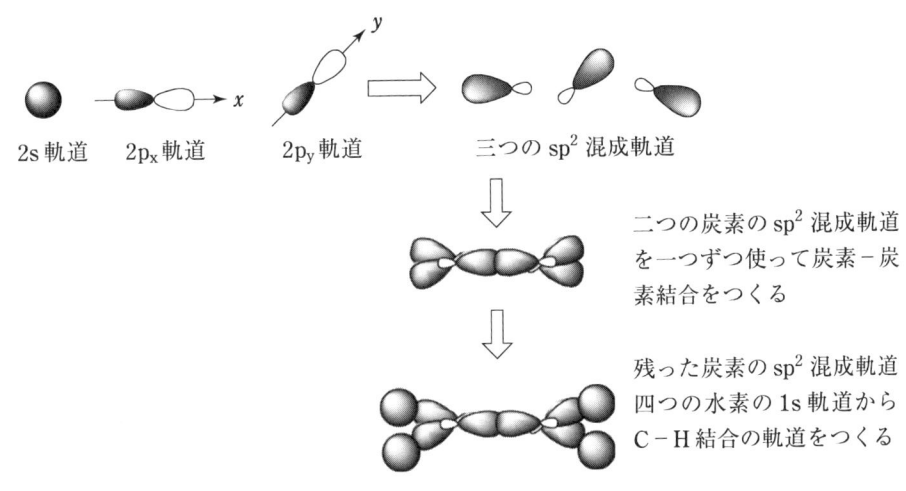

図付.9 sp² 混成軌道を使ってエチレンをつくる

残った 2p 軌道はエチレンの二重結合を説明するために使われる．つまり，2 つの 2p 軌道を横方法から重なり合わせて結合をつくる（図付.10）．この場合も線形結合を考えるので，結合性軌道と反結合性軌道ができる．二つの炭素の 2p 軌道にはそれぞれ 1 個の電子が入っているので，結合性軌道に 2 個の電子が入り安定化する．反結合性軌道には電子はない．

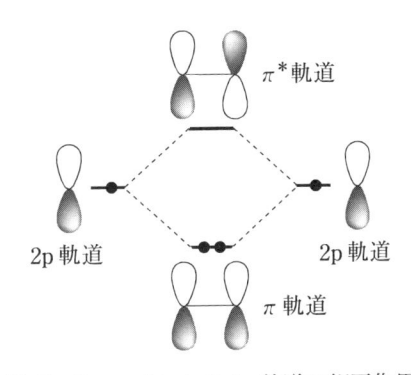

図付.10 エチレンの 2p 軌道の相互作用

このように p 軌道が横方向で相互作用してできた軌道は π 軌道とよばれ，C−C 結合軸に対して回転対称ではない．同様に反結合性軌道は π^* 軌道とよばれる．また，このようにしてできた結合を π 結合とよぶ．エチレンの C−C 結合は sp² 混成軌道どうしが相互作用してできた σ 結合と 2p 軌道どうしが相互作用してできた π 結合からできていると考えることができる．

C−C結合軸のまわりに回転させると，π結合を切断しなければならない．したがって，二重結合を結合軸のまわりに回転させるためには，大きなエネルギーを必要とする．したがって，通常炭素-炭素二重結合は室温付近では回転しない．そのためアルケンには幾何異性体が存在する（3.3節参照）．アルケンがいろいろな親電子反応剤と反応するときには，このπ軌道にある電子が使われている．

e. アセチレンの構造とsp混成

アセチレンは直線構造をしており，この構造はsp^3混成やsp^2混成では説明できない．そこで二つの2p軌道を残し，2s軌道と一つの2p軌道を混成させてsp混成軌道をつくることを考えた（図付.11）．sp混成軌道は一つの直線上にあり，互いに反対の方向を向いている．このsp混成軌道を使ってアセチレンの直線構造をつくり，残り二つの2p軌道を使って二つのπ結合をつくる．このようにして一つのσ結合と二つのπ結合によって炭素-炭素三重結合ができていると説明することができる．しかし，この説明では直交する二つのπ結合ができることになるが，実際のアセチレンの電子密度は軸に対して回転対称であることは単純には理解できない．

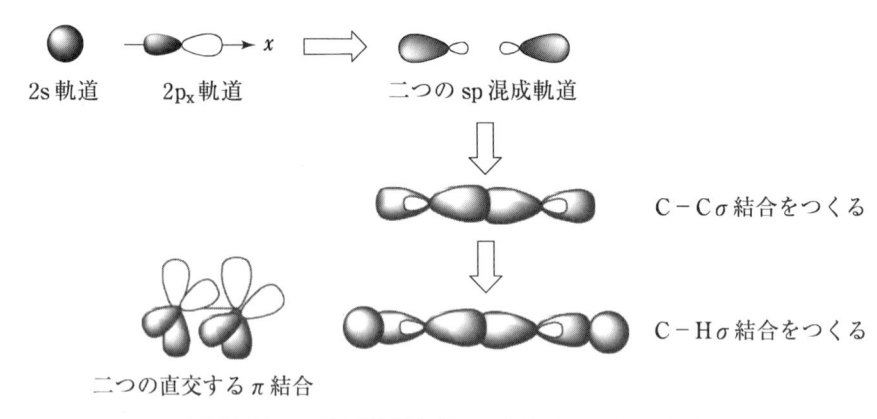

図付.11 sp混成軌道を使ってアセチレンをつくる

f. 混成を使わない考え方

sp^3混成を考えるとメタンにはエネルギーの等価な四つの軌道があることになる．しかし，sp^3混成をつかわず，2s軌道や2p軌道を直接相互作用させて分子軌道を求めると，メタンには三つの縮退した軌道とそれよりエネルギーの低い一つの軌道があることが導かれる．どちらが正しいのだろうか．光電子スペクトルとよばれる方法でメタンの電子エネルギーを測定すると，電子は異なる2種類のエネルギー準位をもっている（炭素の1s軌道を入れると三つ）ことがわかる．これは，混成を使わないで求めた分子軌道とよく一致する．しかし，このような分子軌道は結合1本1本に対応しないので，直感的に理解しにくい面がある．分子の形を直感的に理解しやすくするために，混成軌道が使われているのである．しかし，電子移動反応のように軌道のエネルギー（電子のエネルギー）が関係する場合には混成軌道を用いると実験結果と一致しないことに注意する必要がある．

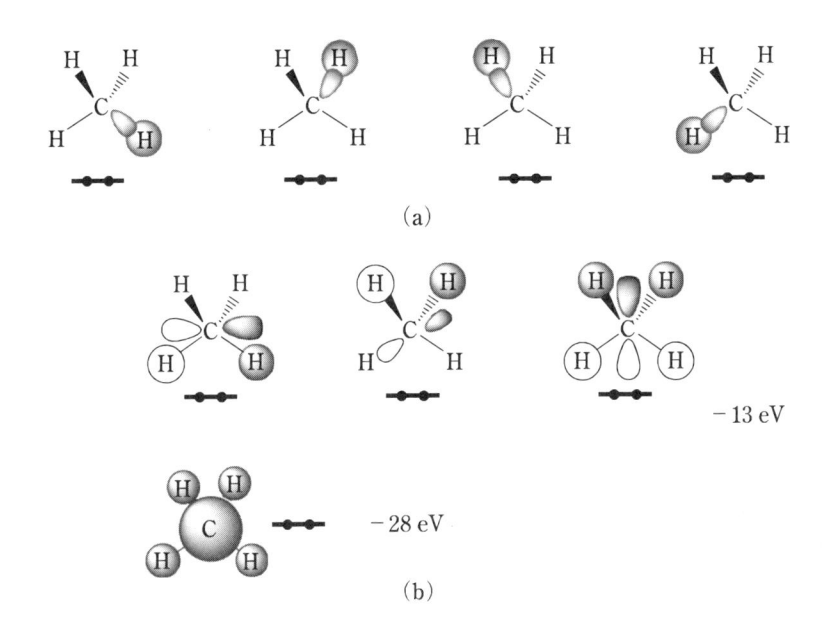

図付.12 メタンの軌道のエネルギー．(a) 混成軌道を使って求めた軌道(すべての軌道のエネルギーが同じ)，(b) 混成軌道を使わないで求めた軌道(エネルギーが異なる軌道が存在)

g. 分子軌道法が描く分子のイメージ

原子と原子との間に線で表されるような結合はなく，単に原子核が電子雲に囲まれてお互いに相互作用しあっているというのが，分子軌道法が描く分子のイメージである．原子核は電子の全エネルギーがもっとも小さくなるような位置に存在し，電子はある特定のエネルギーをもった軌道に配置される．ここでは，線のような結合をそもそも考える必要がないので，原子価というものにも縛られない．したがって，共鳴という概念も用いる必要がない．また，個々の線のような結合に軌道を対応させるために考え出された混成という概念も不要になってくる．

もともと，原子を点で結合を線で表すことは人間の感覚に分子のイメージをあわせるための便法であった．分子軌道法が描く分子のイメージは，紙と鉛筆ではなかなか表現しにくく感覚的にも理解しにくい面がある．しかし，これからはコンピュータグラフィックスを活用することによって，手軽に理解し表現できるようになってくるであろう．

付録2　有機化合物命名法

有機化合物の名称には古くから慣用的に用いられている慣用名と国際純正応用化学連合(International Union of Pure and Applied Chemistry 略称 IUPAC)によって定められた組織的な命名法である IUPAC 命名法がある．比較的簡単で基本的な化合物は慣用名を用いることも多いが，できれば IUPAC 名を用いることが望ましい．IUPAC 命名法では，母体名に接頭語

と接尾語を加えて系統的に化合物を命名する．以下に基本的な化合物の命名法について示す．

一般式 C_nH_{2n+2} で表される鎖式飽和炭化水素の総称をアルカン (alkane) という．アルカンの alk は語幹で ane は飽和炭化水素を意味する語尾である．

表付.1 に $n=1\sim12$ の直鎖アルカンの名称を示す．置換アルキル基はアルカンの語尾を yl で表す．表付.2 に例を示す．

脂環式炭化水素は一般式 C_nH_{2n} で表され，アルカンに接頭語としてシクロ (cyclo) をつけ，その総称をシクロアルカン (cycloalkane) という．最小のシクロアルカンは $n=3$ のシクロプロパンである．また，二重結合をひとつもつ鎖式不飽和炭化水素は一般式 C_nH_{2n} で表され，その総称をアルケン (alkene)，三重結合をもつ一般式 C_nH_{2n-2} で表されるものをアルキン (alkyne) という．ここで，ene および yne はそれぞれの接尾語である．表付.3 にシクロアルカン，アルケン，アルキンの例を示す．

表付.4 に官能基をもつ代表的な化合物名を IUPAC 名と慣用名を示す．また，表付.5 に芳香環をもつ代表的な化合物の慣用名を示す．

アルキル基を置換基としてもつ飽和炭化水素は IUPAC 命名法の次の規則に従う．

（1）分子の中で最長の炭素鎖を主鎖として命名する．長さが等しい異なった炭素鎖がある場合，分岐鎖の多いものを主鎖とする．

（2）分岐炭素鎖（側鎖）ができるだけ小さな番号になるように，炭素鎖に番号をつける．

（3）同じアルキル基がある場合，ジ (di)，トリ (tri)，テトラ (tetra) などの倍数接語を各置換基の前につける．

（4）種類が異なるアルキル基がある場合，アルキル基をアルファベット順に並べる．ただし，倍数接語，異性体 (*cis-* や *trans-*) および級数 (*sec-* や *tert-*) を示す記号はアルキル基の頭文字としない．

表付.1　直鎖アルカン C_nH_{2n+2} の名称（n は炭素数）

炭素数 n	分子式 C_nH_{2n+2}	名　称	
1	CH_4	methane	メタン
2	C_2H_6	ethane	エタン
3	C_3H_8	propane	プロパン
4	C_4H_{10}	butane	ブタン
5	C_5H_{12}	pentane	ペンタン
6	C_6H_{14}	hexane	ヘキサン
7	C_7H_{16}	heptane	ヘプタン
8	C_8H_{18}	octane	オクタン
9	C_9H_{20}	nonane	ノナン
10	$C_{10}H_{22}$	decane	デカン
11	$C_{11}H_{24}$	undecane	ウンデカン
12	$C_{12}H_{26}$	dodecane	ドデカン

表付.2 アルキル基 C_nH_{2n+2} の名称（n は炭素数）

炭素数 n	分子式 C_nH_{2n+2}	名	称
1	CH_3	methyl	メチル
2	CH_3CH_2	ethyl	エチル
3	$CH_3CH_2CH_2$	propyl	プロピル
3	$(CH_3)_2CH$	isopropyl	イソプロピル
		1-methylethyl	1-メチルエチル
4	$CH_3CH_2CH_2CH_2$	butyl	ブチル
4	$(CH_3)_2CHCH_2$	isobutyl	イソブチル
		2-methylpropyl	2-メチルプロピル
4	$CH_3CH_2CHCH_3$	sec-butyl	s-ブチル
		1-methylpropyl	1-メチルプロピル
4	$(CH_3)_3C$	tert-butyl	t-ブチル
		1,1-dimethylethyl	1,1-ジメチルエチル
5	$CH_3(CH_2)_4$	pentyl	ペンチル
5	$(CH_3)_3CCH_2$	neopentyl	ネオペンチル
		2,2-dimethylpropyl	2,2-ジメチルプロピル

表付.3 シクロアルカン C_nH_{2n}，アルケン C_nH_{2n}，アルキン C_nH_{2n-2} の名称（n は炭素数）

炭素数 n	構造式	名	称
3	△	cyclopropane	シクロプロパン
4	□	cyclobutane	シクロブタン
5	⬠	cyclopentane	シクロペンタン
6	⬡	cyclohexane	シクロヘキサン
7	⬣	cycloheptane	シクロヘプタン
8	⯃	cyclooctane	シクロオクタン
2	$CH_2=CH_2$	ethene	エテン
		ethylene	エチレン
4	$CH_3CH_2CH=CH_2$	1-butene	1-ブテン
4	(cis structure)	cis-2-butene	シス-2-ブテン
4	(trans structure)	trans-2-butene	トランス-2-ブテン
2	$HC\equiv CH$	ethyne	エチン
		acetylene	アセチレン
5	$CH\equiv C(CH_2)_2CH_3$	1-pentyne	1-ペンチン

表付.4　官能基をもつ代表的な化合物の名称

構造式	名　称	
CH_3Cl	monochloromethane (methyl chloride)	モノクロロメタン（塩化メチル）
CH_2Cl_2	dichloromethane (methylene chloride)	ジクロロメタン（二塩化メチレン）
$CHCl_3$	trichloromethane (chloroform)	トリクロロメタン（クロロホルム）
$CH_3CH_2CH_2CH_2OH$	1-butanol (n-butanol, n-butyl alcohol)	1-ブタノール（n-ブタノール，n-ブチルアルコール）
$(CH_3)_3COH$	2-methyl-2-propanol ($tert$-butyl alcohol)	2-メチル-2-プロパノール（$tert$-ブチルアルコール）
CH_3CHO	ethanal (acetaldehyde)	エタナール（アセトアルデヒド）
CH_3COCH_3	propanone (acetone)	プロパノン（アセトン）
CH_3CO_2H	ethanoic acid (acetic acid)	エタン酸（酢酸）
$CH_3CH_2OCH_2CH_3$	diethyl ether	ジエチルエーテル

表付.5　芳香族環をもつ代表的な化合物の名称

構造式	名　称	構造式	名　称
ベンゼン環	benzene　ベンゼン	ピリジン環 (N)	pyridine　ピリジン
トルエン環 CH₃	toluene　トルエン	フラン環 (O)	furan　フラン
アニリン環 NH₂	aniline　アニリン	チオフェン環 (S)	thiophene　チオフェン
フェノール環 OH	phenol　フェノール	ピロール環 (NH)	pyrrole　ピロール
安息香酸環 CO₂H	benzoic acid　安息香酸	ナフタレン環	naphthalene　ナフタレン
スチレン環	styrene　スチレン	アントラセン環	anthracene　アントラセン
		フェナントレン環	phenanthrene　フェナントレン

演習問題解答

■2章

2.1

H–C̈H₂ (O, −1) H–O–H (+1) with H below H–C(=O)–O (0, −1)

2.2

O=N⁺(O⁻)–O⁻ ↔ ⁻O–N⁺(O⁻)=O

2.3

H₃C–H (dipole up), FH₂C–H (dipole up-left), F₃C–H (dipole down), F₃C–F 双極子なし

2.4

−C⁺− + :ÖH–H ⟶ −C–O⁺H–H
      (カルボカチオン)   (水)
      (ルイス酸)   (ルイス塩基)

2.5 CH₃CO₂H + Na⁺OH⁻ ⇌ CH₃CO₂⁻Na⁺ + H₂O

2.6 (b) HCl pK_a = −7, (f) HF pK_a = 3.2, (c) CH₃CO₂H pK_a = 4.75, (e) H₂O pK_a = 15.7, (d) NH₃ pK_a = 38, (a) CH₃CH₃ pK_a = 50

2.7

(a) Br⁻ + C₆H₅CH₂–I ⟶ C₆H₅CH₂–Br + I⁻

(b) CH₃O⁻ + CH₃C(=O)OC₂H₅ ⟶ CH₃C(O⁻)(OC₂H₅)(OCH₃) ⟶ CH₃C(=O)OCH₃ + C₂H₅O⁻

(c) HO⁻ + H₂C(H)–CH(CH₃)–Br ⟶ H₂O + H₂C=CH(CH₃) + Br⁻

■3章

3.1

(a) CH₃CH₂C⁺(CH₃)–CH₂CH₃ > CH₃CH₂CH(CH₃)–C⁺HCH₃

(b) CH₃–C⁺HCH₂CH₃ > ⁺CH₂–CH₂CH₂CH₃

(c) (シクロペンチル⁺)–CH₂CH₃ > (シクロペンチル, C⁺ in ring)–CH₂CH₃

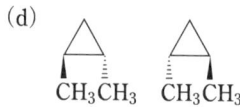

3.2 (a) CH₃CH=CH₂ + HBr (b) CH₃CH=CH₂ + HBr/過酸化物

(c) (メチルシクロペンテン or メチレンシクロペンタン) + H₂SO₄ (d) (メチルシクロヘキセン or メチレンシクロヘキサン) + H⁺/H₂O

3.3 (a) ブタジエン + ベンゾキノン (b) フラン + H₃COCC≡CCOCH₃ (ジメチルアセチレンジカルボキシレート) (c) ブタジエン + ブタジエン

3.4 (a) A : C₆H₅C≡C⁻Na⁺   B : C₆H₅C≡CCH₂CH₃

(b) C : (Z)-CH₃CH=CHCH₃   D : (2R,3S)-2,3-ジブロモブタン型構造 (CH₃-CHBr-CHBr-CH₃)

(c) E : C₆H₅C(OH)=CH₂   F : C₆H₅COCH₃

■4章

4.1 (a) H-C(CH₂CH₃)(CH₃)(OH) (b) H-C(CO₂H)(CH₃)(OH), H-C(CHO)(H₃C)(OOH), H-C(CHO)(H₃CO)(OOH)

(c) H-C(CH₂CH₂Cl)(H₃C)(Cl), H-C(Cl)(H₃C)-C(H)(Cl)(CH₃), (d) (1R,2R)- および (1S,2S)-1,2-ジメチルシクロプロパン

4.2 (a) Br—[CH₃, H]—CH₂CH₂CH₃ (b) Cl—[CH(CH₃)₂, H]—CH₂CH₂CH₃ (c) HO—[CH₃, H]—CH₂CH₃ (d) H—[CH₃, Cl]—CO₂H

4.3 (a) cis-1,2-ジメチルシクロブタン型 (b) 1,2-ジクロロ-3-メチルシクロヘキサン (c) (3R,4R)-3,4-ジクロロヘキサン

4.4 5種類

4.5 (a)(c) 同一分子, (b) エナンチオマー, (d) ジアステレオマー

4.6 (3種のメチルシクロヘキサン配座異性体)

4.7 (ニューマン投影式: CH₃, H, H / CH₃, CH₃, H)

■5章

5.1 1-ブロモ[2.2.1]ビシクロヘプタンは臭素-炭素の結合の背面が炭素置換基によっておおわれているので，S_N2 反応は進行しない．また，臭素置換基と同一平面上に存在する C−H 結合が存在しないので，

演習問題解答   165

E2 反応も進行しない．カルボカチオン中間体ができるためには，平面性のカルボカチオンができる必要があるが，構造上不可能であるため，S_N1 反応，E1 反応は進行しない．

5.2 CH₂=CHCH₃ + HCl ⟶ CH₃CHClCH₃

    (CH₃)₂CHOH + SOCl₂ ⟶ (CH₃)₂CHCl

5.3 (a) (S)-2-ブタノール (b) (アルケン構造) (c) CH_3CH_2OH

5.4 臭化物イオンと (R)-2-ブロモペンタンの反応は S_N2 反応で進行すると考えられる．その際，ワルデン反転を伴い (S)-2-ブロモペンタンが生成する．この場合，生成物と原料が立体を除き同じ構造であるので，ラセミ化が進行する．

5.5 トランス-1-ブロモ-2-メチルシクロヘキサンを水酸化物イオンと反応させると水酸化物イオンは強い塩基なので，E2 反応により生成物を与える．A が安定な配座であるが，臭素に結合した炭素に隣接する炭素上には，臭素-炭素結合と同一平面をとる炭素-水素結合がないので，E2 反応が起きない．一方不安定ではあるがもう一方のいす形配座 B を考えると，2 位の水素は同一平面上になく，6 位の水素が同一平面に存在するので，6 位の水素が引き抜かれて置換基の少ないアルケンが生成する．

  A   B

5.6 ナトリウムメトキシドとの反応では，S_N2 反応が起こり，3-メトキシ-1-ブテンが得られる．一方，メタノールとの反応では S_N1 反応となり，カチオン中間体が生成する．このカチオン中間体は炭素炭素二重結合と共役しており，カチオンの転位が起こり，3 位と 1 位でメタノールの付加を受けるようになり，混合物となる．

5.7 (a) ハロメタン（ブロモメタン，ヨードメタン，クロロメタン）とナトリウムフェノキシド
    (b) 2-ハロブタン（2-ブロモブタン，2-ヨードブタン，2-クロロブタン）と立体障害の大きな塩基（カリウム tert-ブトキシド，リチウムジイソプロピルアミド）
    (c) (R)-2-ブロモブタンとナトリウムメチルチオラート

5.8 (a) 求核性：HS^-, HO^-, H_2O 塩基性：HO^-, HS^-, H_2O
    (b) 求核性：NH_3, H_2S, H_2O, CH_4 塩基性：NH_3, H_2S, H_2O, CH_4
    (c) 求核性：HO^-, $CH_3CO_2^-$, H_2O 塩基性：HO^-, $CH_3CO_2^-$, H_2O
    (d) 求核性：I^-, Br^-, Cl^-, F^- 塩基性：I^-, Br^-, Cl^-, F^-
        （プロトン性溶媒中）   （プロトン性溶媒中）

5.9 (a) (テトラヒドロフラン) (b) $CH_3CO_2CH_3$ (c) $CH_3CH_2CH(OCH_3)CH_3$（ラセミ体） (d) $CH_2=CHCH_3$

6章

6.1 キラルな化合物

  HO−CH(CH₃)−CH₂CH₂CH₃   HOH₂C−CH(CH₃)−CH₂CH₃   HO−CH(CH₃)−CH(CH₃)₂

6.2
(a) HO−C₆H₁₀−CH₂CH₂CH(CH₃)₂ (1-(3-methylbutyl)cyclohexan-1-ol)

(b) PhCH₂CH(OH)CH(CH₃)CH₂CH₂CH₃

6.3
(a) bromocyclohexane (b) (CH₃)₂CHCH₂CH₂Br (c) Br−C(CH₃)₂−CH₂CH₂CH₃

6.4 水素結合

6.5
(a) (CH₃)₂CHONa + CH₃CH₂CH₂Br ⟶ (CH₃)₂CHOCH₂CH₂CH₃

(b) PhONa + CH₃CH₂Br ⟶ PhOCH₂CH₃

(c) HO−CH₂CH₂CH₂−C(CH₃)₂−OH →[NaHSO₄ 水溶液] 2,2-dimethyltetrahydropyran

6.6
(a) (CH₃)₂C=O + CH₃CH₂CH₂MgBr ⟶ →[H₃O⁺] HO−C(CH₃)₂−CH₂CH₂CH₃

(b) CH₃CH₂CH₂CH₂MgCl + CH₃CH₂CH₂CHO ⟶ →[H₃O⁺] CH₃CH₂CH₂CH₂CH(OH)CH₂CH₂CH₃

(c) cyclobutanone + CH₃Li ⟶ →[H₃O⁺] 1-methylcyclobutan-1-ol

7章

7.1
A: OHC−CH=CH−(CH₂)₇−CO₂Me

B: CH₃CH₂−CH=CH−CH=CH−(CH₂)₇−CO₂Me

7.2
HO−CH₂CH₂CH₂−CHO →[H⁺] HO−CH₂CH₂CH₂−CH=O⁺H ⟶ (oxolan-2-ol, protonated) ⟶ (oxolan-2-ol−O⁺H−H) →[−H₂O] (2,3-dihydrofuran cation) →[CH₃OH] 2-methoxytetrahydrofuran

7.3
2-methylcyclohexane-1,3-dione →[KOH] enolate → (Michael addition with methyl vinyl ketone) → diketone intermediate →[H⁺] triketone

→[ピロリジン] enamine → aldol cyclization → β-hydroxy diketone →[−H₂O] Wieland–Miescher-type enone

7.4
o-phthalaldehyde + CH₃CH₂COCH₂CH₃ →[NaOEt] benzo-fused dimethyl tropone

7.5

■8章

8.1 分子内のクライゼン縮合反応，ディックマン（Dieckmann）縮合とよばれる．

8.2 酢酸エチルとベンジルアミンの混合物を加熱すると N-ベンジルアセトアミドに変化するが，等量のベンジルアルコールと共に加熱しても酢酸ベンジルエステルを収率よく得ることはできない．

8.3 臭化エチルとアンモニアの反応では，エチルアミンのほかにジエチルアミンやトリエチルアミンが副生してくる．イミドはモノアルキル化で反応が停止する．

8.4 ベンゾイルクロリドにより第一級アミン，第二級アミンは高沸点のアミドに変化する．塩酸はトリエチルアミンにより捕捉される．蒸留により純粋な第三級アミンを得ることができる．

$$\text{PhCOCl} + \text{H}_2\text{N-Et} + \text{HN(Et)}_2 + \text{N(Et)}_3 \longrightarrow$$

$$\text{PhCONHEt} + \text{PhCON(Et)}_2 + \text{Et}_3\text{NH}^+\text{Cl}^-$$

8.5 開環重合である．

(カプロラクタム + B$^-$ → アニオン開環重合によるナイロン6の生成)

9章

9.1 (a) > (b) > (c) > (d)．アミンの塩基性は，窒素原子に存在する孤立電子対の局在化の度合いと関連する．アミドではカルボニル基への大きな非局在化により，アニリンではベンゼン環への非局在化により，前者は中性であり，後者は弱い塩基性を示す．また，アルキル基は電子供与効果があるため，(a)は(b)より塩基性が強い．

9.2 ピロールの窒素原子に存在する孤立電子対は，ピロールが芳香族性を示す原因となる 6π 電子系の中へ組み込まれている．したがって，ピロール窒素の孤立電子対は十分に非局在化しており，このためピロールは弱い塩基性しか示さない．一方，アニリンの窒素の孤立電子対もベンゼン環へ非局在化しているが，この場合は芳香族性を壊す形で寄与しているため，その度合いはピロールの場合より小さい．これらに比べ，プロピルアミンの孤立電子対は局在化しているため，強い塩基性を示す．

9.3

$$\text{N-メチルアゼパン} \xrightarrow[\text{2) Ag}_2\text{O, H}_2\text{O/加熱}]{\text{1) CH}_3\text{I}} \text{CH}_2=\text{CH-CH}_2\text{CH}_2\text{CH}_2\text{CH}_2\text{N(CH}_3)_2 \xrightarrow[\text{2) Ag}_2\text{O, H}_2\text{O 加熱}]{\text{1) CH}_3\text{I}} \text{CH}_2=\text{CH-CH}_2\text{CH}_2\text{CH}=\text{CH}_2$$

$$\xrightarrow[\text{2) (CH}_3)_2\text{S}]{\text{1) O}_3} \text{OHC-CH}_2\text{CH}_2\text{-CHO} \xrightarrow{\text{酸化}} \text{HO}_2\text{C-CH}_2\text{CH}_2\text{-CO}_2\text{H}$$

9.4 (a) $\text{CH}_3(\text{CH}_2)_3\text{CH}_2\text{OH} \xrightarrow{\text{PBr}_3} \text{CH}_3(\text{CH}_2)_3\text{CH}_2\text{Br} \xrightarrow{\text{NaN}_3} \text{CH}_3(\text{CH}_2)_3\text{CH}_2\text{N}_3$

$\xrightarrow{\text{LiAlH}_4} \text{CH}_3(\text{CH}_2)_3\text{CH}_2\text{NH}_2$

(b) $\text{CH}_3(\text{CH}_2)_3\text{CH}_2\text{OH} \xrightarrow{[\text{O}]} \text{CH}_3(\text{CH}_2)_3\text{CHO} \xrightarrow{\text{CH}_3(\text{CH}_2)_3\text{CH}_2\text{NH}_2}$

$\text{CH}_3(\text{CH}_2)_3\text{CH}=\text{NCH}_2(\text{CH}_2)_3\text{CH}_3 \xrightarrow{\text{NaBH}_3\text{CN}} \text{CH}_3(\text{CH}_2)_3\text{CH}_2\text{NHCH}_2(\text{CH}_2)_3\text{CH}_3$

(c) $\text{CH}_3(\text{CH}_2)_3\text{CH}_2\text{OH} \xrightarrow{\text{PBr}_3} \text{CH}_3(\text{CH}_2)_3\text{CH}_2\text{Br} \xrightarrow{\text{NaCN}} \text{CH}_3(\text{CH}_2)_3\text{CH}_2\text{CN}$

$\xrightarrow{\text{LiAlH}_4} \text{CH}_3(\text{CH}_2)_3\text{CH}_2\text{CH}_2\text{NH}_2$

(d) $\text{CH}_3(\text{CH}_2)_3\text{CH}_2\text{OH} \xrightarrow{[\text{O}]} \text{CH}_3(\text{CH}_2)_3\text{CHO} \xrightarrow{(\text{CH}_3)_2\text{NH}}$

$\text{CH}_3(\text{CH}_2)_3\text{CH}=\overset{+}{\text{N}}(\text{CH}_3)_2\text{OH}^- \xrightarrow{\text{NaBH}_3\text{CN}} \text{CH}_3(\text{CH}_2)_3\text{CH}_2\text{N}(\text{CH}_3)_2$

9.5

C₆H₅NH₂ →[HNO₂ / H₂SO₄]→ C₆H₅N₂⁺ →[KCN / CuCN]→ C₆H₅CN →[LiAlH₄]→ C₆H₅CH₂NH₂ →[(CH₃C)₂O]→ C₆H₅CH₂NHCOCH₃

9.6 芳香族ジアゾニウム塩は次のような共鳴によって安定化されているが，脂肪族ジアゾニウム塩ではこのような安定化効果がない．

(共鳴構造式: Ph–N⁺≡N ↔ Ph–N=N⁺ ↔ シクロヘキサジエニルカチオン型構造の複数形)

10章

10.1
(a) C₆H₅CH₃ > C₆H₅CH₂Cl > C₆H₅CHCl₂ > C₆H₅CF₃
(b) C₆H₅O⁻Na⁺ > C₆H₅OH > C₆H₅CH₂CH₃ > C₆H₅Br
(c) C₆H₅NH₂ > C₆H₅NHC(O)CH₃ > C₆H₅NH₃⁺Cl⁻

10.2
(a) 4-ブロモ-エトキシベンゼン（主生成物），2-ブロモ-エトキシベンゼン（微量）
(b) 4-(tert-ブチル)ベンゼンスルホン酸
(c) 4-ニトロ-N-メチルアニリン，2-ニトロ-N-メチルアニリン（微量）
(d) 3-クロロ安息香酸
(e) 3-ブロモベンゾニトリル

10.3 ホルムアルデヒドのカルボニル酸素にルイス酸の ZnCl₂ が結合してオキソニウム塩が生じる．このオキソニウム塩の求電子置換反応によりベンジルアルコールとなり，さらに系中での求核置換を経て，ベンジルクロリドとなる．

(反応機構: HCHO + ZnCl₂ → オキソニウム塩 → ベンゼンと反応 → ベンジルアルコール →[HCl]→ ベンジルクロリド)

10.4 ハロゲンの脱離過程が律速段階の脂肪族求核置換反応に比べ（5章参照），芳香族求核置換反応では，求核剤の付加が律速段階で，ハロゲンが，生じるシクロヘキサジエニルアニオンの安定化に寄与している．誘起効果で電子吸引性のもっとも大きいフッ素が，遷移状態の活性化エネルギーを下げる度合いがもっとも大きく，フッ素化合物の反応性がもっとも高い．

10.5 注意：二つ以上の置換基が芳香環に置換している場合，活性化効果の大きい置換基が，さらなる求電子置換反応の配向性を制御する．

(a) ベンゼン →[HNO₃ / H₂SO₄]→ ニトロベンゼン →[Cl₂ / FeCl₃]→ 3-クロロニトロベンゼン

(b) 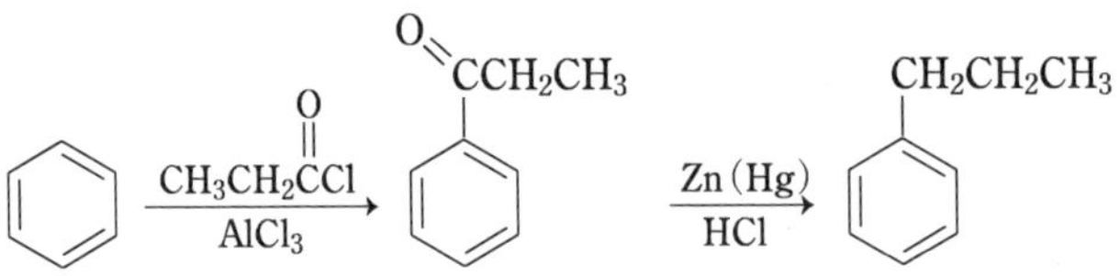 ベンゼン →[CH₃CH₂COCl / AlCl₃] プロピオフェノン →[Zn(Hg) / HCl] n-プロピルベンゼン

フリーデル-クラフツアルキル化では *n*-プロピルベンゼンは得られない.

(c) 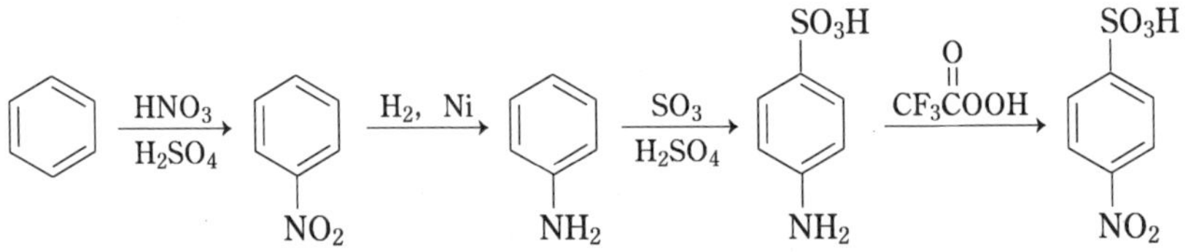 ベンゼン →[HNO₃ / H₂SO₄] ニトロベンゼン →[H₂, Ni] アニリン →[SO₃ / H₂SO₄] *p*-アミノベンゼンスルホン酸 →[CF₃COOOH] *p*-ニトロベンゼンスルホン酸

ニトロ基−アミノ基の相互変換を利用

(d) 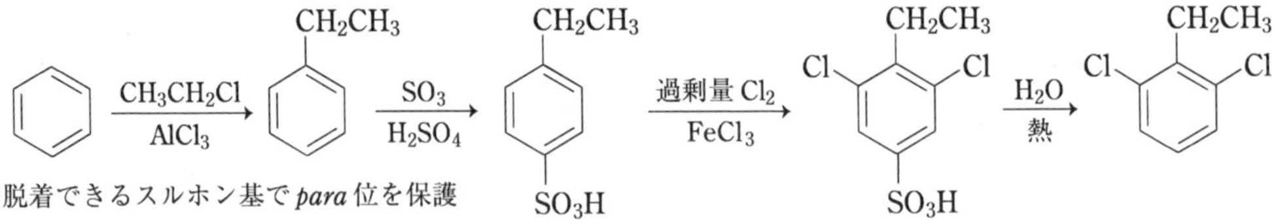 ベンゼン →[CH₃CH₂Cl / AlCl₃] エチルベンゼン →[SO₃ / H₂SO₄] *p*-エチルベンゼンスルホン酸 →[過剰量 Cl₂ / FeCl₃] 3,5-ジクロロ-4-エチルベンゼンスルホン酸 →[H₂O 熱] 2,6-ジクロロエチルベンゼン

脱着できるスルホン基で *para* 位を保護

10.6 まず1当量の BuLi でベンザインが発生する. 次にベンザインへのもう1当量の BuLi の求核付加が起こる. CH₃O 基の立体効果により Bu 基は *meta* 位に入る. さらに生じたアニオンが, ホルムアルデヒドに求核付加してアニソール誘導体を与える.

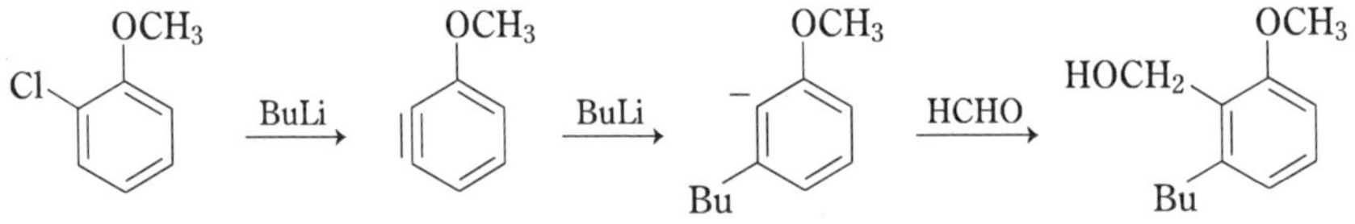

2-クロロアニソール →[BuLi] ベンザイン(OCH₃) →[BuLi] アニオン(OCH₃, Bu) →[HCHO] HOCH₂-OCH₃-Bu アニソール誘導体

索　引

A～Z

E1$_{CB}$　67
E1 反応　64
E2 反応　65
IUPAC 命名法　159
LDA ⇨ リチウムジイソプロピル
　　アミド
meta　140
　　――配向基　142
Michael 付加反応　100
Newman 投影式　49
ortho　140
　　――配向基　142
para　140
　　――配向基　142
PCB ⇨ ポリ塩化ビフェニル
pK_a　16
p 軌道　147, 153
R, S 表示　44
S$_N$1 反応　59, 60
S$_N$2 反応　57, 58, 59, 146
THF ⇨ テトラヒドロフラン

あ 行

亜鉛アマルガム　139
アキシアル　52
アキラル　43
アジ化物イオン　57
アジドの還元　127
亜硝酸ナトリウム　147
アシリニウムイオン　107, 138
アシル基　104, 138
アスピリン　150
アセタール　89, 90
アセチラートイオン　57
アセチリド　39
アセチレン　36

アセトアニリド　143
アゾ化合物　130
アニオン　5
アニリン　124, 143
アニリンジアゾニウムイオン
　　130
アミド　104, 112, 124
　　――の還元　126
　　――誘導体　144
アミノ酸　2
アミン　120
　　――のアルキル化　125
　　――の塩基性　123
　　――の合成　125
　　――の構造　122
　　――の水素結合　122
　　――の反応　128
アリルカチオン　34, 61
アルカロイド　120, 131
アルカン　23, 160
　　――の構造　24
　　――の反応　25
アルキル　161
アルキルカチオン　137
アルキルチオラートイオン　57
アルキン　23, 161
　　――の合成　36
　　――の構造　36
　　――の反応　37
アルケン　23, 161
　　――の構造　27
　　――の反応　28, 29
アルコキシラートイオン　57
アルコール　72
　　――の合成　74
　　――の酸化　77
　　――の脱水　29
　　――の反応　76
アルデヒド　85, 150
アルドール反応　85, 97, 150

アレン　34
安息香酸　149
アンチ形配座　50
アンチ脱離　67
アンチ付加　31
アンチペリプラナー配座　66
安定化　61
アンモニウムイオン　123, 144

イオン結合　5
イオン重合　33
イオン性液体　6
イオン性固体　6
いす形配座　51
異性体　9, 160
イソシアナート　114
イソブタン　24
イソプロピルベンゼン　138
位置異性体　65
位置選択性　27, 140
位置選択的反応　27
1 分子求核置換反応　57, 60
1 分子脱離反応　64
ε-カプロラクタム　113
イプソ置換　146
イミド　117
イミニウムイオン　129
イミン　91
　　――の還元　126
イリド形　94
イレン形　94

ヴィッティヒ反応　94
ウイリアムソンエーテル合成
　　77, 79
ウォルフ-キッシュナー還元　138

エクアトリアル　52
エステル　104, 109
エステルエノラート　111

索　引

エステル交換反応　110
エタン　24
エチルアミン　122, 124
エチレン　28
エーテル　79
　――の合成　79
　――の反応　81
エナミン　91
エナンチオマー　41, 42
エノラート　85, 111, 150
エノラートイオン　95, 96
エノール形　95
エノールシリルエーテル　99
エポキシド　32
　――の開環反応　81
塩化スルホニル　128
塩化チオニル　107
塩　基　15, 19

オキソニウムイオン　87
オクテット則　8
オゾニド　33
オゾン分解　33
オレフィン　27
温室効果ガス　26

か　行

回転異性体　49
開　裂　14
化学進化　2
化学平衡　18
重なり形配座　49, 50
加水分解反応　110
カチオン　5
活性化　140
活性化エネルギー　18, 137
ガッターマン反応　148
カップリング反応　102
価電子　8
カプサイシン　113
ガブリエル合成　126
過マンガン酸カリウム　134
カリウム *tert*-ブトキシド　66
カルボカチオン　30, 61
　――中間体　62, 65
　――の安定性　62
　――の転位　138

カルボキシラートイオン　57
カルボキシル基　104
カルボニル化合物　85
カルボニル基　140
カルボン酸　104
　――誘導体　104
カルボン酸イオン　104
環境ホルモン　69
還　元　102
還元的アミノ化　127
環状エーテル　80
環状炭化水素　23
慣用名　159

幾何異性体　28
基　質　58
キニーネ　131
逆マルコフニコフ則　75
吸エルゴン反応　18
求核剤　57, 86
求核種　86
求核性　87
求核置換反応　57, 108
求核付加反応　85, 150
級　数　160
求電子剤　29, 86, 135
求電子種　86
求電子性　87
求電子付加反応　29
吸熱反応　136
鏡像異性体 ⇒ エナンチオマー
共　鳴　135
共鳴安定化　105
共鳴効果　140
共鳴構造　12
　――式　135
共鳴理論　12
共役塩基　15, 17
共役酸　123
共役ジエン　34
共役付加　100
　――反応　100
共有結合　6
共有電子対　9
キラル　42, 43
キラル中心　43
金属アセチリド　39
金属触媒　106

金属水素化合物　75
金属ヒドリド　101

クメン法　76
クライゼン縮合　111
クラウンエーテル　80
グリニヤール反応剤　75, 92, 106, 108, 149
グリーンケミストリー　3
クロロクロム酸ピリジニウム　77
クレメンゼン還元　138
para-クロロトルエン　146
meta-クロロニトロベンゼン　143
1-クロロプロパン　138

結合解離エネルギー　56
結合性分子軌道　154
結合の開裂　14
結晶分子　2
β-ケトエステル　112
ケト-エノール互変異性　95
ケト形　95
ケトン　85
原子価理論　8
原子軌道　153

交差アルドール反応　98
構造異性体　9, 41
構造式　9
ゴーシュ形配座　50
互変異性　95
　――化　39
孤立電子対　9, 11, 155
コルベ反応　150
混成軌道　155

さ　行

ザイツェフ則　28, 65, 128
鎖状炭化水素　23
サステイナブルケミストリー　4
サリドマイド　54
サリチル酸　150
酸　15, 19
酸塩基中和反応　111
酸　化　102
　――反応　32

索 引

三重結合　11
ザンドマイヤー反応　148
酸性度定数　16, 104
酸ハロゲン化物　104, 106
酸無水物　104, 106
三硫化硫黄　137

ジアステレオマー　41, 46
ジアゾカップリング　130, 131
ジアゾニウムイオン　130
ジアゾニウム塩　147
ジアゾニウムテトラフルオロホウ
　　酸塩　148
シアノ基　140
シアノ水素化ホウ素ナトリウム
　　127
シアノヒドリン　92
次亜リン酸　149
シアン化物イオン　57, 115
ジエチルアミン　122, 124
1,2-ジオール　78
ジカルボン酸　117
ジグザグ構造　42
σ結合　140
シクロアルカン　25, 51, 161
シクロデキストリン　2
シクロヘキサジエニルカチオン
　　136
シクロヘキサジエン　149
シクロヘキサン　149
シクロヘキサンアミン　124
シクロヘキセン　149
四酸化オスミウム　78
ジシクロヘキサジエニルアニオン
　　146
シス　25
自然界のエチレン　35
シッフ塩基　91
ortho-ジブロモベンゼン　144
para-ジブロモベンゼン　144
シーマン反応　148
重合反応　33
主　鎖　160
酒石酸　117
順位則　44
触媒的水素化　149
ジョーンズ酸化　77
親ジエン体　35

シン脱離　66
シン付加　32
シンペリプラナー配座　66

水酸化物イオン　57
水素化　32, 37
水素化アルミニウムリチウム
　　111, 126
水素結合　112
水　和　38, 87
スルフィド　82
スルホニル基　140
スルホンアミド　128
スワーン酸化　78

生命力説　1
接触還元　32
接触水素化　32
絶対配置　45
遷移状態　18, 59
線形結合　154

双極子　13
双極子モーメント　13, 76
側　鎖　160
速度論支配　145

た 行

多アルキル化　138
第一級アミン　120
第一級アルコール　72
第一級ハロアルカン　56
ダイオキシン類　69
第三級アミン　121
第三級アルコール　72
第三級ハロアルカン　56
代替フロン　69
第二級アミン　121
第二級アルコール　72
第二級ハロアルカン　56
第四級アンモニウム塩　121
多環芳香族　145
脱炭酸　114
脱保護　90
脱離基　60
脱離反応　28, 63
脱離-付加機構　146

炭化水素　23
単結合　10
炭酸誘導体　118
炭　素　1
炭素アニオン　15
炭素カチオン　15
炭素鎖　160

チオール　82
置換基の効果　140
置換反応　26
チーグラー-ナッタ触媒　33
中間体　62

低極性溶媒　60
ディールス-アルダー反応　35
テトラヒドロフラン　148
テトラフルオロホウ酸　148
テトラロン　139
テレフタル酸　149
転位反応　68
　1,2-――　68
電気陰性度　5, 6, 73, 140
電子移動　102
電子求引基　14, 140
電子供与基　14, 140
電子配置　153

特定フロン　69
トランス　25
トリエチルアミン　122, 124
トリフルオロメチル基　140
トリフルオロメチルベンゼン　142
トリブロモアニリン　143
トルエン　142

な 行

ナイロン6　113
ナイロン66　117
ナトリウムアミド　37
1-ナフタレンスルホン酸　145

ニコチン　131
二重結合　10
ニトリル　115
　――の還元　127
ニトロ基　140

1-,2-ニトロナフタレン 145
ニトロニウムイオン 136
para-ニトロフェノール 146
ニトロベンゼン 136
2分子求核置換反応 57,58,59
2分子脱離反応 66
2分子反応 58
ニューマン投影式 49

ねじれ形配座 49
ねじれ舟形配座 52
熱力学支配 145

は行

π軌道 157
π結合 87,140,157
配向性 140
配座異性体 49
倍数接語 160
破線-くさび形表記法 42
バーチ還元 149
発エルゴン反応 18
発煙硫酸 137
発熱反応 136
波動関数 153
ハロアルカン 56
ハロゲン化アシル 106
ハロゲン化鉄 136
ハロゲン化物イオン 57
反結合性分子軌道 154
反応剤 58

非共役二重結合 149
非共有電子対 ⇒ 孤立電子対
非結合性電子対 141
ひずみエネルギー 25
比旋光度 43
ヒドラジン 139
ヒドリドイオン 101
ortho-ヒドロキシ安息香酸 150
ヒドロキシメチル化 150
ヒドロホウ素化 31
 ――反応 75
非プロトン性溶媒 60
ヒュッケル則 135
ヒンスベルグ試験 128,129

フィッシャー投影式 45
フェニルアニオン 147
フェニルカチオン 147
フェニルリチウム 150
フェノラートイオン 144
フェノール 72,146
 ――の合成 76
 ――の反応 78
1,2-付加 100
1,4-付加 100
付加環化反応 35
付加脱離 107
 ――機構 109,146
不活性化 140
付加反応 30
不斉合成反応 117
不斉水素化 32
不斉炭素 43,44
フタルイミド 126
ブタン 24
t-ブチルベンゼン 137
舟形配座 52
部分的正電荷 57
α,β-不飽和カルボニル化合物 100
フリーデル-クラフツ反応 107
 ――アシル化反応 138
 ――アルキル化反応 137
フリーラジカル 15
フルオロベンゼン 148
ブレンステッド酸・塩基 15
プロトン性溶媒 60
para-ブロモアニリン 143
ortho-ブロモトルエン 142
para-ブロモトルエン 142
ブロモニウムイオン 31
フロン 69
分割 48
分岐炭素鎖 160
分極 13,140
分子 7
分子軌道 154

ヘテロ原子 140
ヘテロリシス 14
ペニシリン 113
ヘミアセタール 89
ヘミアミナール 90

ヘル-フォルハルト-ゼリンスキー
 反応 112
ベンザイン 147
ベンジルカチオン 61,106
ベンジルラジカル 106
ベンゼン 134
 ――のアシル化 138
 ――のアルキル化 137
 ――のスルホン化 137
 ――のニトロ化 136
 ――のハロゲン化 136
ベンゼン環水素 147
ベンゼンジアゾニウム塩 76
ベンゼンスルホン酸ナトリウム
 146

芳香環 135
芳香族アミン 124
芳香族化合物 134
芳香族カチオン 146
芳香族求核置換反応 146
芳香族求電子置換反応 135
芳香族ジアゾニウムイオン 128
芳香族ジアゾニウム塩 115,130
芳香族性 135
芳香族置換反応 135
保護 90
ホフマン則 67
ホフマン脱離反応 128
ホフマン転位 114
ホモリシス 14
ボラン 31
ポリエステル 109
ポリエチレン 1
ポリ塩化ビフェニル 69
ポリシラン 1

ま行

マイケル付加反応 100
曲がった矢印 19,86
マルコフニコフ則 30,75
マンニッヒ反応 128,129

溝呂木-ヘック反応 150

無水コハク酸 139

メソ化合物　47
メソ体　47
メタン　24
　——の塩素化　25
N-メチルアニリン　124
メチルアミン　122,124
メチル基　140
para-メチルフェノール　146
meta-メチルフェノール　147
メチルベンゼン　142
メトキシメチルカチオン　61

モルヒネ　131

や　行

有機化合物命名法　159
有機金属化合物　93,149
誘起効果　105,140
有機銅反応剤　108

有機ハロゲン化物　56
有機分子　1
　——の誕生　2
有機リチウム　108

ら　行

ラクタム　113
ラクトン　110
ラジカル　14
ラジカルアニオン　102
ラジカル重合　33
ラジカル置換反応　25
ラジカル付加反応　31
ラセミ化　63
ラセミ体　42
ラネーニッケル　32

リチウムジイソプロピルアミド
　66,99

律速段階　30,58,136
立体異性体　9,41
立体化学　41
立体構造　41
立体特異的　59
立体配座　49
　——の表示法　44
量子力学　153
リンイリド　94
リンドラー触媒　37

ルイス塩基　19
ルイス酸　19,107,134

わ　行

ワッカー酸化　33
ワルデン反転　59

[memo]

[memo]

[memo]

編著者略歴

水 野 一 彦（みずの・かずひこ）

1947年　大阪府に生まれる
1976年　大阪大学大学院工学研究科
　　　　博士課程修了
現　在　大阪府立大学大学院工学研究
　　　　科物質系応用化学分野・教授
　　　　工学博士

吉 田 潤 一（よしだ・じゅんいち）

1952年　大阪府に生まれる
1979年　京都大学大学院工学研究科
　　　　博士課程中退
現　在　京都大学大学院工学研究科
　　　　合成・生物化学専攻・教授
　　　　工学博士

役にたつ化学シリーズ5
有　機　化　学

定価はカバーに表示

2004年9月25日　初版第1刷

編著者　水　野　一　彦
　　　　吉　田　潤　一
発行者　朝　倉　邦　造
発行所　株式会社　朝　倉　書　店
　　　　東京都新宿区新小川町6-29
　　　　郵便番号　162-8707
　　　　電　話　03(3260)0141
　　　　FAX　03(3260)0180
　　　　http://www.asakura.co.jp

〈検印省略〉

© 2004〈無断複写・転載を禁ず〉　　中央印刷・渡辺製本

ISBN 4-254-25595-0　C3358　　Printed in Japan

◈ 基本化学シリーズ ◈
大学1～2年生を対象とする基礎専門課程のテキスト

山本 忠・吉岡道和・石井啓太郎・西尾建彦著
基本化学シリーズ1
有 機 化 学
14571-3 C3343　　　　A5判 168頁 本体2900円

有機化学の基礎を1年で習得できるよう解説した教科書。〔内容〕化学結合と分子／アルカン／アルケン・アルキン／ハロゲン化アルキル／立体化学／アルコール・アルデヒド／芳香族化合物／アミン／複素環／天然物／他

幸本重男・加藤明良・唐津 孝・小中原猛雄・杉山邦夫・長谷川正著
基本化学シリーズ2
構 造 解 析 学
14572-1 C3343　　　　A5判 208頁 本体3400円

有機化合物の構造解析を1年で習得できるようわかりやすく解説した教科書。〔内容〕紫外-可視分光法／赤外分光法／プロトン核磁気共鳴分光法／炭素-13核磁気共鳴分光法／二次元核磁気共鳴分光法／質量分析法／X線結晶解析

成智聖司・中平隆幸・杉田和之・斎藤恭一・阿久津文彦・甘利武司著
基本化学シリーズ3
基 礎 高 分 子 化 学
14573-X C3343　　　　A5判 200頁 本体3600円

繊維や樹脂などの高分子も最近では新しい機能性材料として注目を集めている。材料分野で中心的役割を果たす高分子化学について理論から応用までを平易に記述。〔内容〕高分子とは／合成／反応／構造と物性／応用（光機能材料・医用材料等）

落合勇一・関根智幸著
基本化学シリーズ4
基 礎 物 性 物 理
14574-8 C3343　　　　A5判 144頁 本体2700円

基礎的な物理・数学の理解から始め、量子力学・量子物性論をわかりやすく解説した教科書。〔内容〕数学基礎／力学／統計力学／エネルギー量子／波動性と不確定性／波動関数とシュレディンガー方程式／原子の構造／近似法／化学結合と電子

上野信雄・日野照純・石井菊次郎著
基本化学シリーズ5
固 体 物 性 入 門
14575-6 C3343　　　　A5判 148頁 本体2800円

固体のもつ性質を身近かな物質や現象を例に大学1,2年生に理解できるよう平易に解説した教科書。〔内容〕試料の精製・作製／同定と純度決定／固体の構造／結晶構造の解析／光学的性質／電気伝導／不純物半導体／超伝導／薄膜／相転移

北村彰英・久下謙一・島津省吾・進藤洋一・大西 勲著
基本化学シリーズ6
物 理 化 学
14576-4 C3343　　　　A5判 148頁 本体2700円

物質を巨視的見地から考えることを主眼として構成した物理化学の入門書。〔内容〕物理化学とは／理想気体の性質／実存気体／熱力学第一法則／エントロピー，熱力学第二，三法則／自由エネルギー／相平衡／化学平衡／電気化学／反応速度

小熊幸一・石田宏二・酒井忠雄・渋川雅美・二宮修治・山根 兵著
基本化学シリーズ7
基 礎 分 析 化 学
14577-2 C3343　　　　A5判 208頁 本体3800円

化学の基本である分析化学について大学初年級を対象にわかりやすく解説した教科書。〔内容〕分析化学の基礎／容量分析／重量分析／液-液抽出／イオン交換／クロマトグラフィー／光分光法／電気化学的分析法／付表

菊池 修著
基本化学シリーズ8
基 礎 量 子 化 学
14578-0 C3343　　　　A5判 152頁 本体3000円

量子化学を大学2年生レベルで理解できるよう分かりやすく解説した教科書。〔内容〕原子軌道／水素分子イオン／多電子系の波動関数／変分法と摂動法／分子軌道法／ヒュッケル分子軌道法／軌道の対称性と相関図／他

服部豪夫・佐々木義典・小松 優・岩舘泰彦・掛川一幸著
基本化学シリーズ9
基 礎 無 機 化 学
14579-9 C3343　　　　A5判 216頁 本体3600円

従来のような元素・化合物の羅列したテキストとは異なり、化学結合や量子的な考えをとり入れ、無機化合物を応用面を含め解説。〔内容〕元素発見の歴史／原子の姿／元素の分類／元素各論／原子核，同位体，原子力発電／化学結合／固体

山本 忠・加藤明良・深田直昭・小中原猛雄・赤堀禎利・鹿島長次著
基本化学シリーズ10
有 機 合 成 化 学
14580-2 C3343　　　　A5判 192頁 本体3500円

有機合成を目指す2-3年生用テキスト。〔内容〕炭素鎖の形成／芳香族化合物の合成／官能基導入反応の化学／官能基の変換／有機金属化合物を利用する合成／炭素カチオンを経由する合成／非イオン性反応による合成／選択合成／レトロ合成／他

片岡 寛・見目洋子・中村友保・山本恭裕著
基本化学シリーズ11
産 業 社 会 の 進 展 と 化 学
14601-9 C3343　　　　A5判 168頁 本体2800円

化学技術の変化・発展を産業の進展の中で解説したテキスト。〔内容〕序：化学の進歩と産業／産業の変化と化学／化学産業と化学技術／社会生活を支える化学技術／環境の調和と新エネルギー／新しい産業社会を拓く化学

佐々木義典・山村　博・掛川一幸・ 山口健太郎・五十嵐香著 基本化学シリーズ12 **結 晶 化 学 入 門** 14602-7 C3343　　　A5判 192頁 本体3500円	広範囲な学問領域にわたる結晶化学を図を多用し平易に解説。〔内容〕いろいろな結晶をながめる／結晶構造と対称性／X線を使って結晶を調べる／粉末X線回折の応用／結晶成長／格子欠陥／結晶に関する各種データとその利用法／付表
山本　宏・角替敏昭・滝沢靖臣・長谷川正・ 我謝孟俊・伊藤　孝・芥川允元著 基本化学シリーズ13 **物 質 科 学 入 門** 14603-5 C3343　　　A5判 148頁 本体3200円	物質のミクロ・マクロの面を科学的に解説。〔内容〕小さな原子・分子から成り立つ物質（物質の構成；変化；水溶液とイオン；身の回りの物質）／有限な世界「地球」の物質（化学進化；地球を構成する物質；地球をめぐる物質；物質と地球環境），他
務台　潔著 基本化学シリーズ14 **新 有 機 化 学 概 論** 14604-3 C3343　　　A5判 224頁 本体3400円	平易な有機化学の入門書。〔内容〕学習するにあたって／脂肪族飽和炭化水素／立体化学／不飽和炭化水素／芳香族炭化水素／ハロゲン置換炭化水素／アルコールとフェノール／エーテル／カルボニル化合物／アミン／カルボン酸／ニトロ化合物

◆ ニューテック・化学シリーズ ◆
高校化学と大学化学とのギャップを埋める平易な教科書

丸山一典・西野純一・天野　力・松原　浩・ 山田明文・小林高臣著 ニューテック・化学シリーズ **化　　学　　の　　扉** 14611-6 C3343　　　B5判 152頁 本体2600円	文系・理工系の学部1年生を対象にした一般化学の教科書。多くの注釈を設け読者に配慮。〔内容〕物質を細かく切り刻んでいくと／化学で使う全世界共通の言葉（単位，化合物とその名前）／物質の状態／物質の化学反応／化学反応とエネルギー
内田　希・小松高行・幸塚広光・斎藤秀俊・ 伊熊泰郎・紅野安彦著 ニューテック・化学シリーズ **無　　機　　化　　学** 14612-4 C3343　　　B5判 168頁 本体3000円	大学での化学の学習をスムーズに始められるよう物理化学に立脚してまとめられた理工系学部1，2年生向けの教科書。〔内容〕原子構造と周期表／化学結合と構造／酸化還元／酸・塩基／相平衡／典型元素の（非）金属の化学／遷移元素の化学
竹中克彦・西口郁三・山口和夫・鈴木秋弘・ 前川博史・下村雅人著 ニューテック・化学シリーズ **有　　機　　化　　学** 14613-2 C3343　　　B5判 148頁 本体2800円	反応の基本原理の理解に重点をおいた学部1,2年生向け教科書。〔内容〕有機化学とその発展の歴史／有機化合物の結合・分類・構造／異性体と立体化学／共鳴と共役／官能基の性質と反応／酸と塩基／天然有機化合物／環境汚染と有機化合物
藤井信行・塩見友雄・伊藤治彦・野坂芳雄・ 泉生一郎・尾崎　裕著 ニューテック・化学シリーズ **物　　理　　化　　学** 14614-0 C3343　　　B5判 180頁 本体3000円	化学の面白さを伝えることを重視した"理解しやすい"大学・高専向け教科書。先端技術との関わりなどをトピックスで紹介。〔内容〕物理化学のなりたち／原子，分子の構造／分子の運動とエネルギー／化学熱力学と相平衡／化学反応と反応速度

◆ ベーシック化学シリーズ ◆
大木道則 編集

前大阪市大 森　正保著 ベーシック化学シリーズ1 **入 門 無 機 化 学** 14621-3 C3343　　　A5判 168頁 本体2700円	高校化学を大学の目で見直しながら、一見無関係で羅列的に見える無機化学のさまざまな現象の根底に横たわる法則を理解させる。やさしい例題と多数の演習問題，かこみ記事，各章の要約など，工夫をこらして初学者の理解を深める
前東大 大木道則著 ベーシック化学シリーズ2 **入 門 有 機 化 学** 14622-1 C3343　　　A5判 224頁 本体2900円	思考の順序をわかりやすく丁寧に説明し，それを確かめるために随所に例題を配し，多数の問題の略解と例解によって有機化学の基礎が自然に身に付くように工夫した。学習に必要な概念や用語の多くは囲み記事として整理し，理解を助ける
前北大 松永義夫著 ベーシック化学シリーズ3 **入 門 化 学 熱 力 学** 14623-X C3343　　　A5判 168頁 本体2700円	高校化学とのつながりに注意を払い，高校教科書での扱いに触れてから大学で学ぶ内容を述べる。反応を中心とする化学の問題に熱力学をどのように結びつけ，どのように活用するかを簡潔明快に説明する。必要な数学は付録で解説

荒木幹夫・松本　澄・片桐孝夫・内田高峰・高木謙太郎著	教養課程学生向きに有機化学の基礎を解説。〔内容〕有機化合物のなりたち・種類と性質／有機反応のしくみ（反応の基本的原理，求電子付加反応，転位反応，求核付加反応，酸化・還元，ラジカル反応）／高分子化合物の化学／生体関連物質

有機化学の基礎
14027-4 C3043　　　　A5判 256頁 本体4500円

前阪大 中村　晃編著
基礎有機金属化学
14053-3 C3043　　　　A5判 208頁 本体3500円

基礎から応用まで簡潔にまとめられたテキスト。〔内容〕概論／典型有機金属化合物の合成と基礎的反応／有機金属化合物の有機合成への応用／還移金属化合物の合成，基礎的反応，構造と結合理論／還移金属錯体を用いる有機合成反応／他

京大 藤本　博・北大 辻　孝他著
有機量子化学
14057-6 C3043　　　　A5判 196頁 本体3800円

応用化学，合成化学の基礎となる有機量子化学を理論化学と実験化学の両側面からポイントを絞って解説した学部・院生向け教科書。〔内容〕高精度量子化学計算／芳香族性／有機分子の構造と反応性／軌道相互作用／ケイ素系化合物の量子化学

前理研 大石　武編著
現代化学講座12
天然物化学
14542-X C3343　　　　A5判 176頁 本体3800円

有機化合物の「化学」と「生物活性」を概観。〔内容〕1．生合成経路からみた天然物（糖類／脂肪酸／テルペノイド／アルカロイド他）。2．生物作用からみた天然物（生体機能を調節する物質／生体機能を阻害する物質）

都立大 伊与田正彦編著
基礎からの有機化学
14062-2 C3043　　　　B5判 168頁 本体3200円

大学初年生用の有機化学の教科書。〔内容〕有機化学とは／結合の方向と分子の構造／有機分子の形と立体化学／分子の中の電子のかたより／アルカンとシクロアルカン／アルケンとアルキン／ハロゲン化アルキル／アルコールとエーテル／他

都立大 長浜邦雄・都立大 加藤　覚・日大 栃木勝己・日大 栗原清文著
化学数学
14065-7 C3043　　　　B5判 184頁 本体3000円

化学・応用化学にとって必須の数学を例題を多用してわかりやすく解説。〔内容〕実験データの統計的な取扱いと式による当てはめ／非線形方程式の解法／線形代数／数値微分と数値積分／微分方程式／最適化法／数値計算とそのプログラム化

◈ 化学者のための基礎講座 ◈
日本化学会を編集母体とした学部3〜4年生向テキスト

元室蘭工大 傳　遠津著
化学者のための基礎講座1
科学英文のスタイルガイド
14583-7 C3343　　　　A5判 192頁 本体3600円

広くサイエンスに学ぶ人が必要とする英文手紙・論文の書き方エッセンスを例文と共に解説した入門書。〔内容〕英文手紙の形式／書き方の基本（礼状・お見舞い・注文等）／各種手紙の実際／論文・レポートの書き方／上手な発表の仕方等

東大 渡辺　正編著
化学者のための基礎講座6
化学ラボガイド
14588-8 C3343　　　　A5判 200頁 本体3200円

化学実験や研究に際し必要な事項をまとめた。〔内容〕試薬の純度／有機溶媒／融点／冷却・加熱／乾燥／酸・塩基／同位体／化学結合／反応速度論／光化学／電気化学／クロマトグラフィー／計算化学／研究用データソフト／データ処理

千葉大 小倉克之著
化学者のための基礎講座9
有機人名反応
14591-8 C3343　　　　A5判 216頁 本体3800円

発見者・発明者の名前がすでについているものに限ることなく，有機合成を考える上で基礎となる反応および実際に有機合成を行う場合に役立つ反応約250種について，その反応機構，実施例などを解説

東大 渡辺　正・埼玉大 中林誠一郎著
化学者のための基礎講座11
電子移動の化学
—電気化学入門—
14593-4 C3343　　　　A5判 200頁 本体3200円

電子のやりとりを通して進む多くの化学現象を平易に解説。〔内容〕エネルギーと化学平衡／標準電極電位／ネルンストの式／光と電気化学／光合成／化学反応／電極反応／活性化エネルギー／分子・イオンの流れ／表面反応

慶大 大場　茂・前奈良女大 矢野重信編著
化学者のための基礎講座12
X線構造解析
14594-2 C3343　　　　A5判 184頁 本体3200円

低分子〜高分子化合物の構造決定の手段としてのX線構造解析について基礎から実際を解説。〔内容〕X線構造解析の基礎知識／有機化合物や金属錯体の構造解析／タンパク質のX線構造解析／トラブルシューティング／CIFファイル／付録

上記価格（税別）は2004年8月現在